KB216810

초록 감각

Good Nature
by Kathy Willis

식물을
보고 듣고 만질 때
우리 몸에
일어나는 일들

초록 감각

Good Nature

The New Science of How
Nature Improves Our Health

캐시 윌리스
신소희 옮김

김영사

초록 감각

1판 1쇄 인쇄 2025. 3. 31.
1판 1쇄 발행 2025. 4. 10.

지은이 캐시 윌리스
옮긴이 신소희

발행인 박강휘
편집 임솜이 디자인 조명이 마케팅 고은미 홍보 박은경
발행처 김영사
등록 1979년 5월 17일(제406-2003-036호)
주소 경기도 파주시 문발로 197(문발동) 우편번호 10881
전화 마케팅부 031)955-3100, 편집부 031)955-3200 | 팩스 031)955-3111

값은 뒤표지에 있습니다.
ISBN 979-11-7332-123-8 03470

홈페이지 www.gimmyoung.com 블로그 blog.naver.com/gybook
인스타그램 instagram.com/gimmyoung 이메일 bestbook@gimmyoung.com

좋은 독자가 좋은 책을 만듭니다.
김영사는 독자 여러분의 의견에 항상 귀 기울이고 있습니다.

차례

일러두기

• 모든 각주는 옮긴이주이다.

머리말: 삼림욕과 트리 허그

나는 원래 고생태학palaeoecology을 전공했다.

파티에서 이런 얘길 꺼내면 분위기가 썰렁해질 것이다. 고생태학이 무엇인지 아는 사람은 별로 많지 않기 때문이다(이 단어를 제대로 쓸 수 있는 사람은 그보다 더 드물다).

사실 고생태학은 시간이 흐르면서 기후변화와 인간의 영향, 그 밖의 환경 요인으로 식물에 일어난 변화를 화석화된 식물의 잔해를 통해 재구성하는 흥미로운 과학 분야다. 고생태학자는 과거의 자연 풍경과 식물의 기후변화 대응 등 중요한 과학 지식을 얻게 된다. 하지만 그러다 보니 오래 전에 죽은 식물의 파편밖에 접할 수 없었다. 내 작업은 주로 수천 년이 지나 원래의 색과 모양, 냄새를 잃은 식물 자료를 현미경으로 관찰하는 것이었다. 화석화된 식물, 그중에도 특히 꽃가루는 아름다웠지만(나는 화산 풍경처럼 보이는 데이지 꽃가루, 달의 분화구처럼 울룩불룩한 마디풀 꽃가루 알갱이, 뾰족뾰족한 과꽃 꽃가루와 삼각형 도금양 꽃가루를 가장 좋아했다), 내 일상에서 살아 있는 식물과의 상호작용은 부엌 창턱의 시들시들한 바질 화분을 돌보거나 자전거로 출근하면서 스쳐가는 나무를 감상하는 정도였다.

식물과 나의 관계가 직업적으로 확장된 것은 옥스퍼드 대학교에 생물다양성연구소가 생기고 내가 그곳 소장이 되면서였다. 현재 더욱 광범위한 옥스퍼드 생물다양성 네트워크 산하에 있는 이 연구소는 지구의 놀라운 생물다양성을 보호하기 위한 정책의 과학적 근거를 제공하는 데 기여했다. 이곳에서 나는 한층 넓은 시야를 갖게 되었으며, 생태계의 회복력과 지속성을 북돋우고 치명적인 변화를 막아내려면 어떤 생태학적·진화적 과정을 조성해야 할지 파악하기 위해 동료들과 함께 노력했다. 그럼에도 살아 있는 식물과의 일상적인 상호작용이 크게 늘어나지는 않았다.

2013년에 옥스퍼드를 떠나 런던에 있는 큐 왕립식물원(큐 가든)의 과학 디렉터로 파견되면서 내 삶은 완전히 바뀌었다. 5년 내내 나는 살아 있는 식물에 둘러싸여 지냈다. 사무실 창밖을 내다보면 공원 잔디밭과 화단, 전 세계의 야자수가 자라는 유리 온실, 일본 정원과 지중해 정원 등이 펼쳐져 있었다. 점심시간마다 식물을 통해 전 세계를 여행할 수 있었다. 이렇게 매일 식물과 교감하면서 식물에 관한 생각도 바뀌었다. 식물을 학술서의 도판으로 접하거나 거대하고 추상적인 생태계로 이해하던 때와는 완전히 다른 시각을 갖게 되었다. 내 주위 환경이 일종의 평행우주처럼 느껴졌다. 많은 방문객들이 식물을 바라보고 주변을 거닐 뿐만 아니라 향기를 들이마시고, 그늘에서 휴식을 취하고, '만지지 마시오'나 '잔디밭에 들어가지 마시오'라고 쓰인 엄숙한 표지판을 무시하며 손을 뻗어 잎을 만지고 나무껍질을 쓰다듬는다는 것도 놀라웠다. 사실 나도 그랬다.

시간이 지나면서 나도 식물원을 돌아다니며 학명을 찾아보거나 어떤 식물이 어느 과에 속하는지 알아보려고 애쓰진 않게 되었다. 그렇다고 해서 이런 상세한 탐구에 싫증이 난 것은 아니다. 다만 그보다도 크기, 잎 모양, 색깔, 향기, 질감, 나아가 바람에 흔들릴 때 나는 소리에 따라 내 주관대로 식물을 분류하기 시작한 것이다. 나는 식물을 현미경으로만 들여다보는 것이 아니라 생태계에서 식물의 복잡다양한 역할에 집중하게 되었다. 식물은 나의 오감에 영향을 미치는 '살아 있는' 존재가 되었다.

점심시간마다 산책을 하면서 나는 더 행복하고 차분해졌으며 머리도 맑아졌다. 정원에서 느끼는 깊은 행복 때문에 일이 많고 시간에 쫓기는 날도 어떻게든 짬을 내어 산책을 나갔다. 하지만 똑같은 시간을 내도 길거리를 거닐면 그만큼의 효과를 느낄 수 없었다. 다시 말해 어떤 환경에서 산책하는지가 중요했다.

이런 개인적인 통찰을 더 깊이 파고들게 된 것은 어느 국제 프로젝트로부터 식물이 우리 사회에 줄 수 있는 혜택을 자세히 설명하는 글을 써달라는 요청을 받았기 때문이다. 미세먼지를 감소시켜 대기질을 개선하는 도시의 가로수처럼, 일상 환경에서 식물을 통해 누릴 수 있는 건강 증진 효과의 구체적 사례를 알려달라는 것이었다.

자료를 뒤지다 보니 계속 언급되는 흥미로운 연구가 있었다. 1984년 〈사이언스 저널〉에 발표된 이 연구는 담낭 수술을 받은 환자가 병실 창문으로 나무를 내다보면 벽돌 벽을 내다보는 환자보다 더 빨리 회복된다는 놀라운 사실을 밝혀냈다.[1] 이런 환자는 수술 후 정신건강 상태가 더 나았고 강력한 진통제를 요구하는 일도 더 적었다. 놀랍게도 연구진은 식물을 보는 것만으로도 환자의 건강에 직접적으로 긍정적인 효과가 발생한다는 결론을 내렸다. 이 연구와 내가 검토했던 다른 연구들의 차이는, 식물 그 자체가 환경에 영향을 미치거나 변화를 일으켜 건강에 이로운 결과를 가져오는 것이 아니라 식물에 대한 우리의 감각적 경험(이 경우 식물을 보는 것)이 건강을 증진시킨다는 관점이었다.

호기심이 솟구쳤다. 조사를 계속할수록 시각뿐만 아니라 후각, 청각, 심지어 촉각(특정한 식물을 만지는 것)만으로도 신체 및 정신 건강에 긍정적이고 측정 가능한, 때로는 장기적인 변화가 나타난다는 연구 결과들을 발견할 수 있었다.

하지만 식물과의 상호작용이 인간의 건강에 좋다는 사실은 이미 오랫동안 알려져 있지 않았는가? 작가와 철학자들은 분명히 오래전부터 그렇게 생각해왔다. 예를 들어 기원전 4세기 그리스 철학자 키티온의 제논이 창시한 스토아 학파는 인간이 집중하고 정신적으로 왕성하게 활동할 수 있는 '현자' 상태에 도달하려면 개인이 자연에 맞춰져야 한다고 제안했다. 기원전 6세기경 고타마 싯다르타는 깨달음에 이르려면 자연의 리듬에 맞춰 명상해야 한다는 것을 불교의 핵심 명제로 삼았으며, 숲과 삼림을 최고의 명상 장소로 여겼다. 기독교 고딕 양식 건축물은 높이 솟은 기둥과 둥근 천장으로 나뭇가지를 뻗친 나무의 형상을 만들어 예배자의 시선을 하늘로 이끌고 자연의 이미지를 묵상하게 했다. 낭만주의 시인들은 (워즈워스의 시를 인용하자면) 자연에서 발견되는 '조화의 힘'이 '마을과 도시의 소음'에서 벗어난 '평온한 회복'을 줄 수 있다고 썼다.

그보다 최근인 1984년에는 저명한 하버드 대학교 생태학 교수 E. O. 윌슨이 저서 《바이오필리아》를 통해 자연에 대한 인간의 친밀감은 유서 깊은 종적·진화적 특성이며 인류의 건강, 생산성, 웰빙에 중대한 기여를 한다고 주장했다.[2] 윌슨은 자연이 제공하는 물질적 혜택뿐만 아니라 자연의 특정한 측면이 인류의 웰빙에 미치는 긍정적인 영향 때문에라도 자연을 보존하고 복원해야 한다고 주장했다.

하지만 지난 수십 년 동안 윌슨의 진화 가설에 이의를 제기하는 목소리가 강해졌다.[3] 인류의 조상이 녹지 환경에서 스트레스를 덜 받았다고 쳐도, 그 이점이란 게 과연 무엇이었는가? 녹지가 쉼터와 먹거리를 제공하여 스트레스를 줄여주었을 수도 있겠지만, 푸르른 숲 풍경을 본다고 해서 직접적으로 인간의 생존 확률이 높아지진 않았을 것이다. 식물에 대한 감각적 경험과 건강의 연관성을 입증하는 명확한 과학적 증거가 부족했기에 이처럼 회의적인 목소리에 힘이 실렸고, 식물이 인간의 건강과 직결된다고 주장한 사람들에게는 '트리 허거tree huggers'나 '부두교 과학자' 같은 경멸적인 별명이 따라붙기도 했다.

다행히 회의론자들의 목소리도 점차 잦아들고 있다. 새롭고 혁신적인 과학 연구를 통해 식물과의 다양한 감각적 상호작용과 건강 증진 효과의 직접적인 연결고리가 입증되기 시작한 덕분이다. 연구에 뛰어든 지 얼마 안 되어 자연에 대한 감각과 건강의 중대한 의학적 연관성을 보여주는 완전히 새로운 과학 분야가 부상하고 있음을 확인할 수 있었다.

이런 경향을 잘 보여주는 것이 바로 일본의 삼림욕 개념이다. **삼림욕**森林浴이라는 단어는 세 개의 한자로 이루어진다. 첫 번째 글자森는 나무 세 그루로 표현된 삼림이다. 두 번째 글자林는 나무 두 그루로 표현된 숲이다. 세 번째 글자浴는 목욕을 뜻하는데, 왼쪽에 물이 흐르고 오른쪽에 계곡이 있는 집을 보여준다. 삼림욕은 말 그대로 '오감을 통해 숲의 정취에 빠져든다'는 뜻이다. 이 단어와 그것이 가리키는 행동에는 수천 년, 적어도 수백 년 전까지 거슬러 올라가는 전통이 있다고 생각하기 쉽다. 하지만 사실 삼림욕이라는 말은 1980년대에 사람들이 일본의 여러 숲을 방문하게 하려는 홍보 문구로서 만들어졌다. 광고주들의 자신만만한 선전에도 불구하고, 당시에는 삼림욕에 실제로 유의미한 건강 증진 효과가 있다고 증명할 과학적 데이터가 희박했다.

1990년대 초에야 일본의 여러 저명한 연구진이 삼림욕 가설에 대한 과학적 증명에 착수했다.[4] 대규모 참가자를 대상으로 일련의 의학적 검진과 심리 검사가 이루어졌는데, 참가자 일부는 숲속에서 거닐거나 앉은 채로 시간을 보낸 반면 나머지는 가까운 도심에서 똑같은 시간 동안 똑같이 행동했다. 결과는 놀라웠다. 숲속을 15분 거닌 참가자는 도심을 15분 거닌 참가자에 비해 스트레스를 받으면 나오는 호르몬인 코르티솔의 타액 내 함량이 16퍼센트까지 감소하고 맥박과 혈압이 현저히 떨어진 것으로 나타났다. 숲속에서 거닐거나 앉아 있었던 참가자는 도심에서 똑같이 행동한 참가자보다 부교감 신경 활동(긴장이 풀리면 활발해지는 것으로 알려져 있다)도 훨씬 활발했다. 또한 참가자들은 숲속에 있을 때 마음이 안정되는 걸 느꼈고 전반적으로 기분이 좋아졌다고 답했다. 이런 새로운 과학적 증거를 통해 삼림욕의 실제 효과가 입증되었다.

이런 초기 실험 이후로 삼림욕의 치료 효과에 대한 과학적 증거를 찾아내려는 비슷한 연구가 급증했다.[5] 실험은 주로 일본과 중국에서 이루어졌지만 아시아, 유럽, 미국의 다른 지역에서도 삼림욕의 이점이 입증되었다. 삼림욕이 면역계, 심혈관계, 호흡기 기능을 개선하고 우울증, 불안, 스트레스를 완화시킨다는 사실 또한 밝혀졌다.

하지만 이런 효과를 보려면 숲속에 있어야 할까, 아니면 도시 공원이나 가로수길을 거닐고 뒤뜰에서 화분을 가꾸기만 해도 똑같은 효과가 나타날까? 다행히도 우리는 바이오뱅크biobank(인체자원은행)와 위성 이미지를 병용하여 그 밖의 다른 여러 질문에도 답할 만큼 대대적인 정보를 수집할 수 있게 되었다.

바이오뱅크라는 단어는 의료 분야 밖에서는 잘 알려지지 않았다. 하지만 이런 '은행'은 아마도 지난 수십 년간 인간 건강의 추세와 패턴을 이해하기 위해 나온 가장 중요한 데이터 세트 중 하나일 것이다.

인구 바이오뱅크는 이름에서 알 수 있듯이 특정한 질병을 앓는 개인뿐만 아니라 인구 전체의 생물학적 물질(혈액, DNA 등) 샘플과 개인 기록을 모아놓은 것이다. 개인은 이런 인구 바이오뱅크에 가입하여 자신의 개인정보, 진료 기록, 조직 샘플을 저장하도록 권유된다. 공개적으로 이용 가능한 세부 정보(사망률 및 사망 원인 등)를 단순 취합해둔 데이터 보관소도 있다. 결과적으로 이런 데이터뱅크는 다양한 연령, 성별, 사회경제 집단 및 지역에 걸친 인구의 단면을 보여준다. 현재 여러 국가에서 이런 인구 건강 데이터뱅크를 보유하고 있거나 개발 중이며 이를 통해 인간 건강과 환경의 연관성에 관한 이해가 향상될 가능성이 높다.

인구 바이오뱅크는 또 다른 중요 데이터 소스인 인공위성 환경 센서와 나란히 발전해왔다. 인공위성 센서는 대륙 규모의 환경 이미지를 초고해상도(이미지의 픽셀 하나하나가 가로세로 30미터 이하의 영역을 표시하는 수준의 해상도)로 포착할 수 있다. 건강과 풍토의 관계를 이해하는 데 특히 유용한 위성 측정값은 특정 장소 식생의 건강(혹은 '활력')과 녹지 정도를 측정하는 '정규 식생 지수NDVI, Normalised Difference Vegetation Index'다. NDVI는 식생이 반사하는 적색 가시광선(건강한 식물)과 근적외선(죽어가는 식물)의 양 차이로 계산된다.

NDVI 측정을 통해 환경과 인간 건강의 흥미로운 상관관계가 밝혀졌다. 예를 들어 거주지 주변이 녹색일수록 우울증도 덜해지는 것으로 나타났다.[6] 이 획기적인 연구는 NDVI와 영국 바이오뱅크를 활용하여 녹지의 현저한 우울증 예방 효과를 밝혀냈으며, 연령이나 사회경제적 지위, 문화적 차이와 같은 요인을 고려하더라도 거주 환경이 녹색일수록 정신장애 진단 및 치료 비율이 낮다는 사실을 보여주었다. 특히 60세 미만 여성 집단과 사회경제적 지위가 낮거나 도시화가 진행된 지역에 뚜렷한 효과가 나타났다. 표본 규모는 작지만 미국, 스페인, 프랑스, 남아프리카공화국의 도시에서도 비슷한 연구 결과가 보고되었다.

위성 데이터와 대규모 인구 건강 데이터를 활용한 또 다른 연구는 도시 가로수 수백만 그루의 죽음과 호흡기 및 심혈관 질환에 따른 21,000명 이상의 추가 사망자가 연관되어 있음을 밝혀냈다.[7] 이 연구는 흥미로운 질문을 제기했다. 도시의 가로수가 드리우는 녹색 차양이 사라지면 인간의 건강에도 부정적인 영향이 생길까? 연구진은 미국 여러 도시에서 호리비단벌레가 빠르게 확산됨에 따라 감염된 가로수들이 2년 만에 죽자 해당 지역 인구의 호흡기 및 심혈관 질환 양상이 어떻게 변했는지 조사했다. 호리비단벌레는 2000년대 미국 전역을 동에서 서로 휩쓸어가며 1억 그루 이상의 물푸레나무를 죽였다. 연구진은 두 개의 대규모 데이터 세트를 비교했다. 카운티 단위로 물푸레나무의 사망 시기 및 위치를 공중보건 사망률 기록과 비교한 결과, 전국의 카운티들이 차례차례 감염되면서 호흡기 질환 사망자 6,113명과 심혈관 질환 사망자 1만 5,080명이 추가로 발생했음이 드러났다. 이런 영향은 감염이 확산됨에 따라 더욱 규모가 커졌으며 특히 중위 가구 소득이 평균 이상인 카운티에서 두드러지게 나타났다.

이와 같은 데이터 수집 분야의 두 가지 흥미로운 발전 덕분에 개인의 진료 기록과 질병 및 거주 환경을 과학적으로 비교할 수 있게 되었다. 이런 연구들은 과거에는 불가능했던 방식으로 자료를 분석할 수 있는 데이터 세트의 힘을 보여준다. 이런 정보가 중요한 이유는 무엇일까? 공중보건 전염병, 심혈관 및 호흡기 질환, 불안, 우울증, 자살 등의 급증으로 암담해하는 개인과 정책 입안자에게 큰 도움이 되기 때문이다. 심혈관 질환은 세계 어디서나 주요 사망 원인으로 꼽히며, 현재 영국에서만 760만 명이 심혈관 질환을 앓고 있다. 또한 현재 영국 인구의 약 15퍼센트가 항우울제를 복용하고 있다. 우리가 새롭게 획득한 정보는 현대의 질병과 건강 위기에 맞서 싸울 또 다른 무기가 될 것이다. 그리고 여기 간단하고 경제적이며 누구나 쉽게 실천할 수 있는 적절한 해결책이 있다. 바로 자연 치료다.

대규모 데이터 연구가 식물과 인간 건강의 관계를 규명하는 데 크게 공헌하긴 했지만, 우리의 감각이 식물과 상호작용할 때 우리 몸에 실제로 어떤 일이 일어나는지는 설명하지 못했다. 데이터 연구는 인과관계가 아니라 연관성을 설명할 수 있을 뿐이다. 이것이 바로 내 연구의 진정한 출발점이자 이 책의 핵심 주제다. 우리의 시각, 청각, 후각, 촉각이 자연과 상호작용할 때 신체와 정신이 **어떻게** 달라지는지 이해하려는 것이다.

지난 10여 년간 이 분야에서 이루어진 온갖 흥미로운 연구를 파고드는 것은 내게 완전히 새로운 학문적 시도였다. 나는 우리가 자연과 상호작용할 때 우리의 뇌, 호르몬, 면역체계, 호흡기, 심혈관계가 실제로 어떻게 반응하는지, 그리고 어떤 감각이 이런 반응을 일으키는지 알고 싶었다. 실외와 실내에서 식물과의 상호작용으로 생리적·심리적 건강을 증진시킬 가장 좋은 방법이 무엇인지도 궁금했다.

이 학문적 여정은 나를 아주 멀리까지 데려갔다. 식물학자와 생물학자뿐만 아니라 의료진, 정신과 의사, 도시계획가, 건축가, 보건 관료 등 다양한 분야의 전문가들이 관련 연구를 수행하고 있다. 이들의 국적은 다양하지만 목표는 동일하다. 과학을 통해 식물과의 상호작용이 건강을 증진

시키는 메커니즘을 규명하고, 이를 토대로 일상과 공공정책에 자연이 동원되는 방식을 바꾸는 것이다.

여러분은 이 책을 통해 나의 탐구 과정에 동행할 것이다. 자연을 보고 듣고 만지고 냄새 맡으면 어떻게 건강이 증진되는지, 아직 규명되지 않은 이론적 허점은 무엇인지 알아볼 것이다. 이는 또한 나 개인의 건강과 웰빙에 영향을 미치는 자연환경의 중요성을 실감하게 되는 여정이기도 하다. 이 여정을 통해 지구의 다양한 녹색 환경을 돌보고, 특히 녹지가 절실히 필요한 도심에서 더 많은 녹지를 지켜낼 공공정책에 집중하고 싶다는 열망을 되새길 수 있었다. 이 책을 끝까지 읽은 모든 독자가 이 분야의 전문가가 되고, 새로운 지식을 활용하여 일상에서 식물 및 녹지의 아름다움과 진정 효과에 몰입할 최선의 방법을 결정할 수 있기를 바란다.

마지막으로 덧붙일 말이 있다. 코로나 팬데믹의 긍정적 효과가 있다면 자연에서 시간을 보내려는 욕구가 다시금 높아졌다는 것이다. 전 세계에서 공원과 삼림을 찾는 방문객이 급증했다. 정원 가꾸기와 실내 식물 구매에도 폭발적인 관심이 쏟아졌다. 인류가 암울하고 갑갑한 상황에서 자연과 가까워지고 자연에 둘러싸이고픈 내적 욕구를 재발견한 것처럼 보인다. 이 책은 그 이유를 밝히기 위해 쓰였다. 이 책을 다 읽고 나면 '트리 허그'에 대한 시각이 완전히 달라질 것이다.

푸른 지평선

전망의 중요성

1

다들 영화에서 이런 장면을 본 적이 있을 것이다. 학교에 적응하지 못하고 교실 창밖만 바라보던 청소년 주인공이 근처 공원에서 흔들리는 나무와 꽥꽥대는 오리에 정신이 팔렸다가 선생님의 신랄한 한마디에 교실 안의 갑갑한 현실로 돌아오는 장면 말이다.

모든 사람의 마음속에는 창밖을 바라보고 싶은 충동이 있는 것 같다. 창밖에 녹지가 펼쳐져 있다면 더욱 그렇다. 어째서 그런 걸까? 왜 우리는 교실이나 업무 공간에서 자연 풍경이 내다보이면 주의가 그리로 쏠릴까? 이런 본능적 주의 분산에도 그 나름의 이유가 있을까? 그리고 우리를 잠시나마 지금 여기서 벗어나게 하는 풍경의 힘도 풍경의 특징에 따라 달라질까?

이 질문의 간단한 역사적 배경을 살펴보자. 르네상스 시대에서 근대 초기까지 영국과 유럽 전역의 정원 설계는 형식과 질서와 직선, 그리고 텃밭, 과수원, 양어장 등의 실용성에 근거하고 있었다. 그러다 18세기 초에 영국 조경 디자인이라는 새로운 분야의 등장으로 모든 것이 바뀌었다. "울타리 너머 자연 전체가 정원임을 깨달은" 윌리엄 켄트에 이어 예술과 자연의 경계를 무너뜨린 랜슬롯 '캐퍼빌리티' 브라운이 등장했다. 브라운은 나무가 드문드문 서 있는 구릉지 공원, 우아한 돌다리가 놓인 구불구불한 강, 아득히 내다보이는 푸르른 지평선 등 자연적인 것 같지만 세심하게 계산된 풍경이 우리에게 더욱 큰 기쁨을 준다고 믿었다. 브라운의 정원은 엄청난 인기를 끌었고, 그에게 정원 디자인을 맡기려는 사람들이 장사진을 이루었다. 그가 만든 정원은 270곳이 넘는 것으로 추정된다.

오늘날에도 많은 사람들이 브라운이 만든 정원과 공원에서 시간을 보낸다. 적어도 나는 그렇다. 집에서 멀지 않은 블레넘과 스토의 정원을 가족이나 반려견과 함께 산책하곤 한다. 지난 여름 우리는 더비셔의 채츠워스에서도 멋진 오후를 보냈다. 세 정원 모두 브라운이 설계하고 조성한 곳으로, 탁 트인 풍경에 나무가 드문드문 서 있고 간간이 건물이나 호수가 보이는 녹지라는 공통점이 있다(그림 1-1, 1-2, 1-3).

채츠워스의 소유주이자 거주자인 데번셔 공작은 2016년 인터뷰에서 이렇게 말했다. "내가 보기에 방문객들은 이곳 풍경이 자연스럽든 인공적이든 신경 쓰지 않습니다. 그냥 풍경이라는 것이 중요합니다. 인생의 온갖 추악한 측면을 생각하면, 사람들은 이런 곳에 와서 조용히 사색하고 정신적으로 재충전할 필요가 있습니다."[1]

하지만 이런 '정신적 재충전'이 측정하고 정량화할 수 있는 방식으로 우리에게 좋은 영향을 미칠까? 어떤 풍경은 다른 풍경보다 더 나을까? 그렇다면 이유는 무엇일까? 이

제부터 답을 찾아나서보자.

2016년에 일리노이 대학교 연구진은 교실 창문에서 보이는 풍경이 학생들의 인지 기능과 성취 수준에 미치는 영향을 조사하기로 했다(이런 조사를 시작한 이유가 일리노이 대학교 학생들이 맨날 창밖만 내다봤기 때문인지는 확인되지 않았다).[2]

그들은 5개 고등학교의 학생 94명을 무작위로 교실 셋 중 하나에 배정했다. 교실의 크기, 모양, 조명, 가구는 거의 동일했지만 전망은 각각 달랐다. 첫 번째 교실에서는 나무가 있는 녹지가 내다보였고, 두 번째 교실에서는 빈 벽이 내다보였고, 세 번째 교실은 창문이 아예 없었다. 아이들은 창문이나 벽을 향한 의자에 앉아 문장 교정, 뺄셈, 언어 시험 등 주의력을 평가하기 위해 특별히 고안된 활동을 수행했다. 이 과정에서 체온, 심박 변이, 피부 전도도를 측정하여 스트레스 수준을 기록했다(불안감을 느끼면 땀샘 활동이 증가하여 피부 전도도가 증가하기 때문에 스트레스를 측정할 수 있다).

흥미롭게도 처음에는 모든 학생들의 주의력과 생리적 스트레스 수준이 비슷했지만, 활동을 마칠 무렵에는 현저한 차이가 나타났다. 창밖으로 자연 풍경과 녹지가 내다보이는 교실의 학생들은 창문이 없거나 빈 벽이 내다보이는 교실의 학생들보다 시험 결과가 훨씬 더 좋았으며 평가 과정에서 높아진 스트레스 수준도 한층 빨리 떨어졌다.

문화적·사회경제적 요인처럼 혼란을 유발할 수 있는 변수를 고려해도, 창밖으로 녹지가 보이는 학생들의 주의 집중력이 높고 스트레스 해소도 더 빠르다는 통계 결과는 그대로였다. 또 한 가지 중요한 점은 학생들이 이런 효과를 얻기 위해 자연에 몰입할 필요도 없었다는 것이다. 그냥 교실 창문으로 자연을 내다보기만 하면 되었다.

이런 반응이 청소년에게서만 나타난 것은 아니다. 또 다른 연구에서 대학생들은 창밖으로 꽃이 만발한 옥상 녹지를 40초만 바라봐도 시험에서 실수할 확률이 현저히 낮아졌으며 정신적 피로가 확 풀린다고 느꼈다. 같은 시간 동안 밋밋한 콘크리트 지붕을 내다본 대학생들과 비교했을 때 주의력과 피로 회복력도 크게 향상되었다.[3] 몇 분마다 잠시 눈을 쉬어주기만 해도 효과가 있는 것으로 나타났다.

그렇다면 우리가 자연 풍경을 볼 때 이런 변화가 일어나는 이유는 무엇일까?

우선 시각에 관한 생물학적 기초 지식을 살펴보자. 오래전 이 장의 첫머리에 나온 것 같은 교실에서 (적어도 내 경우에는) 배운 내용이다. 우리가 사물을 볼 때 빛은 각막(눈알 바깥쪽의 투명한 부분)과 동공(색이 있는 홍채 가운데의 구멍)을 통과하여 수정체에 닿는다. 그러면 수정체는 빛을 눈 뒤쪽의 망막에 모아준다. 광수용 세포로 이루어진 망막은 전달된 빛을 전기 신호로 바꾸어 시신경을 통해 뇌에 보낸다. 뇌는 이미지에서 사물을 읽어낸다. 눈에 있는 근육은 수정체 모양을 바꾸어 가까이 혹은 멀리 있는 사물에 초점을 맞출 수 있게 한다.

나도 이 주제를 연구하기 전까지는 몰랐지만, 우리가 무언가를 볼 때 눈은 스캔과 고정이라는 고유의 패턴을 따른다. 시선추적 기술(적외선 카메라와 일반 카메라를 결합하여 외부 자극에 노출될 때, 즉 무언가를 볼 때 눈의 움직임을 추적하는 기술)을 통해 우리의 눈이 사진, 건축물, 자연을 볼 때 대략적 정보에서 시작해 세밀한 정보로 나아간다는 사실이 밝혀졌다. 먼저 전체 장면을 스캔한 다음 초점을 맞춰 세부를 면밀히 살피다가 특정한 지점에 고정된다. 이렇게 고정될 때마다 눈은 가장 적당한 정보를 선택한 다음 시각적 특징(모양, 색상, 위치)을 통합하여 대상에 대한 인식을 형성한다. 우리의 뇌는 이 시각 정보를 이미지로 변환한다. 이렇게 확인한 이미지의 모양, 배열, 색상에 따라 다양한 생리적·심리적 반응이 촉발된다. 예를 들어 우리에게 달려드는 사나운 대형견을 보면 스트레스 반응과 근육 반응이 일어나 다리가 움직이게 될 것이다(안 그러면 어떻게 될지 모른다). 평온한 녹색 풍경은 이와 정반대의 반응을 유발할 수 있다.

인체가 왜 스트레스를 받는지, 반대로 어떤 경우에 스트레스가 줄어드는지 이해하는 것은 지금 의학계에서 중요하게 대두되고 있는 문제다. 스트레스가 쌓이면 심장마비, 뇌졸중, 암, 염증 및 면역 반응 장애 관련 질환, 피로, 우울증 등의 다양한 질병에 취약해지기 때문이다.[4]

스트레스는 인체에서 크게 세 가지 경로로 나타나며, 이들은 종종 서로 연결되어 있다. 스트레스를 받으면 첫째로 뇌, 척수, 말초 신경 등의 신경계에 영향을 미쳐 호흡수, 심박 변이, 혈관 폭(좁아짐)에 불수의적 변화가 일어난다. 둘째로 내분비계가 자극되어 코르티솔과 아드레날린 같은 호르몬이 분비되고 에너지가 동원되며 심박수와 혈압이 오른다. 셋째로 불안감, 우울증, 기분 저하 등 심리적 증상이 나타날 수 있다.

이처럼 다양한 부작용 때문에 스트레스 감소 및 관리 방법이 중요한 의학 분야로 대두되고 있다. 일반적으로 스트레스 증상 관리에는 진정제, 베타 수용체 차단제•, 항우울제, 선택적 세로토닌 재흡수 억제제SSRI 등의 약물이 쓰인다. 그러나 점점 더 많은 의료인들이 스트레스를 감소시킬 뿐만 아니라 예방할 수 있는 새로운 접근법과 치료를 모색하고 있다. 이런 맥락에서 탁 트인 자연 풍경을 바라보는 행위와 관련된 몇 가지 흥미로운 사실이 있다.

첫 번째 발견은 우리가 도시 풍경보다 자연 풍경을 볼 때 더 차분해지며, 심지어 컴퓨터 화면으로도 같은 효과를 얻을 수 있다는 것이다. 예를 들어 일본 지바 대학교의 환경, 건강 및 현장 과학 센터 연구진은 여학생들에게 숲과 사무용 고층 건물 사진을 각각 90초씩 보게 하여 명확한 결과를 얻어냈다.[5] 자연 풍경 사진을 볼 때 학생들의 뇌 활동에서 생리적 안정이 확인되었고, 학생들도 자체평가 설문지

• 협심증, 고혈압, 부정맥 등의 예방과 치료에 쓰인다.

에 마음이 편해졌다고 응답한 것을 통해 '편안하고' '느긋하고' '자연스러운' 느낌을 더 많이 받았다는 사실을 알 수 있었다. 자연 풍경을 보면 인체에서 마음이 차분해지고 불안감이 줄어드는 경로가 활성화된다고 해석할 수 있다. 하지만 이 연구나 비슷한 결과를 보여준 연구들 대부분은 스트레스가 심한 환경이 아니라 조용한 실내에서 건강한 사람이 컴퓨터 화면의 이미지를 바라보는 방식으로 이루어졌다. 그렇다면 정신없이 바쁜 직장처럼 실제로 스트레스가 심한 환경에서도 같은 반응이 나타날까?

이에 답하기 위한 연구에서 두 번째 흥미로운 사실을 발견할 수 있다. 많은 연구에 따르면 도시 풍경보다 자연 풍경을 볼 때 스트레스가 훨씬 빨리 감소된다는 것이다. 이를 보여주는 좋은 실험이 있다. 연구진은 사무원들에게 10분 동안 책상에 앉아 사무실 창밖에 흔한 자연 풍경(나무, 탁 트인 풀밭)이나 도시 풍경(사무용 건물, 자동차가 다니는 도로)을 슬라이드로 보게 했다.[6] 그런 다음에는 5분 동안 정신적·신체적 스트레스를 주는 활동을 시켰다. 화면에 뜬 일련의 숫자를 보고 10초 안에 정확한 순서대로 적게 한 것이다. 참가자들은 숫자를 잘못 적을 때마다 버저가 울린다는 주의사항을 전달받았다. 하지만 실제로는 오답 여부와 상관없이 버저가 두 번 울렸다(내 생각에는 다소 심한 조치 같다. 나라면 분명 스트레스를 받았을 것이다). 참가자의 스트레스 수준을 생리적으로 측정하기 위해 실험 내내 호흡(빈도와 깊이), 혈압,

심박 변이를 측정했다. 또한 스트레스 검사 전후로 각각 다른 심리 설문지를 작성하게 했다.

결과는 흥미로웠다. 예상대로 모든 참가자가 검사 중에 스트레스 수준이 높아진 것으로 나타났다. 하지만 사전에 자연 풍경을 본 참가자들은 도시 풍경을 본 참가자들보다 훨씬 빨리 스트레스가 풀렸다. 이들은 또한 심리적 스트레스도 덜 느낀 것으로 나타났다.

물론 이 실험의 실질적 교훈은 직장에서 스트레스를 받는 상황에 처하면 창밖이나 컴퓨터 화면으로 자연 풍경을 보아야 한다는 것이리라. 하지만 어째서 그런 걸까? 자연 풍경을 보면 스트레스가 빨리 풀리는 이유는 무엇일까?

저명한 환경심리학자 로저 울리히와 그의 동료들은 이를 설명하기 위해 1990년대 초에 이른바 스트레스 감소 이론 SRT, Stress Reduction Theory을 제시했다.[7] 이들은 인간이 자연을 바라보면 생물학적으로 두 가지 반응이 일어난다고 주장했다. 첫째로 인간은 자연을 선호하고 본능적으로 자연 풍경에 주의를 기울이며, 둘째로 그렇게 할 때 더욱 '긍정적인 감정 상태'에 이른다는 것이다. 이 두 가지 이유로 인해 인체는 자연 풍경을 바라볼 때 자동적인 생리 반응을 일으켜 스트레스를 더 빨리 떨쳐낸다. 반면 도시 풍경을 볼 때는 이런 현상이 일어나지 않으며 오히려 스트레스로부터의 회복이 느려질 수 있다는 것이다. 이 이론은 이후 많은 연구를 통해 대체로 옳다고 밝혀졌다. 심지어 실내에서도 자연

풍경을 내다보면 인체의 생리적 스트레스 수준이 더 빨리 떨어지는 것으로 나타났다.[8]

이런 결과를 보니 창밖의 정원을 내다보는 것이 새삼 매력적인 취미로 다가온다. 하지만 자연 풍경을 바라볼 때 나타나는 또 다른 중요한 효과가 있다. 특정 작업과 관련된 정신적 능력, 즉 인지 기능이 향상된다는 것이다.

인지 기능이란 학습, 사고, 추론, 기억, 문제 해결, 의사결정 및 집중 등을 말한다. 인지 기능의 일부는 나이가 들면 저하되지만, 대부분은 평생 거의 변하지 않으며 어휘력과 같은 경우 노년에도 향상될 수 있다. 인지 기능과 수행력은 아동, 청소년, 성인 등 개인의 나이에 따라 크게 달라진다. 그러나 여기서 가장 중요한 점은 일부 인지 기능이 나이와 상관없이 향상될 수 있다는 것이며, 따라서 탁 트인 자연 풍경을 바라볼 때 인지 기능이 어떻게 변화하는지 보여주는 연구가 중요하다. 흥미롭게도 최근의 여러 연구에 따르면 도시 풍경을 바라볼 때보다 자연 풍경을 바라보며 휴식을 취할 때 작업기억, 주의력 통제, 인지 유연성(두 가지 다른 개념을 자유롭게 오가며 생각하거나 여러 개념을 동시에 생각할 수 있는 능력)이 크게 향상되는 것으로 나타났다.[9] 이런 효과가 모든 연령대에서 나타난다는 것도 중요하지만(창밖을 바라보기에 늦은 나이란 없다!) 가장 흥미로운 연구는 학령기 아동과 관련된 것이다. 여기서 새로운 데이터의 이해를 돕기 위해 한 가지만 짚고 넘어가도록 하자.

다음 연구는 2015년에 스페인 바르셀로나 세계보건연구소의 연구교수 페이암 다드반드와 동료 과학자들이 수행한 것이다.[10] 다드반드는 매일 자연 풍경을 바라본 초등학생의 인지 발달에 차이가 있는지 조사했다. 그는 아이들이 일상적으로 접하는 자연 녹지 면적을 측량하기 위해 위성 이미지를 활용했다. 아이들의 집 주변 직경 250미터, 학교 건물 주변 직경 50미터, 그리고 통학로에서 접할 수 있는 자연 녹지까지 세 가지 영역을 측량했다. 이 실험은 2012년과 2013년에 걸쳐 한 학년 동안 36개 학교에서 평균 연령 8.5세의 초등학생 2,593명을 대상으로 실시되었다. 학교가 위치한 지역은 사회경제적 요인에 있어 모두 비슷했지만, 어머니의 학력, 부모의 직업과 결혼 여부 및 인종 등의 변수가 결과에 영향을 미치는지 파악하기 위해 추가 데이터를 수집했다. 아이들의 인지 발달을 측정하기 위해 1년에 걸쳐 3개월마다 작업기억과 주의력 평가를 실시했다.

놀랍게도 연구 결과에 따르면 사회경제적 요인이나 가정환경과 관계없이 일상적으로 접하는 자연 녹지가 넓을수록 아이들의 작업기억과 주의력 발달 속도가 빨랐다. 아마도 더 중요할 사실은 통학로가 아닌 학교 건물 주변 녹지가 아이들의 인지 수행력 향상에 가장 큰 영향을 미친다는 발견이다. 연구진은 아이들이 하루의 대부분을 실내에서 보내는 만큼 창밖으로 보이는 자연 풍경이 가장 큰 영향을 미쳤을 가능성이 높다고 말했다.[11] 이런 사실은 학교의 설계와

작업기억 발달

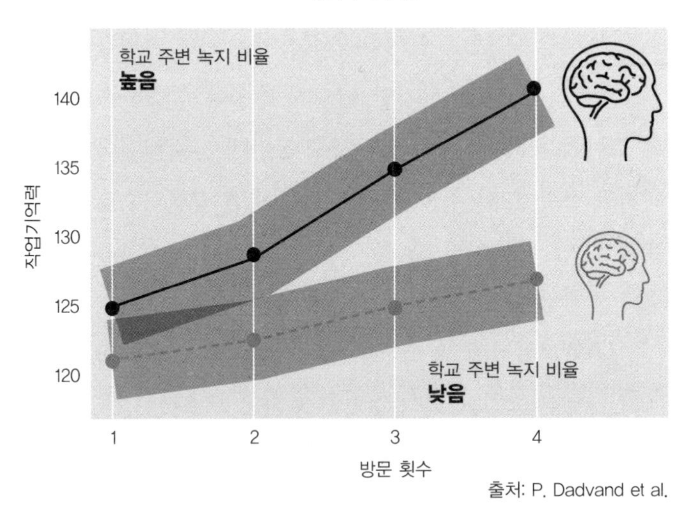

출처: P. Dadvand et al.

입지에 관련해 중요한 정책적 함의를 지닌다.

하지만 어째서 자연 풍경을 볼 때 인지 기능이 뚜렷이 향상되는 걸까? 이런 현상의 원인은 무엇일까? 이를 설명하려고 시도한 것이 자연 풍경 심리학 이론의 일환인 주의력 회복 이론이다. 주의력 회복 이론은 미시간 대학교 심리학 교수인 스티븐과 레이철 캐플런 부부가 1989년과 1995년에 발표한 독창적인 논문에서 제시되었다.[12] 이들은 자연을 바라보면 주의 집중력이 회복되는 효과가 있기에 자연히 인지 기능도 향상된다는 가설을 세웠다.

일상생활에서 우리의 뇌는 인지 자원에 의존하여 까다로운 과제에 주의를 집중하고 새로운 메일이 왔다고 알려주는 컴퓨터의 알람 소리나 사람들의 수다와 같은 방해 요소를 무시할 수 있다. 심리학에서는 이런 인지 자원을 주의 집중력이라고 한다. 하지만 이렇게 주의를 집중하는 능력은 무한정 지속될 수 없기에 하루 동안에도 강해졌다가 약해지곤 한다. 또한 주의 집중을 오래 하면 정신적으로 피로해질 수 있는데, 이런 상태는 의사 결정력과 자제력을 저하시키고 실수할 확률을 높이므로 피해야 한다.

주의력 회복 이론에 따르면 자연 풍경을 볼 때 주의 집중력이 회복되는 것은 자연 풍경이 우리의 불수의적involuntary 주의를 끌어당기기 때문이다. 우리가 의식적·의도적으로 선택하거나 집중하는 것이 아니라 주변 시야•에 보이는 다른 활동으로 주의를 돌린다(산만해진다)는 것이다. 그렇다면 자연 풍경이 불수의적 주의를 더 많이 끄는 이유는 무엇일까? 캐플런 부부는 주의를 기울여야 하는 반反직관적 자극이 훨씬 적기 때문이라고 설명한다. 그래서 우리가 자연 풍경을 바라보면 주의 집중력이 '막간 휴식'을 취하면서 재충전된다. 그런 다음 집중해야 하는 작업으로 돌아오면 주의 집중력이 회복된 만큼 인지 수행력도 향상되는 것이다.[13]

우리가 자연 풍경을 볼 때 어떤 일이 일어나는가 하는 내 질문의 대답을 요약해보면, 심리적·생리적 반응이 일어나 스트레스가 더 빨리 풀리고 작업기억과 주의력이 향상

• 시선의 바깥쪽 범위.

된다는 강력한 증거가 있는 것으로 보인다. 이런 현상의 원인에 관한 설명은 자연 풍경 심리학의 두 가지 기본 가설인 스트레스 감소 이론과 주의력 회복 이론을 통해 제시되었다.

* * *

지금까지 소개한 연구들은 풍경을 자연과 도시라는 이분법으로 분류했다. 하지만 다들 알듯이 자연 풍경에는 초목이 울창한 열대우림, 평탄한 초원, 나무가 흩어진 사바나 등 지극히 다양한 유형이 있다. 우리는 날마다 별생각 없이 다양한 형태의 나무를 바라보지만, 풍경에 따라 나무가 이루는 수관의 형태도 달라진다. 이 책을 쓰는 지금 창밖을 내다보면 수관이 둥그스름한 유럽너도밤나무, 물렛가락처럼 길고 늘씬한 자작나무, 이웃집 정원에 선 원뿔 모양의 침엽수 두 그루가 보인다. 이런 나무의 형태, 그리고/혹은 나무가 위치한 풍경(캐퍼빌리티 브라운이 설계한 정원처럼)에 따라 건강 증진 효과가 달라질 수도 있을까?

사람들은 보통 식물이라고 하면 해조류, 이끼, 고사리 등이 아니라 말단에 가지와 잎이 달린 직립 구조(줄기)를 떠올릴 것이다. 이처럼 우리가 생각하는 일반적인 식물을 관다발식물이라고 한다. 관다발식물 특유의 세포 구조는 생물학적 강화제인 리그닌이라는 물질을 함유하고 있다. 약 4억 년 전의 화석 기록에서 리그닌을 함유한 식물의 현존하는 가장 오래된 흔적을 확인할 수 있다.[14] 약 4억 8천만 년 전 처음 지상에 나타난 키 작은 양치식물이 이런 진화로 인해 높이 10미터에 이르는 풀, 관목, 나무와 같은 직립형 구조물로 발전할 수 있었다. 인간의 척도로는 무척 길게 느껴지지만 지질학적 척도로는 놀랍도록 짧은 기간인 1억 년 만에 이 모든 일이 일어났다니 놀라울 따름이다.

지구 초기의 자연 풍경에 존재했던 나무 중 많은 종류가 이미 오래전에 멸종했다. 하지만 만약 우리가 그 시절의 자연을 거닐게 된다면, 우리가 타임머신 오작동으로 잘못된 지질 연대에 도착했다고 알려주는 것은 나뭇가지나 잎, 줄기가 아니라 그것들의 엉뚱한 조합일 것이다. 실제로 이 시대의 나무 중 일부는 다양한 이목구비를 보여주는 카드를 골라서 캐릭터를 맞추는 아동용 보드게임을 연상시킨다(이런 카드를 잘못 조합하면 정말로 이상하게 생긴 사람이 만들어진다). 누군가가 식물로 비슷한 게임을 하면서 계속 실수를 저지르면 당시의 나무와 비슷한 결과물이 나올 것이다. 높이 6미터의 쇠뜨기나무(에퀴세툼)는 오늘날 흔히 볼 수 있는 작은 쇠뜨기를 닮았지만 나무와 비슷한 줄기를 따라 잎가지가 나선형으로 돋아나 있다. 높이 10미터의 석송나무(레피도덴드론)는 껍질에 독특한 마름모꼴 무늬가 있고, 긴 줄기 꼭대기에 양치류와 비슷한 잎이 무성하게 자란다. 높이 8미터의 코르다이테스는 나뭇가지 구조가 오늘날의 많은 낙엽수와 비슷하지만, 길고 가는 잎 모양과 크기는 현대의 붓꽃과 식물을 닮았다.

초기 나무들은 대체로 포자를 이용해 번식했다. 오늘날의 양치류와 비슷하게 잎 밑면의 포자가 바람을 타고 퍼져나가는 방식이었다. 당시에는 나무고사리도 존재했지만 상당수가 지금보다 3배는 더 컸다. 하지만 침엽수, 아라우카리아, 은행나무, 소철 등은 오늘날 우리가 보는 것과 비슷한 형태였다. 실제로 화석 기록을 통해 3억 5천만 년 전부터 거의 비슷한 형태를 유지해왔음이 확인된 나무가 많다. '살아 있는 화석'이라고 불리는 이런 종들은 동물계보다 식물계에서 훨씬 더 흔한데, 공룡을 비롯한 선조 동물들은 지금과 매우 다른 모습이었기 때문이다.

현재 지구에서 볼 수 있는 다양한 식생은 약 7천만 년 전에 형성되었다. 이후의 온갖 변화와 멸종에도 불구하고, 우리 주변의 식물과 약 30만 년 전 아프리카에서 최초의 인류(호모 사피엔스)가 접했을 식물은 크기와 모양이 매우 유사하다는 의미다. 나뭇가지의 패턴, 가지가 나는 높이, 가지 길이와 곧기, 갈라진 각도의 결과물인 나무의 윤곽선도 비슷했을 것이다. 이런 특징이 나무의 전체 형태와 외관에 영향을 미쳐 대략 원뿔형, 원개형, 원주형, 원형, 타원형 또는 부채형 등으로 구분할 수 있는 수관이 형성된다. 흥미로운 점은 이처럼 서로 다른 나무 형태가 기후 차이와 화재 빈도 및 초식 동물의 분포와 같은 다양한 요인으로 전 세계에 불규칙하게 분포되어 있다는 것이다. 자연 풍경을 이루는 나

흔히 볼 수 있는 나무의 특징적 형태

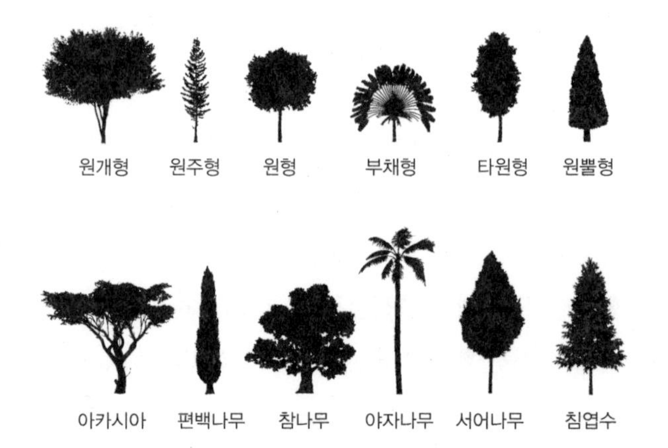

무의 밀집도 또한 다양해서 나무가 드문드문 서 있는 사바나, 나무와 관목이 모자이크처럼 뒤섞인 활엽수림, 넓고 울창한 침엽수림 등이 있다.

이처럼 다양한 생물군계•는 주로 기후의 영향으로 결정된다. 그래서 위치는 전혀 달라도 기후가 유사한 지역들에서 비슷한 식생이 나타난다. 예를 들어 '지중해 생물군계'는 남부 유럽뿐만 아니라 캘리포니아, 오스트레일리아 남서부, 칠레 남동부, 남아프리카에서도 나타난다.

고유한 집합으로서의 생물군계는 최근에 나타난 지형적 특징이 아니며 3억 년 전의 화석에서도 동일하게 확인된다. 지각판 이동, 운석 충돌, 화산 폭발 등의 주요 기후 사건

• 사막이나 사바나처럼 공통의 기후와 생물 분포를 보이는 지역.

에 대응하여 지리적 위치나 범위, 식물 구성이 달라졌을 뿐이다. 현재 전 세계에서 발견되는 생물군계 배열은 약 천만 년 전에 확립되었다. 울창한 침엽수림에서 탁 트인 초원에 이르는 오늘날 우리의 자연 풍경은 초기 인류가 살았던 환경과 비슷하다는 것이다. 화석 기록에 따르면 초기 인류의 주된 자연 풍경은 낮게 자라며 수관이 넓고 촘촘한 아카시아와 같은 나무가 흩어져 있는 탁 트인 사바나였다.

심지어 인간이 '유전적으로' 초기 사바나의 나무 형태와 유형을 선호한다는 주장도 있다.[15] 왜 그럴까? 아프리카, 특히 사바나에서는 초기 인류가 처한 선택압••이 생존에 매우 중요했기 때문에 우리가 여전히 본능적으로 그런 환경을 선호한다는 것이다. 이상하게 들리겠지만, 나무와 풍경 형태에 대한 사람들의 선호도는 나이나 배경에 상관없이 대체로 일치한다는 연구가 많다. 예를 들어 캘리포니아 대학교 데이비스 캠퍼스 학생 277명에게 컴퓨터로 생성한 여섯 가지 나무 형태(퍼지는 모양, 원주형, 구형, 부채꼴, 넓은 타원형, 좁은 원추형) 실루엣을 보고 높이와 너비의 선호도를 표시하게 한 결과 놀랍도록 일관된 결과가 나타났다.[16] 아카시아나 떡갈나무처럼 키가 작고 수관이 넓은 나무의 선호도가 가장 높았고, 길고 뾰족한 침엽수의 선호도가 가장 낮았다. 문화, 연령, 사회경제적 배경을 막론하고 모든 참가자들

•• 다양한 형질 중 환경에 적합한 형질이 선택되게 하는 자연적 압력.

이 비슷한 선호도를 보였다.[17] 다시 말해 많은 사람들은 키가 작고 수관이 넓게 퍼지는 낙엽수를 선호하는 것으로 보인다.

물론 우리는 풍경을 볼 때 나무 하나하나의 형태뿐만 아니라 나무가 위치한 배경도 본다. 대부분의 자연 풍경은 열린 공간과 다양한 나무 및 식물의 조합으로 이루어진다. 나는 개인적으로 참나무와 같은 나무가 드문드문 서 있는 탁 트인 풍경을 좋아한다. 하지만 이런 풍경을 선호하는 것이 영국 남동부의 온화한 구릉지에서 자랐기 때문일까? 아니면 아프리카의 조상에게 물려받은 유전자 때문에 본능적으로 사바나와 비슷한 풍경을 선호하는 걸까? 나는 항상 전자라고 생각해왔지만 이런저런 연구를 살펴보면서 정말 그런지 의심하게 되었다.

예를 들어 오리건 주립대학교 연구원 존 베일링과 존 포크가 참가자 545명에게 세계의 다양한 풍경 사진을 보면서 살거나 방문하고 싶은 정도에 따라 점수를 매겨달라고 요청한 조사에서는 놀랍도록 일관된 응답이 나왔다.[18] 참가자의 연령은 초등학교 3~9학년(8~16세)부터 대학생, 직장인, 은퇴한 노인에 이르기까지 다양했지만, 모두가 사바나 풍경에 높은 점수를 주었다. 실제로 사바나 사진은 워싱턴 DC와 메릴랜드 등 친숙한 주변 지역 사진만큼이나 인기였다. 게다가 12세 미만의 어린이들도 사바나 풍경을 가장 선호했다는 건 정말 흥미로운 점이다. 사바나를 방문하기는

커녕 그런 곳의 사진도 보지 못했을 확률이 컸는데 말이다.

하지만 우리가 인류를 탄생시킨 사바나와 비슷한 자연환경을 진화적·내재적으로 선호한다는 주장에도 비판적인 시각은 존재한다. 기존 연구의 참가자들이 미국과 유럽 도시 거주자에 한정되었다는 비판이 제기되었다. 사바나와 기후 조건은 다르더라도 주변 풍경이 전반적으로 비슷한 (나무가 드문드문 서 있는 탁 트인 풍경) 도시에 살아온 사람들의 선호도는 인류 진화의 소산이 아니라 개인의 경험 때문일 수 있다는 것이다.[19] 이런 가설을 검증하기 위해 베일링과 포크는 2010년 나이지리아 열대우림 지대에서만 살아온 참가자들을 대상으로 후속 연구를 수행했다.[20] 참가자들은 주변에 열대우림이 남아 있는 초등학교에 다니는 아이들, 니제르강 삼각주 작은 어촌의 중·고등학교 학생들, 기술대학에 다니지만 집이 열대우림에 둘러싸여 있는 청년들이었다.

참가자의 73퍼센트는 평생 서아프리카 열대우림 생물군계를 벗어난 적이 없었다. 선행 실험과 마찬가지로 참가자들은 다양한 풍경 사진을 보면서 어디서 살고 싶은지 점수를 매겨달라고 요청받았다. 흥미롭게도 이번에도 참가자 대다수가 사바나에 확연히 높은 점수를 주었다. 열대우림으로 둘러싸인 집에서 살아왔고 대체로 사바나를 방문한 적이 없는 참가자들도 탁 트인 풍경을 선호했다는 것이다.

이 연구는 인간이 본능적으로 사바나와 같은 풍경을 선

호하며, 이는 인류가 동아프리카 사바나에서 진화했기 때문일 수 있음을 암시한다. 하지만 단정 짓기에는 아직 이르다. 2010년 이후에 비슷한 방식으로 수행한 여러 연구에서 전혀 다른 결과가 나타났으며, 따라서 '인류의 고향 아프리카' 선호 가설이 옳다고 단정하기 전에 더욱 큰 규모의 표본을 대상으로 더 많은 연구를 시행할 필요가 있다.[21]

무엇보다도 우리는 진화심리학 이론에 얽매이지 않도록 주의할 필요가 있는데, 그런 식으로 생각하다 보면 이 책에서 다루는 요점을 놓칠 수 있기 때문이다. 우리가 알아내려는 것은 다른 문제다. 다른 풍경보다 나무가 드문드문 서 있는 탁 트인 풍경을 보는 것이 생리적·심리적으로 더 유익한가?

나는 이 질문의 대답을 찾던 중 지금까지 이 주제를 다룬 가장 흥미로운 연구들을 발견했다.

이 장 첫머리에 시각에 관한 기초 생물학을 설명하면서 우리의 눈은 사물을 볼 때 스캔과 고정이라는 고유의 패턴을 따른다고 언급한 바 있다. 하지만 우리의 눈이 **프랙털** 복잡도가 중간인 패턴을 찾는 것으로 보인다는 사실은 언급하지 않았다.[22] 이 사실이 어째서 중요할까? 프랙털 복잡도가 중간 정도인 자연 풍경 윤곽선이 다른 유형의 윤곽선보다 훨씬 더 바라보는 사람의 마음을 안정시키고 주의력을 회복시켜준다는 증거가 있기 때문이다.

이 말이 무슨 의미인지 이해하려면 먼저 프랙털에 관해

간단히 알아볼 필요가 있다. 프랙털은 깨지거나 부서진 것을 의미하는 라틴어 프락투스fractus에서 나온 단어로, 구체적으로는 확대하거나 축소해도 특정한 패턴이 반복되는 도형을 가리킨다. 예를 들어 대축척 지도(1:10,000)로 해안선을 보면 여기저기 곶이 있는 만 전체의 윤곽선을 볼 수 있다. 배율을 낮추어 중간 축척 지도(1:5,000)로 해안선을 보면 더 작아진 만과 후미가 이루는 더 큰 패턴이 보이고, 배율을 더 낮추어 소축척 지도(1:2,000)를 보면 마찬가지로 더 작은 후미가 나타난다. 이런 식으로 만은 점점 더 작아져 마침내 해변 모래밭에 생긴 바위 웅덩이처럼 보이게 된다. 만과 곶의 형태는 전반적으로 동일하지만 배율을 낮출수록 축소되면서 더 큰 패턴에 종속되는 것이다.

큰 패턴 안에서 작은 패턴이 반복되는 횟수, 다시 말해 시각적 복잡도를 프랙털 차원이라고 한다. 'D값'이라고도 나타내는 이것은 시각적 복잡도의 통계적 척도에 해당하는 비율로 1과 2 사이의 숫자다. 반복되는 패턴의 수가 많을수록 D값은 2에 가까워진다. 예를 들어 직선의 D값은 1이지만 배율을 높일 때마다 계속 구불구불한 패턴이 나타나는 선의 D값은 2에 가까울 것이다.[23] 프랙털은 예술, 건축, 무엇보다도 자연 풍경 등 일상생활의 많은 측면에서 발견된다.[24] 예를 들어 나무의 형태는 본질적으로 프랙털이며 큰 가지의 패턴이 작은 가지에서 잔가지까지 반복되는 것을 볼 수 있다.

세 가지 프랙털 차원 비교

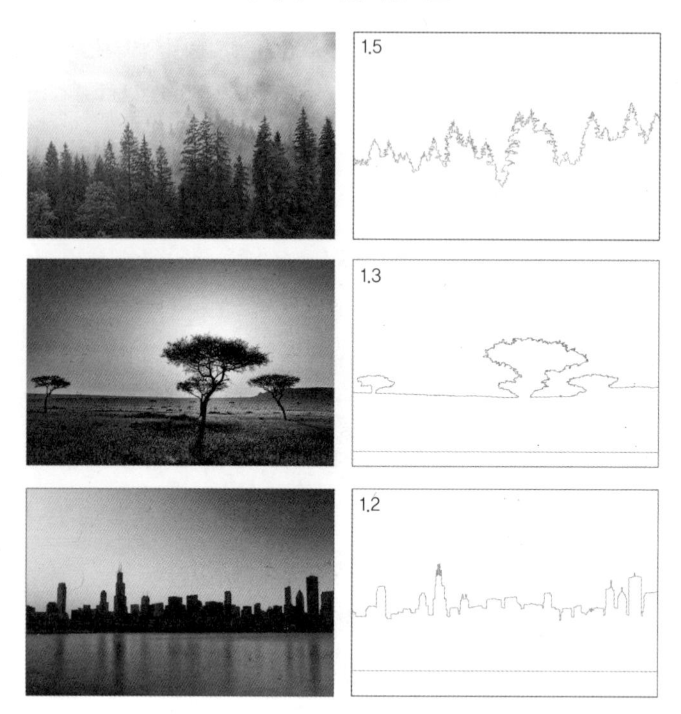

하지만 우리가 찾는 프랙털의 진정한 의미는 탁 트인 자연 풍경의 윤곽선을 바라볼 때 드러난다. 2000년대 초 오리건 대학교 물리학자 리처드 테일러의 중요한 연구에 따르면, 우리의 눈은 그림을 볼 때 (고정 상태에서) 1.3과 1.5 사이의 프랙털 차원을 찾는다고 한다. 아무리 복잡한 그림을 보더라도 우리의 눈은 복잡도가 중간 정도인 패턴을 찾으려 한다. 더욱 놀라운 사실은 우리가 컴퓨터 생성 이미지,

사진, 그림 등 모든 이미지에서 이 정도의 시각적 복잡도를 뚜렷이 선호한다는 것이다.[25] 예를 들어 일반 대중에서 무작위 표본 추출한 참가자 199명에게 색의 영향을 배제하기 위해 흑백으로 바꾼 52가지 풍경 이미지를 보여준 결과, 프랙털 윤곽선의 복잡도가 1.3인 이미지의 선호도가 확연히 높았다.[26] 내게 더욱 흥미로운 것은 이 프랙털 차원에 해당하는 풍경이 대체로 나무가 드문드문 서 있는 탁 트인 풍경이라는 점이다.

우리가 이런 형태를 선호한다는 것은 이해했다. 하지만 이런 선호도가 유의미한 건강 증진 효과로 이어질까? 프랙털 복잡도가 1.3과 1.5 사이인 탁 트인 풍경을 바라볼 때 우리에게 어떤 일이 일어나는 걸까?

퍼즐의 마지막 조각은 2006년 스웨덴 농업과학대학교의 카롤리네 헤게르헬과 동료들이 수행한 일련의 탁월한 연구였다.[27] 연구진은 참가자들에게 프랙털 복잡도가 다양한 여러 컴퓨터 생성 이미지(자연 풍경이 아닌 윤곽선)를 보여주면서 그들의 뇌전도로 뇌 활동을 측정하는 실험을 고안해냈다. 뇌전도는 비침습 검사로, 참가자는 전극이 두피의 특정한 지점에 닿을 수 있도록 구멍이 뚫린 수영모 비슷한 모자를 써야 한다. 뇌 신경세포가 시냅스 전달로 다른 신경세포나 근육세포 혹은 샘세포에 정보를 전달할 때 발생하는 전기 활동이 전극을 통해 감지된다.

중요한 것은 이 방법이 각기 다른 생리적 상태에서 강화되는 다양한 뇌 전류 주파수(파장)를 구분할 수 있다는 점이다. 예를 들어 알파파(파장 7.5~13Hz)는 눈을 감고 편안한 상태로 있을 때 강해진다. 델타파(파장 3Hz 미만)는 잠들었을 때 관찰되므로 흔히 수면의 깊이를 측정하는 데 쓰인다(델타파 활동이 강할수록 깊이 잠든 것이다). 베타파(파장 13Hz 이상)는 주로 외부에 집중하고 주의력이 높아진 각성 상태에서 관찰된다.

헤게르헬의 실험 결과를 살펴보면 이처럼 다양한 뇌파 유형을 이해하는 것이 얼마나 중요한지 알 수 있다. 프랙털 차원이 1.3인 이미지를 본 참가자들은 알파파와 베타파 활동이 강해지고 델타파 활동이 약해진 것으로 나타났는데, 참가자들이 한층 더 편하고 정신이 맑아졌으며 집중력과 주의력이 높아졌다는 의미다. 다른 이미지를 볼 때는 이런 현상이 재현되지 않았다. 프랙털 차원이 1.3인 자연 풍경을 보면 마음이 안정되고 집중력과 주의력이 높아진다는 결과는 이후 다른 연구에서도 확인되었다.[28]

따라서 이 실험은 과학적 요소를 매끄럽게 조합하여 나무가 드문드문 서 있는 탁 트인 풍경이 유난히 마음을 안정시키고 주의력을 회복시키는 이유를 밝혀냈다고 하겠다. 바로 프랙털 복잡도가 중간 정도이기 때문이다.

다른 과학자들은 이 아이디어를 한 단계 더 발전시켜 프랙털 복잡도가 중간 정도인 자연 풍경을 보면 인지 수행력도 향상되는지 질문했고, 실제로 그럴 가능성이 크다는 결론을 내렸다. 일군의 지원자들이 도시(낮은 프랙털 복잡도)와 자연(중간 프랙털 복잡도) 풍경 사진을 보며 질문에 답한 실험에서도 자연 풍경을 보여줄 때 응답 시간이 더 빨랐다. 하지만 이는 하나의 연구일 뿐이며[29] 이 관계를 자세히 이해하려면 더 많은 연구가 필요하다.

물론 이런 관찰 결과는 거꾸로 이해할 수도 있다. 어떤 풍경이 우리에게 긍정적인 효과가 있다면 다른 풍경은 반대 효과를 유발할 수 있다는 것이다. 나는 개인적으로 울창한 숲이나 가로수가 너무 많은 거리를 선호하지 않는다. 이런 풍경을 보면 왠지 긴장이 되기 때문이다. 그렇다면 스트레스 감소 효과가 사라질 만큼 나무가 많아지는 임계점이 있을까?

예비 연구에 따르면 아마도 있는 것으로 보인다. 일리노이 대학교 연구원들이 참가자들에게 스트레스를 주는 활동을 시키고 시야의 2퍼센트에서 62퍼센트까지 다양한 밀도로 가로수가 우거져 있는 3D 영상을 보여준 결과, 참가자들의 스트레스 감소 속도에 현저한 차이가 나타났다.[30] 가로수 밀도가 2~24퍼센트인 영상을 본 경우 밀도가 높을수록 스트레스도 빠르게 감소했다. 하지만 가로수 밀도가 24~34퍼센트에 이르면 스트레스 감소 속도는 빨라지지 않았다. 가로수 밀도가 34퍼센트를 넘으면 스트레스 감소 속도가 느려지기 시작했으며, 그보다 높아질수록 느려지다가 결국 스트레스 감소 효과가 사라지는 것으로 나타났다.

하지만 이상하게도 이런 결과는 남성에게만 나타났다. 실험 결과 나무의 밀도와 여성 참가자의 스트레스 감소 속도는 아무 상관이 없었다. 연구진은 스트레스에 대한 생리적 반응 시간과 속도가 성별에 따라 다를 수 있으며, 여성이 남성과 비슷한 스트레스 감소 효과를 보려면 자연에 더 오래 노출되어야 할 수도 있다고 제안한다. 이에 관해서는 더 많은 연구가 필요하다. 어쨌든 나는 도시에서도 가로수 밀도가 너무 높으면 긴장하는 것은 남성보다 여성 쪽이라고 생각한다. 적어도 나는 그렇다. 도시계획가들은 이 점에 주목해야 할 것이다.

이 장 첫머리에서 산만한 학생들이 창밖을 내다보던 교실로 돌아가 보자. 이 주제에 관한 과학적 연구 결과를 간단히 정리하자면, 다양한 자연 풍경이나 이를 묘사한 그림 혹은 사진을 보면서 잠시 휴식을 취하는 것은 바람직해 보인다. 이런 활동은 인체의 생리적·심리적 경로를 활성화하여 불안을 덜어주고 스트레스 감소 속도를 높이며 인지 기능을 향상시킨다.

그러나 이런 반응도 풍경의 유형에 따라 크게 달라지는 만큼, 우리가 바라볼 풍경을 신중히 선택해야 할 것으로 보인다. 키가 작고 수관이 넓은 나무가 드문드문 서 있는 탁 트인 자연 풍경을 바라보는 게 가장 좋다. 캐퍼빌리티 브라운은 300년 전에 이미 이 점을 깨달았으며, 그의 여러 모방자들도 이런 풍경이 편안하고 마음을 안정시킨다는 점을 무의식적으로 이해한 듯하다. 그들의 통찰은 오늘날에도 여전히 유효하다.

마지막으로 우리는 어둡고 울창한 숲속을 들여다보지 말라는 내면의 목소리(와 민담)에 귀를 기울여야 할지도 모른다. 숲속 풍경은 스트레스를 낮추기는커녕 오히려 높일 수 있으니 말이다. 빨간 모자의 어머니는 역시 지혜로웠다.

눈으로 먹는 채소

푸른 잎은 몸에 좋다

2

몇 년 전 나는 가족과 함께 뉴욕주 북부와 뉴잉글랜드, 캐나다로 캠핑 휴가를 떠났다. 이 지역의 풍경은 오랫동안 미국인의 상상력을 사로잡아왔다. 19세기 자연주의자이자 작가였던 헨리 데이비드 소로는 매사추세츠주 콩코드의 월든 연못 근처 숲속 오두막에서 2년간 홀로 지내며 느낀 감흥을 몇 권의 책으로 남겼다. 이 놀라운 책들은 오늘날까지도 널리 읽히고 있다.

소로는 특히 세심하게 자연의 색채를 묘사했다. "가랑비가 한 차례 지나가자 풀밭이 한층 더 짙고 다채로운 초록빛으로 물들었다." "가장 낮고 안쪽에 있는 보 옆의 풀잎은 평소처럼 미묘하기 그지없는 연두색을 띠고 있다. 마치 실내에서 자란 젊은이들의 안색처럼."[1]

소로는 특히 가을의 자연이 펼쳐놓는 현란한 초록색, 갈색, 빨간색, 흰색, 노란색, 진홍색, 주황색에 매료되었다. "10월은 단풍의 달이다. 짙고 붉은 단풍잎이 온 세상을 환히 밝힌다." 그는 특정한 식물종의 색조와 음영을 관찰하기도 했다. "보통 9월 25일쯤이면 꽃단풍나무가 붉어지기 시작한다. 몇몇 큰 나무는 일주일새 눈에 띄게 붉어졌고, 군데군데 유난히 현란한 나무들도 보인다." "진홍참나무를 세어보고 싶다면 바로 지금이 기회다." 메인주의 숲에서는 이렇게 적었다. "저 멀리 회색 이끼를 늘어뜨린 바닷가의 가문비나무와 삼나무가 나무의 유령처럼 보였다. … 산꼭대기는 지구상의 미완성된 영역이다."

놀랍게도 소로는 이처럼 경이롭고 풍성한 색채와 음영을 묘사하는 데 그치지 않고 관찰자인 자신에게 미치는 영향에 주목했다. "자연에 지나치게 탐닉한다는 것은 불가능하다. 자연은 항상 우리를 고갈되지 않는 활력으로 채워준다. … 우리 자신의 한계를 넘어서는 존재를, 우리가 거닐지 않을 곳에서 자유롭게 뛰어노는 생명들을 목격해야 한다."

우드스톡 지역 외곽의 깊은 숲속 캠프장, 평화로운 핑거 레이크스 호수 주변의 폭포와 후미, 미국과 캐나다 사이에 위치한 나이아가라 폭포 양쪽의 숲이 울창한 호숫가, 온타리오의 온화한 풍경은 아직도 내 마음속에 생생히 남아 있다. 온갖 나무의 눈부신 색채도 잊을 수 없다. 연회색 나무껍질과 연초록 잎이 햇빛 아래 마법처럼 아름다운 미국너도밤나무, 가을이면 불꽃처럼 단풍이 드는 설탕단풍나무, 이파리가 만찬용 접시만큼 커다란 참피나무, 나무껍질 벗겨진 곳은 박쥐의 보금자리가 되고 열매는 새, 다람쥐, 얼룩다람쥐의 먹이가 되는 히코리나무(그중 일부는 한밤중에 우리 캠핑카 지붕을 과녁 삼아 신나게 열매를 내던지는 것 같았다).

우리 가족이 2년 동안 오두막에서 산 것은 아니다. 강인한 옛사람들이 수돗물이 나오는 우리 캠핑카를 보았다면 콧방귀를 뀌었을 것이다. 하지만 나는 이렇게 생각하고 싶다. 우리는 소로가 미려하게 묘사한 원기와 생명력의 일부나마 흡수하여 "고갈되지 않는 활력으로 채워진" 채 집으로 돌아왔다고. 적어도 나는 확실히 그렇게 느꼈다.

하지만 자연의 색채를 즐기려고 굳이 미국까지 갈 필요는 없다. 주변을 둘러보자. 교외에 있는 소박한 우리 집 정원에서도 비 온 뒤 새로 난 연둣빛 잔디부터 늙은 사과나무의 칙칙한 이파리, 자작나무의 초록색과 하얀색 잎까지 거의 무한히 다양한 녹색의 그러데이션이 펼쳐진다.

관엽식물의 잎 한 장만 봐도 음영과 색조가 다채로우며 때로는 흰색, 빨간색, 노란색으로 강조 표시까지 되어 있다. 마치 누군가 색연필 한 벌로 표시해둔 정맥과 혈관의 연결망 같다.

우리는 분명히 자연의 여러 색에 깊이 매혹된다. 하지만 내가 알고 싶었던 것은 식물을 바라볼 때 그 다양한 색이 우리의 웰빙에 미치는 영향이었다. 2000년대 초 하와이 대학교의 두 연구원 앤디 카우프먼과 버지니아 로어는 이 주제와 관련하여 정말로 놀라운 연구 결과를 내놓았다. 이들이 제기한 질문은 단순했다. 정원에 심은 나무의 빛깔이 우리의 웰빙에 영향을 미치는가?[2] 이들은 다양한 연령과 문화적 배경을 대표하는 18세에서 60세까지의 12개국 출신 참가자 42명을 모집했다. 참가자들은 전부 18개의 나무 이미지를 무작위순으로 보도록 요청받았다. 형태는 모두 똑같지만 수관이 초록색, 빨간색, 주황색, 노란색 등 다양한 색을 띠도록 디지털 보정한 나무 이미지였다. 참가자들이 나무 이미지를 보는 동안 피부 전도도를 측정하여 다양한 색을 보는 행위가 스트레스에 미치는 영향을 기록했다.

간단한 실험이지만 결과는 놀랍도록 명확했다. 참가자들의 스트레스 수준은 다른 색보다 녹색 수관을 보았을 때 현저히 떨어졌다. 그렇다면 자연의 특정한 색이 우리의 반응에 더 영향을 미친다는 얘기다.

정말로 흥미로운 결과다. 이런 통찰을 지역적·개인적 차원에 적용하여 정원이나 실내에 가꿀 식물의 이상적인 색조를 알아낼 수 있을지 궁금해졌다.

다양한 식물의 색이 우리의 웰빙에 기여하는 이유를 이해하려면, 먼저 우리가 다양한 식물의 색을 보는 원리와 이유를 간단히 살펴보아야 한다.

원리 부분은 비교적 간단하다. 우리가 다양한 색을 볼 수 있는 것은 눈 뒤쪽 망막을 뒤덮은 수백만 개의 감광세포 덕분이다. 막대 모양이나 원뿔 모양인 감광세포는 눈에 들어온 빛을 신경 자극으로 처리한 다음 시신경을 통해 뇌로 전달한다. 막대 모양인 간상세포는 망막 가장자리에 집중되어 있으며 흑백 정보를 뇌로 전달한다. 그래서 우리의 주변 시야가 다소 흐릿하고 밋밋한 것이다. 반면 원추세포는 망막 중앙에 집중되어 있으며 다양한 색조 정보를 뇌로 전달한다.

우리가 다양한 색을 보는 **이유**는 좀 더 복잡한데, 식물을 볼 때는 더욱 그렇다. 우리가 보는 색이 정해지기까지는 수많은 요인이 작용한다. 지구에 도달하는 태양광의 절반 정도는 우리가 볼 수 있는 파장의 빛으로 구성되며, 가시광선 스펙트럼의 각 구간은 빨강, 주황, 노랑, 초록, 파랑, 남색, 보라색 등 서로 다른 색을 나타낸다. 가시광선이 물체에 닿으면 이런 다양한 파장이 흡수되거나 반사되고, 반사된 빛은 우리 눈에 들어온다. 따라서 우리가 보는 것은 반사된 빛이다. 그런데 반사되는 파장의 일부(다시 말해 색)는 빛을 반사하는 물체의 특성에 따라 달라진다. 식물의 경우 식물에 포함된 색소, 밀랍과 털의 유무, 미세 구조 등 최소 세 가지 특징이 우리가 보는 색에 영향을 미친다.[3]

식물 색소는 식물 세포에서 발견되는 특정 분자다. 식물 색소는 태양에서 광합성 에너지를 포착하는 것부터 성장과 발달에 이르기까지 다양하고 필수적인 역할을 한다. 하지만 식물 색소에는 또 다른 특징이 있는데, 색소마다 서로 다른 파장의 빛을 반사한다는 것이다. 따라서 잎과 나머지 부분의 색은 거기 포함된 색소의 종류에 좌우된다. 예를 들어 대부분의 잎은 엽록소라는 색소를 많이 함유해서 녹색이다. 엽록소 자체는 무색이지만 빨간색과 파란색 파장을 흡수하고 다시 녹색으로 반사하는 성질을 지닌다. 그래서 우리가 녹색 잎을 보는 것이다. 반대로 카로티노이드라는 색소가 많이 함유된 잎은 초록색과 파란색 파장의 빛을 흡수하고 주황색과 빨간색을 반사하기 때문에 붉게 보인다.

잎의 색을 결정하는 또 다른 특성은 미세한 융기, 고랑, 털, 비늘 등 고르지 않은 표면이다. 광파가 이처럼 고르지 않은 표면에 닿으면 차등 굴절(휘어짐)과 산란이 발생한다.[4] 그 결과 물질 자체는 투명해도 일부 빛의 파장이 굴절되고 산란되어 색이 있는 것처럼 보인다. 동물계에서 이런 구조에 따른 색을 보이는 대표적인 예로 열대 지역에 서식하는 모르포나비의 날개가 있다(그림 2-1). 이 나비의 날개가 새파랗게 보이는 것은 파란 색소 때문이 아니라 청색광을 굴절시키고 산란시켜 다시 우리에게로 반사하는 날개 표면의 미세한 비늘 때문이다. 식물계에서 비슷한 예는 은백양나무와 같은 일부 나뭇잎 밑면이 하얗게 보이는 것이다(그림 2-3). 잎 밑면의 비늘이나 작은 털이 다양한 각도와 모든 파장에서 빛을 산란하고 반사하여 우리가 보는 흰색을 만들어낸다.

마지막으로 식물 잎 **내부**의 미세 구조적 특징이 식물의 다양한 색조를 만들어내기도 한다. 볼록한 모양의 식물 세포는 때로 서너 개씩 쌓여 있는데, 이처럼 겹겹이 쌓인 세포가 빛의 파장을 다양한 각도로 반사하면 현란한 색뿐만 아니라 무지갯빛 광택도 생겨날 수 있다.[5] 일부 베고니아 종의 잎이 눈길을 사로잡는 광채를 내는 것도 이런 현상 때문이다(그림 2-2).

예술가로서의 자연을 만들어내는 과학적 원리는 매혹적이고도 복잡하다. 우리가 주변의 색을 감지하고 이해하는 생물학적·신경학적 과정 또한 마찬가지다. 그렇다면 다양한 색의 식물 잎을 볼 때 인체에서는 어떤 변화나 메커니즘이 일어날까?

내가 이 주제를 다룬 실험을 찾기 시작했을 때 발견한 연구 대부분은 정확히 식물의 색이라기보다는 단색 형체에 대한 우리의 반응을 살펴본 것이었다. 하지만 이처럼 간단한 실험에서도 다른 색보다 녹색을 볼 때 긍정적인 감정과 창의성이 유발될 수 있다는 흥미로운 증거가 발견되었다.

2012년 독일 뮌헨 대학교 연구진이 수행한 실험을 살펴보자.[6] 이 실험에서는 15세에서 45세까지의 참가자 202명에게 녹색, 검은색, 빨간색, 파란색 중 한 색깔의 직사각형이 그려진 종이를 3초 동안 보여준 다음 2분 동안 다양한 활동을 수행하게 했다. 깡통의 용도를 최대한 많이 생각해내서 적기, 미리 생성된 기하학 도형을 보고 그 도형으로 이루어진 물체를 정해진 시간 내에 최대한 많이 그리기 등 충분히 검증된 창의성 평가 활동이었다. 독립적인 채점자가 점수를 매겼으며, 첫 번째 활동에서는 답안을 '흔함', '흔하지 않음', '특이하거나 기발함'으로 분류하여 특이하거나 기발한(더 창의적인) 답안에 높은 점수를 주었다. 두 번째 활동에서는 정해진 시간 내에 그린 물체의 가짓수가 많을수록 높은 점수를 주었다. 실험 결과는 통계적으로 매우 의미심장했다. 나이와 성별을 막론하고 활동을 수행하기 전에 녹색 사각형을 본 참가자가 흰색, 회색, 빨간색 또는 파란색을 본 참가자보다 두 가지 활동 모두에서 훨씬 더 창의적이었다.

색에 관한 또 다른 흥미로운 연구가 있다. 에식스 대학교 연구원들은 체육관에서 운동을 하면서 다양한 색을 볼 때 일어나는 현상을 확인했다.[7] 참가자들은 5분간 최대 속도로 실내 자전거를 타는 사이클링 테스트를 세 차례 실시했다. 참가자들은 자전거를 타고 나뭇잎이 우거진 시골의 자연 속을 지나는 시뮬레이션 영상을 시청하면서 운동했다. 세 차례의 테스트에서 달라진 점은 시청한 영상의 색조뿐이었다. 참가자들은 무보정(자연 그대로의 녹색 초목), 흑백(회색과 흰색), 붉은색 필터가 적용된 영상을 하나씩 시청했다. 그리고 세 번의 운동 시간 동안 심리적 지표(기분과 자신이 느낀 운동량) 및 생리적 지표(심박수, 산소 섭취량, 호흡수) 측정이 이루어졌다.

이처럼 짧은 간격으로 (힘겨움을 무릅쓰고) 고강도 운동을 하는 많은 사람들에게 도움이 될 만한 실험 결과가 나왔다. 다른 색보다 녹색 그대로의 식물을 볼 때 참가자들이 더 기분 좋게 운동했고 운동에 드는 노력도 덜 의식했다는 것이다. 반면 붉은색 필터가 적용된 영상을 보며 운동했을 때 기분이 가장 나빠졌다. 하지만 심폐 기능 측정 결과 영상의 색조에 따른 생리적 차이는 별로 없었기에, 적어도 이 연구에서는 녹색의 시각적 효과가 정신건강에 한정된다는 결론이 나왔다. 따라서 운동 중에 녹색을 보는 것이 신체적으로 유익한지는 불확실하지만 적어도 정신건강에 유익함은 입증되었다.

이런 실험 결과는 녹색이 더 평온하고 창의적이고 낙관적인 정신 상태를 만들어준다는 사실을 암시한다. 하지만 이런 효과가 어느 정도는 불수의적 반응이 아니라 녹색에 대한 개인적 선호 때문일 수도 있지 않을까? 우리가 녹색을 선호하기 때문에 더 평온하고 창의적이며 낙관적이 되는 건 아닐까? 아니면 거꾸로 불수의적으로 발생하는 긍정적 영향 때문에 녹색을 선호하게 되는 걸까? 이는 대답하기 어렵지만 중요한 질문이다.

우리가 이 질문(그리고 다른 여러 질문)에 대답할 수 있게 된 것은 최근 뇌 스캔 기술의 발전 덕분이다. 그중에도 가장 중요한 기술이 바로 기능자기공명영상법fMRI이다. fMRI는 상당히 놀라운 자연적 특성에 근거하고 있다. 산소가 제거된 혈액은 상자성•을 띠므로 자기장이 있을 때 자석처럼 작용한다는 것이다.[8] 혈액 속의 산소는 혈색소(헤모글로빈)라는 철분 함유 단백질 분자를 통해 여러 장기에 에너지를 공급한다(산소와 결합한 헤모글로빈을 산화혈색소라고 한다). 산소가 장기에 전달되면 헤모글로빈은 산소가 제거되어(환원혈색소) 상자성을 띠게 된다. 강력한 자기 루프가 내장된 fMRI 스캐너는 대형 자석처럼 작용하므로, 뇌에서 환원혈색소가 급증하는 것을 포착해 신경 활동이 발생한 영역을 측정할 수 있다. 이 기술 덕분에 색을 포함한 시각적 단서 외에도

• 자기장 안에 놓으면 자기장과 같은 방향으로 자력을 띠는 성질.

다양한 자극에 따른 뇌신경 활동을 한층 더 잘 이해할 수 있게 되었다.

fMRI가 사용된 2019년의 흥미로운 연구가 있다.[9] 첫째로 특정한 색을 수동적으로 접했을 때 뇌에서 더 활성화되는 영역이 있는지, 둘째로 개인이 선호하는 색을 볼 때 뇌가 더 활성화되는지 알아보기 위한 연구였다. 다시 말해 특정한 색을 볼 때 불수의적 반응이 나타나는가, 그리고 이런 반응이 해당 색에 대한 개인적 선호와 연관되는가 하는 두 가지 질문을 구분해서 확인하려는 것이었다.

이 질문들에 대답하기 위해 참가자들은 먼저 24가지의 다양한 색조를 보면서 fMRI 검사를 받았다. 참가자들은 이 색들의 선호도를 표시하는 것이 아니라 색을 사용하는 과제를 수행해야 했다. 예를 들어 화면에 보이는 색 사각형이 동서남북 중 어느 방향에 있는지 판단하라는 식이었다.

fMRI 검사가 끝난 후 참가자들은 두 번째 과제인 색 선호도 평가를 수행했다. 앞서 본 모든 색을 '전혀 좋아하지 않음'에서 '매우 좋아함'까지의 척도로 평가하는 과제였다.

실험 결과는 명백했다. 다양한 색 도형과 관련된 과제에서, 후중선 피질posterior midline cortex이라는 뇌 영역의 활동이 다른 색보다 녹색과 파란색을 볼 때 훨씬 더 활발해졌음이 fMRI 검사로 밝혀졌다. 후중선 피질은 선호도와 가치 판단, 감정적·사회적 행동, 집중과 학습과 동기 부여에 관여하는 뇌 영역으로, 녹색과 파란색을 보면 이 영역에서 더 많은 뇌신경 활동이 일어난다고 판단할 수 있다. 무척 흥미로운 내용이다. 하지만 특정 색상에 대한 선호도는 어떨까? 바로 이것이 해당 실험에서 가장 흥미로운 부분이다. 참가자가 색 선호도 평가에서 가장 좋아한다고 응답한 색을 보았을 때 뇌신경 활동도 가장 활발해졌다는 것이다. 즉 뇌신경 활동이 활발해진 색일수록 선호도 평가에서도 높은 점수를 받았다.

이 실험은 녹색과 파란색을 보면 집중력 및 인지 기능 향상과 관련된 뇌 영역의 신경 활동이 자동으로 유발된다는 것을 멋지게 증명해냈다.[10] 또한 우리가 녹색과 파란색을 선호하는 데는 신경학적 근거가 있다는 것도 보여주었다. 우리가 선호하는 색이 이런 반응을 유발하는 것이 아니라, 이런 반응을 유발하는 색을 우리가 선호하는 것이다.

물론 우리가 자연에서 보는 것은 단색 형체가 아니라 다양한 색조의 잎들이며, 잎 하나에 두세 가지 색이 섞인 경우도 드물지 않다. 그렇다면 우리의 정신적·신체적 웰빙에 이상적인 색 배합이 있을까?

두 가지 이상의 색이 섞인 잎은 특히 관엽식물에 흔하며, 실제로 이런 특징 때문에 상품화되는 식물종도 많다. 이 책을 쓰는 지금 내 책상 위에도 흰색과 녹색 세로줄무늬 잎의 무늬접란, 녹색 잎에 붉은 그물망 잎맥이 있는 붉은줄무늬 피토니아, 붉은색과 녹색 무늬가 있는 포인세티아, 흰색과 녹색 양담쟁이가 있다. 내가 이 식물들을 책상에 올려둔 것은 매력적인 외관 때문이다. 표범이나 얼룩말 무늬처럼 복잡하고 아름다운 자연색 배합을 보여주지만, 책상에 올려두기에는 그런 동물들보다 훨씬 더 편하고 안전하다. 생각해보니 지금 이 책을 쓰고 있는 내 곁에 얼룩말이 앉아 있어도 나쁘진 않겠지만 말이다. 다시 본론으로 돌아가자. 이런 색 배합 중 어느 하나가 특히 건강에 유익하다고 주장할 수 있을까?

두 가지 색 잎은 앞에서 설명한 세 가지 특징 외에도 유전자 돌연변이라는 또 다른 생물학적 변화로 생겨나기도 한다. 유전자 돌연변이는 식물의 분열 조직에 있는 세포의 색소를 변화시킬 수 있다. 분열 조직은 식물의 성장을 담당하는 부분으로, 보통 뿌리와 새싹과 줄기와 자라는 잎의 말단에서 발견된다. 이 조직의 세포층이 활발하게 분열함에 따라 식물의 말단 부분이 자라난다. 분열 조직 세포는 옥신이라는 성장호르몬에 의해 켜지거나 꺼지며, 옥신은 특정한 시기에(예를 들어 봄이 오면 빛의 증가에 반응하여) 세포가 분열하도록 촉진할 수 있다.

따라서 분열 조직의 첫 번째 세포층에서 발생하는 모든 유전자 돌연변이는 세포 분열을 통해 다음 세포로 전달된다. 이런 현상은 특히 식물의 색깔에서 잘 드러나는데, 분열 조직은 색소가 바뀌면(예를 들어 녹색에서 흰색으로) 잎이 자라는 동안 계속 그 색을 유지한다. 그리하여 잎 조직의 흰색 부분이 분열하면서 녹색 잎의 흰색 무늬를 이룬다. 녹색 잎의 다른 여러 색 무늬도 똑같은 원리로 생겨나므로, 유전자 돌연변이로 색소가 교체되고 활발하게 분열하는 세포층을 보여주는 셈이다.

양담쟁이는 유전자 돌연변이로 다양한 잎 색이 나타나는 대표적인 식물이다(그림 2-4). 양담쟁이 잎은 녹색과 흰색, 노란색과 녹색, 빨간색과 녹색 등 다양한 색 배합을 보여준다. 이런 색들은 사실 수평으로 나뉜 각기 다른 분열 조직 세포층으로, 유전자 돌연변이가 특정한 색소를 켜거나 끄면서 생겨난 것이다.

다시 원래 질문으로 돌아오자. 그렇다면 우리가 바라보기에 '이상적인' 색 배합이 있을까? 일본 지바 대학교 조경디자인 학과의 모하메드 엘사덱 교수와 동료들은 이 질문의 대답을 찾기 위해 두 가지 색 양담쟁이 변종으로 독창적인 연구를 수행했다.[11]

양담쟁이는 잎 모양과 크기가 균일하지만 색과 무늬는 각기 다른 변종이 많다. 이름이 유난히 멋진 변종으로는 황록색 '황금아이Goldchild', 연두색 '밝은 손가락Light Finger', 흰색과 녹색의 '빙하Glacier', 진녹색 '피츠버그 초록', 주황색과 빨간색의 '피츠버그 빨강' 등이 있다.

엘사덱의 연구에서 참가자들은 무작위순으로 다섯 개의 식물 트레이를 보도록 요청받았다. 트레이마다 각기 다른 종류의 두 가지 색 양담쟁이가 들어 있었다. 실험 과정에서 뇌신경 활동을 감지하기 위해 뇌 스캔을 실시했고, 아이 마크 레코더eye mark recorder라는 장비로 시선 고정률과 안구의 미세한 불수의적 움직임까지 측정했다. 두 가지 모두 유용한 측정값이다. 예를 들어 시선 고정 시간은 뭔가를 볼 때 집중하는 정도와 연관된다. 반면 미세한 불수의적 안구 운동(미세확보기운동이라고도 한다)은 지각과 집중, 작업기억 등의 시각적 측면과 연관된다.[12] 참가자들에게 《월리를 찾아라》 일러스트, 자연 풍경, 그림 퍼즐, 텅 빈 화면 등 다양한 이미지를 보여준 또 다른 실험에서는 이들이 자연 풍경을 스캔할 때 미세확보기운동이 크게 증가했다. 적어도《월리를 찾아라》보다는 자연 풍경이 더 우리의 주의를 끌 수 있다는 의미다.[13] 참가자들은 또한 각각의 트레이를 보고 난 뒤 매번 어떤 느낌이 드는지 설문지를 작성했다.

그 결과 특정한 두 가지 색 배합이 다른 배합보다 유익하다는 것이 명확하게 드러났다. 특히 황록색과 연두색 무늬 변종이 가장 긍정적인 결과를 보였다. 더 편안하고 침착한 상태와 연결된 뇌 영역의 신경 활동이 활발해졌으며, 시선 고정 시간이 길어지고 미세확보기운동이 증가하는 등 집중력과 주의력도 높아졌다.[14] 참가자들이 해당 식물을 본 후의 느낌을 묘사한 설문조사에서 '평온하다', '차분하다', '아름답다', '활기차다' 등 가장 긍정적인 반응을 얻은 것도 황록색과 연두색 배합이었다.

또 하나의 흥미로운 결론이 있다. 붉은색 잎은 정반대로 부정적인 영향을 미치는 것으로 나타났다. 붉은색 잎을 보면 '우울해지고' 긴장감을 느낀다는 반응이 나왔다. 내 책상에 올려둔 붉은색 포인세티아를 치워야 할 것 같다.

연구진은 황록색과 연두색 잎이 있는 식물을 생활환경에 배치하면 마음이 평온하고 쾌활해지며 집중력이 높아진다는 결론을 내렸다. 누구든 일상생활에 참고할 수 있는 발견이다.

하지만 이런 색 선호도가 문화적 배경에 따라 달라질 수 있을까? 인간이 선호하는 색에 문화적 차이가 있다는 사실은 이미 식물과 상관없는 다른 실험을 통해 밝혀진 바 있다. 식물의 잎을 볼 때도 마찬가지일까? 그렇다면 이런 선호도 차이가 결과에 영향을 미칠까?

이에 대답하기 위해 엘사덱과 그의 팀은 양담쟁이 잎 실험을 되풀이했다. 다만 이번에는 참가자가 40명이었으며 그중 절반은 일본, 나머지 절반은 이집트 출신의 젊은 남성이었다.[15] 그 결과 녹색은 여전히 긍정적인 반응을 얻었지만 문화적 배경에 따른 선호 차이도 여실히 나타났다. 이집트인 참가자의 경우 연두색과 황록색이 신경 활동을 자극하여 평온하고 유쾌한 기분을 이끌어낸 반면, 일본인 참가자의 경우 진녹색과 연두색 식물에 긍정적인 반응을 보였다. 표본 규모가 매우 작고 두 가지 문화권만을 대상으로 했지만, 후속 연구의 가치가 충분한 흥미로운 결과다. 웰빙 목적으로 직장과 가정에 알록달록한 관엽식물을 두려는 사람들에겐 더욱 그럴 것이다.

흥미롭게도 이집트인과 일본인 참가자 모두 빨간색과 주황색을 보고 긴장과 분노를 느꼈으며, 이는 다른 여러 연구 결과와 비슷하다.

하지만 나는 여기서 앞뒤가 맞지 않는다고 느꼈다. 이 장 첫머리에서 언급했듯이 거의 모든 사람은 가을 숲의 색채를 좋아하는 듯하다. 하지만 우리가 빨간색과 주황색을 그토록 싫어한다면 왜 전 세계에서 수백만 명이 붉게 물든 숲과 나무를 보러 가는 걸까? 이렇게 생각해보니 우리의 색 선호도가 고정적인지, 아니면 계절에 따라 유동적으로 변하는 것인지 궁금해졌다. 과연 언제 어디서나 녹색이 최고일까? 나는 정말로 포인세티아를 내다 버려야 할까?

낙엽수가 잎을 떨어뜨리기 직전에 녹색에서 주황색으로, 다시 붉은색과 갈색으로 변하는 가을의 장관은 일조량 감소와 겨울철 추위(온대 및 한대 지역), 건기(열대 및 아열대 지역) 등 다양한 외부 자극에 대응하여 나타난다.

기상 조건이 광합성에 적합하지 않은 시기에 식물은 잎을 떨어뜨려 수분과 에너지를 절약한다. 이처럼 잎이 떨어지는 것을 낙엽leaf abscission(잎 탈락)이라고 하는데, 라틴어로 '떨어지다'라는 뜻인 'ab'와 '갈라지다/잘라내다'라는 뜻인 'scindere'의 합성어가 들어가 있다. 낙엽이 지는 현상은 잎줄기가 줄기와 결합하는 특정한 세포층에서부터 일어난다. '탈락층'이라고도 하는 이 세포층은 잎이 자라는 동안 형성되면서 성장호르몬인 옥신이 잎으로 유입되게 한다.

그러나 건조하거나 추워지면 옥신의 흐름이 크게 감소하고 탈락층은 에틸렌이라는 또 다른 호르몬에 민감해진다. 에틸렌이 증가하면 탈락층의 세포벽을 분해하는 효소가 축적되어 잎이 가지에서 떨어져나간다.

낙엽이 질 무렵이면 잎은 보통 갈색이며 죽은(노화된) 상태다. 잎이 갈색으로 변하는 것은 죽은 세포에 함유된 탄닌 화합물과 잔류 색소 때문이다. 녹색, 주황색, 빨간색, 갈색으로 이어지는 극적인 색 변화의 최종 단계다. 단풍은 전 세계에서 나타나지만, 미국 북동부 뉴잉글랜드의 온대 낙엽수림과 파타고니아 및 일본의 너도밤나무 숲이 가장 화려하며 방문객도 많다고 한다. 단풍이 드는 것은 나뭇잎에 함유된 카로티노이드(앞서 언급했듯이 주황색-노란색을 반사하는 색소)와 안토시아닌(붉은색-보라색을 반사하는 색소) 때문이다. 카로티노이드는 사철 내내 나뭇잎에 존재하지만, 녹색을 반사하는 엽록소의 영향에 가려질 때가 많다. 가을에 카로티노이드가 눈에 띄는 이유는 무엇일까? 빛이 줄고 기온이 떨어지면서 나뭇잎의 엽록소(녹색)가 무색 대사산물로 분해됨에 따라 카로티노이드(주황색-노란색)가 선명해지기 때문이다. 그러나 붉은색과 보라색은 이와 별개의 과정을 통해 나타난다. 이런 색을 내는 안토시아닌은 잎이 떨어지기 직전에 새로 생성된다.[16]

지금까지 나뭇잎이 계절에 따라 녹색, 노란색, 주황색, 빨간색, 보라색, 갈색으로 멋지게 변하는 이유를 확인해보았다. 하지만 이런 색들에 대한 우리의 호불호도 변할까? 2017년에 위스콘신 대학교 심리학 연구원 캐런 슐로스와 이소벨 헥이 수행한 실험은 색채 선호도가 계절에 따라 달라질 수 있다고 암시하는 듯하다. 낙엽이 떨어지는 계절인 9월부터 12월까지 11주 동안 참가자들에게 일주일에 한 번씩 컴퓨터 화면에 띄운 색 선호도를 평가하도록 한 결과, 낙엽이 본격적으로 떨어지는 몇 주 동안 빨간색, 노란색, 주황색에 대한 선호도가 뚜렷이 증가하다가 가을이 끝나고 겨울이 오면 다시 감소하는 것으로 나타났다(선호도 그래프는 U자형 곡선을 이룬다).[17]

따라서 나뭇잎 색에 대한 우리의 호불호는 계절에 따라 변화하는 것으로 보인다. 흥미롭게도 특정한 집단 구성원의 경우 녹색 잎보다 빨간색과 주황색 단풍을 보는 것이 생리적·심리적으로 더 유익할지 모른다는 증거가 있다. 예를 들어 학교 운동장의 알록달록한 단풍을 본 아이들이 느끼는 잠재적 회복 효과를 평가한 실험에서는 녹색이 아니라 주황색 나뭇잎을 볼 때 회복 잠재력이 가장 크게 향상되는 것으로 나타났다.[18] 이는 흥미로운 결과지만 시간과 계절에 따라 어떤 차이가 생기는지 알고, 특별히 교육 시설 주변에 어떤 나무를 심어야 할지 파악하려면 더 많은 조사가 필요하다. 조현병 환자를 대상으로 한 또 다른 실험에서는 녹색보다 주황색과 빨간색 단풍잎을 볼 때의 정서적 자극이 훨씬 더 강렬하고 긍정적인 것으로 나타났다.[19] 이 결과가 더 널리 알려진다면 해당 증상으로 고통받는 환자를 위한 치료용 정원의 나무 선택에 큰 도움이 될 것이다.

이처럼 새로운 과학적 증거를 통해 녹색은 식재료뿐만 아니라 볼거리로서도 우리에게 유익함이 밝혀지고 있다. 초록색 잎을 보면 우리는 더 차분해지고 행복해지며 집중력과 창의력도 높아진다. 하지만 놀랍게도 경우에 따라서는 둘 이상의 색상을 지닌 잎이 더 유익할 수 있는 것으로 보인다. 또 적어도 일부 문화권에서는 황록색 무늬가 있는 잎이 심리적·생리적으로 가장 좋은 영향을 미치는 듯하다. 하지만 가을이 되면 우리는 편을 바꿔 노란색, 주황색, 붉은색을 선호하는 것 같다. 그 이유가 무엇인지, 그리고 이런 선호도 변화가 생리적·심리적 변화와 연결되는지는 아직 알 수 없다. 하지만 초록색 잎만 보는 것보다 빨간색과 주황색 단풍을 보는 것이 정신장애가 있는 사람들과 나아가 아이들에게도 더욱 심리적 안정과 긍정적 감정을 유발하는 듯하다.

전혀 놀랍거나 생소하게 느껴지지 않는 이야기다. 우리는 자연의 색을 즐긴다. 자연의 색을 보면 기분이 좋아진다. 그렇지 않고서야 어째서 많은 사람들이 단풍을 보러 휴가 여행을 떠나고, 작곡가들이 "붉은빛과 황금빛으로 물든 단풍"이라는 노랫말로 달곰씁쓸한 애수를 불러일으키려 하겠는가? 나 역시 단풍을 보면 기분이 좋아진다. 뉴욕의 단풍 숲을 지나온 여행의 추억은 내 머릿속과 책상 위의 소중

한 사진첩에 고스란히 남아 있다. 과학을 통해 우리의 본능이 옳다고 밝혀지기 시작했다는 게 기쁘다.

꽃의 매력

꽃은 어떻게 우리를 매혹하는가

3

지난해, 나는 몇 년 만에 처음으로 첼시 플라워 쇼를 방문했다.

오랜만에 자갈길을 따라 다채롭고 다양한 전시 공간을 오가며 독창적인 테마 정원과 팝업 정원을 즐기고, 참가자들과 대화하며 짙은 꽃향기를 맡고, 기이하고 멋진 식물에 대한 열정에 취하니 정말로 즐거웠다. 이 행사는 100년 넘게 개최되어왔고(팬데믹 동안에는 불가피하게 중단되었다) 왕족과 거물들이 참석하며, 행사 사진은 일간지 1면을 장식한다. 꽃은 크리켓과 크림 티만큼이나 영국 여름의 필수 요소인 듯하다.

경쟁도 치열하다. 선망받는 왕립원예협회 메달을 놓고 경쟁한 끝에 상을 받은 원예가들은 마치 꽃 올림픽에서 우승한 것처럼 기뻐한다. 나 역시 2017년 큐 왕립식물원 부스 '세계 식물의 상태'가 금상을 받았던 때를 평생 가장 자랑스러운 순간 중 하나로 기억한다. 전 세계 식물의 현황과 상태, 그리고 시간에 따른 변화를 다룬 환경탐색 리뷰에 근거한 정원이었다.[1]

전시 공간은 20제곱미터 정도로 작았지만 르완다 수련과 같이 세계에서도 가장 작고 희귀한 식물, 보존 성공 사례, 마다가스카르의 특별한 식물, 극한 환경에서 살아가는 식물 등을 어찌어찌 집어넣을 수 있었다. 정원을 만든 것은 내가 아니라 몇 달이나 설계와 묘목 재배 및 식재에 전념한 큐의 탁월한 원예 팀이다. 하지만 결과는 정말 훌륭했다. 전 세계 식물의 상태에 관해 사람들이 알아야 할 모든 중요하고 흥미로운 내용을 미니어처로 구현한 것 같았다. 당시 내 마다가스카르 동료였던 헤리조 안드리아난드라사나 박사는 이렇게 말했다. "우리는 마다가스카르 토착 관다발식물 11,138종의 83퍼센트, 야생 참마 37종의 84퍼센트가 오직 마다가스카르에서만 자란다는 사실을 알림으로써 단순히 볼거리를 제공하는 것이 아니라 사람들에게 생물다양성 감소의 중대함을 보여주고자 했습니다."

첼시 플라워 쇼의 또 다른 인상적인 점은 꽃을 보러 온 수많은 방문객이다. 꽃은 세계적인 명물이다. 많은 사람들이 꽃식물을 보기 위해 전 세계의 공원과 국유지를 찾아간다. 나는 큐 왕립식물원에서, 그리고 지금은 옥스퍼드 대학교 캠퍼스와 식물원에서 근무하며 매일 창밖으로 이런 사람들을 보아왔다. 꽃가루받이 곤충처럼 인간도 화단의 다채로운 꽃에 매혹되는 듯하다.

첼시 플라워 쇼가 증명하듯, 인간은 단지 깔끔하게 구획된 화사한 꽃밭에서만 시각 자극을 받는 것이 아니다. 2023년 금상은 린덤의 '야생화 풀밭'에 돌아갔다. 이는 다양한 꽃가루받이 곤충과 새를 먹여 살리는 영국 토착 야생화와 다년생 식물과 허브 27종을 심은 정원으로, 이탄 성분이 없는 재활용 퇴비를 사용했으며 관리도 거의 필요 없다. 아름답고 평온하지만 공공 화단이나 공원의 풀꽃 하나 없이 짧게 깎인 잔디밭과는 전혀 다른 공간이었다.

이처럼 꽃을 보는 일은 우리 인간에게 큰 영향을 미치는 듯하다. 이 장에서는 그 영향의 정체와 원리를 알아보고자 한다.

인간은 아주 오래전부터 화려한 꽃에 둘러싸여 있으면 건강에 유익하고 기분도 좋아진다는 것을 알고 있었다. 1949년에 원예 역사가 J. W. 모턴은 이렇게 썼다. "기원전 1500년경의 고대 이집트 무덤 벽화는 관상용 원예와 조경 디자인의 가장 오래된 물리적 증거로, 대칭을 이루는 아카시아와 야자수로 둘러싸인 수련 연못을 보여준다."[2] 바빌론의 공중정원은 고대 세계의 7대 불가사의로 꼽혔다. 고대 로마의 부자들은 울타리와 덩굴로 구획을 짓고 아칸서스, 수레국화, 크로커스, 시클라멘, 히아신스, 아이리스, 담쟁이, 라벤더, 백합, 은매화, 수선화, 양귀비, 로즈마리, 제비꽃을 심은 영지에 자신의 공식 조각상을 배치했다. 중세 시대의 '담장 속 정원'은 주로 식재료와 약초를 재배하는 공간이었지만, 이후에는 계절별로 교회와 집을 장식하는 상징적 기능을 지닌 식물을 가꾸며 보고 즐기는 용도로도 쓰였다. 르네상스 시대 정원에서는 장식 화단이나 정교한 분수대와 같은 건축적·기하학적 형태에 따라 꽃을 심었다. 텃밭이 늘어나면서 일반인들도 꽃을 키웠고, 사유지에는 허브와 과일, 화초를 빼곡히 심고 양봉도 하며 실용성과 즐거움을 동시에 누렸다. 18세기에는 형식적이고 고전적인 프랑스식 정원 대신 자연주의 조경 디자인이 인기를 끌었다.

오늘날 우리가 아는 다양한 형태와 크기의 꽃이 가득한 화단은 19세기 후반에야 서양 정원의 특징이 되었다. 1883년 윌리엄 로빈슨의 중요한 저서《영국식 화원》은 온실 재배를 조롱하며 보다 자연주의적인 접근 방식을 내세웠다. 윌리엄 모리스, C. F. A. 보이시, 에드윈 루티언스 등의 건축가와 디자이너들은 보이시의 동료가 표현했듯 "갑자기 봄이 찾아온 것처럼" 집과 정원을 통합하려고 했다. 이 흐름에 가장 큰 영향을 미친 것은 루티언스의 단골 협력자였던 정원사이자 정원 디자이너 거트루드 지킬이었다. 지킬은 정원 400여 곳을 조성했고, 잡지와 신문에 1,000편 이상의 기사를 기고하는 등 정원 디자인에 관한 저술도 방대하게 남겼다. 지킬의 독특하고 회화적인 색 배합은 그의 친구 비타 색빌웨스트가 조성한 켄트의 시싱허스트 성과 같은 정원에 여전히 남아 있다(그림 3-1, 3-2).

우리는 정원에서 화려한 꽃을 보며 즐길 뿐만 아니라 꽃을 꺾어 실내로 가져오기도 한다. 이 또한 역사적으로 매우 오래된 관습이다. 한 작가는 "고대 이집트 하와라 매장지에서 국화꽃, 마조람 가지, 히비스커스 꽃잎으로 엮은 2,000년 전의 장례식 화환이 발견되었다"라고 기록했다. 고대 로마의 모자이크에는 플로라 여신을 찬양하기 위해 꽃을 꺾어 만든 화환을 머리에 쓴 젊은 여성들이 등장한다. 근대적 꽃 무역을 시작한 네덜란드인들은 이국적인 식물을 수입하기 위해 외국 항로를 개척했으며, 1630년대 튤립 열풍으로 인한 시장 붕괴는 아직도 경제학 교과서나 강의 1장에서 다루어진다(하지만 현대인들도 그 교훈을 제대로 깨우치진 못한 것 같다). 빅토리아 시대 사람들은 크고 정교한 꽃다발을 좋아했으며, 케이트 그린어웨이의 1884년 저서 《꽃의 언어》처럼 민담과 셰익스피어를 참고하여 각각의 꽃에 의미와 특징을 부여했다. 물망초는 진정한 사랑, 파리지옥은 교활함, 만수국은 질투라는 식이었다.

오늘날에도 우리는 익숙한 관습과 일상을 상징하는 꽃에 대한 애착으로 크리스마스나 부활절, 생일, 결혼식이면 특정한 색과 종류의 꽃을 찾는다. 장의사들에 따르면 조문객들은 '꽃은 보내지 말아주세요'라는 요청을 받아도 꽃을 가져오거나 보낸다고 한다. 마치 원초적인 본능을 좇거나 자기 자신을 위해 감정적 메시지를 전하는 것처럼.

절화折花는 이처럼 인기 있는 만큼 당연하게도 대규모 시장을 이루고 있다. 많은 절화가 재배 지역과 먼 곳에서 판매되고 국경을 넘어 기후가 다른 지역까지 배송되기에 시장 규모는 더욱 커진다. 2022년 세계 절화 시장 규모는 356억 달러에 이를 것으로 추정된다.

하지만 여기서 이 책의 주제로 돌아가자. 꽃을 보는 행위에 앞에서 다룬 녹색 잎을 보는 행위와 별도의 유의미한 건강 증진 효과가 있을까? 꽃을 볼 때 단순한 시각적 즐거움보다 훨씬 더 많은 영향이 발생한다는 걸 입증해준 두 가지 간단한 실험을 살펴보자.

첫 번째는 뉴저지 주립대학교의 지넷 하빌랜드-존스 교수가 이끄는 심리학 연구팀이 꽃다발 혹은 꽃 이외의 다른 선물(펜 한 자루 같은 것)을 받은 사람들의 얼굴에 나타난 반응을 측정한 실험이다.[3] 실험 결과 참가자들의 반응이 크게 달랐음이 밝혀졌다. 꽃다발은 선물한 지 5초 이내에 '뒤셴 미소'(입과 눈 주위 근육이 움직여 '진짜 미소'라고도 불리며, 신경화학 및 다양한 심리생리학 지표의 긍정적 변화와 연관된다고 알려져 있다)를 이끌어냈다. 반면 펜이나 다른 선물은 이와 같은 반응을 이끌어내지 못했다.

두 번째는 일본 지바 대학교의 환경, 건강 및 현장 과학 센터 연구진이 직장인에게 책상 위의 꽃병이 미치는 영향을 조사한 실험이다.[4] 놀랍게도 연구진은 참가자들이 향기도 잎도 없는 분홍색 장미 꽃병이 놓인 책상에 딱 4분만 앉아 있어도 꽃이 없는 책상에 앉았을 때보다 생리적·심리적으로 뚜렷하게 안정된다는 점을 발견했다. 참가자들도 장미 꽃병이 있을 때 더 편안하고 안정감을 느꼈다고 자체평가 설문지에 응답했다.[5]

이런 예비 연구는 꽃을 보는 행위에 생리적·심리적 건강 증진 효과가 있다고 암시한다. 그런데 모든 꽃에 동일한 효과가 있을까, 아니면 이런 효과를 극대화할 수 있는 특정한 형태와 색이 있을까? 반드시 생화여야 할까, 아니면 플라스틱 조화로도 같은 효과를 얻을 수 있을까? 내가 이렇게 말하는 것은 가정용품 대형 매장 진열대를 살펴보면 조화 사업이 한창 꽃피고 있는 게 확실하기 때문이다(썰렁한 말장난 죄송!).

꽃은 진화적 성공의 상징과도 같다. 오늘날 전 세계 식물의 약 96퍼센트가 꽃식물이지만, 항상 그랬던 것은 아니다. 사실 꽃식물은 가장 최근에 진화한 식물군으로, 약 1억 3천만 년 전 최초로 화석 기록에 등장했고 약 7천만 년 전에야 현재만큼 다양하고 보편적인 식물이 되었다.[6] 그 이전에 지구상의 식생은 전혀 달랐다. 그때는 침엽수와 소철을 비롯한 겉씨식물, 양치류와 쇠뜨기, 석송 등의 식물군이 지배적이었다. 용각류•나 스테고사우루스와 같은 지구 최초의 대형 초식 공룡은 꽃을 보거나 풀밭을 걸을 수 없었다고 흔히들 말하는데(풀도 꽃식물에 포함된다), 실제로 틀린 얘기는 아니다.

꽃의 진화는 엄청나게 중요한 혁신이었다. 꽃의 다양한 색, 무늬, 형태로 인해 다양한 방식의 꽃가루받이(바람, 동물, 곤충)와 번식(유성 및 무성 생식)이 가능해졌기 때문이다. 덕분에 꽃식물(속씨식물)은 다양한 환경에서 빠르게 성공적으로

• 아파토사우루스, 브라키오사우루스, 디플로도쿠스 등의 공룡으로, 지구 역사에서 가장 거대한 육상 동물로 알려져 있다.

서식할 수 있었고, 어느새 대부분의 지형에서 겉씨식물, 양치류, 쇠뜨기, 석송보다 우세해졌다. 그리하여 화석 기록에 처음 나타난 지 겨우 2~3천만 년 만에 세계 여러 지역에서 지배적 식물군이 되었다.

세상에는 정말로 다채로운 형태와 색과 크기의 꽃들이 존재한다. 세계에서 가장 작은 꽃은 직경이 1밀리미터도 안 되는 흰색의 미세개구리밥 꽃이다. 반면 가장 큰 꽃은 직경이 1미터를 넘고 새빨간 색에 주황색 반점이 있는 자이언트라플레시아다(썩은 시체와 비슷한 악취 때문에 시체꽃이라고도 한다).

꽃의 다양한 크기는 유전적 과정에 의해 결정된다. 유전적 과정은 발달 중인 꽃의 세포 분열과 확장 속도에 영향을 미친다.[7] 꽃잎의 모양 또한 유전적으로 결정되는데, 이 경우 유전자는 꽃잎 조직의 성장 속도에 영향을 미친다. 예를 들어 피튜니아와 같은 독특한 트럼펫 모양 꽃이 자라기 시작하면 꽃잎 전체의 세포가 고르게 분열하고 늘어지면서 길쭉한 튜브 형태가 생겨난다(그림 4-1). 그러다 꽃이 커질 만큼 커지면 꽃잎 안쪽부터 세포 분열이 느려지기 시작한다. 다른 세포들도 안쪽에서 바깥쪽 순서로 분열 속도가 느려지면서 바깥쪽 세포가 안쪽 세포보다 상대적으로 빠르게 분열한다. 꽃잎 조직 세포의 이런 성장률 차이로 인해 꽃 위쪽이 더 빠르게 성장하여 긴 튜브에서 뻗어 나온 커다란 트럼펫 모양 꽃부리가 형성된다.

꽃잎의 곡률도 유전적으로 조절된다. 예를 들어 백합의 특징적인 곡선형 꽃잎은 꽃잎 바깥쪽의 세포가 안쪽보다 더 빠른 속도로 분열하기 때문에 생겨난다(그림 4-2).

그러나 꽃을 구분하는 요소에는 꽃잎의 모양과 곡률뿐만 아니라 각 기관(꽃잎, 꽃받침, 수술과 암술)의 배열도 있다. 많은 사람들이 학교에서 이런 기관의 명칭과 배열을 몇 번씩 공부하게 된다. 꽃의 생식 구조 단면 그리기는 안 그래도 심드렁한 학생들에게 지독히 지루한 과제다. 영국 아이들도 교육 과정에서 최대 네 번까지 이 내용을 배운다고 하니, 대학교에 들어와서 식물학을 전공하려는 학생이 드문 게 놀랍지 않다. 예를 들어 개나 달팽이 같은 다른 유기체의 단면을 이렇게 반복적으로 배우지는 않잖은가.

본론으로 돌아가서, 꽃과 꽃잎의 생식 기관에서 볼 수 있는 대칭 또는 그 밖의 배열은 차등 유전자 발현의 결과이다. 이는 수잔루드베키아처럼 여러 개의 줄로 이루어진 방사대칭 구조나 콩과 식물인 스위트피처럼 단일 평면을 마주보는 좌우대칭 혹은 양면대칭 구조를 만들어낸다. 일부 수생 식물에서 볼 수 있듯 대칭이 왼쪽이나 오른쪽으로 치우친 꽃도 있지만 방사 및 좌우대칭에 비해 훨씬 드물다.

크기와 모양, 생식 기관의 배열 외에 꽃을 구분하는 가장 중요한 요소는 색이다. 잎과 마찬가지로 꽃의 색 또한 꽃잎 조직에 함유된 색소, 꽃잎 표면의 미세 구조적 특징, 내부 세포 배열의 결과다.[8]

보통 꽃의 색을 결정하는 색소는 크게 플라보노이드, 카로티노이드, 베타레인, 엽록소 네 가지로 나뉜다. 플라보노이드는 파장의 색 대부분을 반사하여 꽃잎을 흰색으로 보이게 한다. 카로티노이드는 주로 밝은 노란색 해바라기를 비롯한 노란색과 주황색 꽃잎을 만들어낸다(그림 4-3). 베타레인은 선인장, 카네이션, 비름, 번행초, 비트, 적자색 부겐빌레아 변종 등 석죽과 식물의 꽃을 빨간색과 분홍색으로 보이게 한다(그림 4-4). 마지막으로 녹색 색소인 엽록소가 있다. 꽃잎은 잎에 비해 엽록소를 함유한 경우가 적지만, 크리스마스로즈처럼 녹색 꽃이 피는 식물도 드물진 않다(그림 4-5).

여담이지만 조사 중 발견한 흥미로운 사실이 있다. 꽃이 반사하는 색이 토양의 산성도와 금속 이온 유무에 따라 달라질 수 있다는 것이다.[9] 예를 들어 산수국은 알루미늄을 함유한 산성 토양에서는 파란색 꽃을 피우지만, 알칼리성 토양에서는 진홍색 꽃을 피운다(그림 5-3, 5-4). 금속 이온이 식물의 색소와 상호작용하여 서로 다른 파장을 흡수하는 스펙트럼 특성을 지닌 분자를 생성하기 때문이다.

꽃잎의 미세 구조적 특징도 꽃의 색에 영향을 미친다. 꽃잎에는 투명한 물질로 만들어진 원뿔이나 융기 같은 나노 크기 구조가 있다. 이런 구조는 반사광의 각도를 바꾸어 파장을 분할하고 가시광선의 일곱 빛깔 스펙트럼이 무지갯빛 광택으로 나타나게 한다.[10] 이 효과는 보라색 바탕에 무지갯빛을 띤 '밤의 여왕' 튤립처럼 어두운 색의 꽃에서 더욱 두드러진다(그림 5-1).

잎에서와 마찬가지로 꽃 내부의 미세 구조적 특징도 꽃의 색과 표면에 영향을 미친다. 많은 사람들이 어린 시절 한 번쯤 보았을 미나리아재비 꽃잎은 반짝이는 노란색인데 꽃 위에 턱을 올리면 그 색이 턱에 반사된다(그림 5-2). 미나리아재비가 노란 것은 파란색과 녹색 빛을 흡수하고 노란색 빛을 반사하는 카로티노이드 색소가 풍부해서다. 하지만 꽃잎이 반짝이는 것은 꽃잎의 두 겹 세포에 빛이 닿으면 생겨나는 이중 거울 효과 때문이다.[11]

질병이라는 언짢은 요인도 꽃의 색과 그 배합에 영향을 미칠 수 있다. 식물의 유전자 돌연변이와 질병은 잎과 마찬가지로 꽃의 색과 무늬도 변화시킨다. 곰팡이, 박테리아, 바이러스에 감염된 꽃잎이 갈변하거나 반점 혹은 녹병이 생기고 보기 싫게 돌돌 말리는 현상을 보았을 것이다. 그러나 유전자 돌연변이나 박테리아 혹은 바이러스 감염이 반드시 식물을 죽이는 것은 아니다. 잘 알려지지 않은 사실이지만, 가장 인기 있는 일부 관상용 식물 꽃잎의 아름다운 색 배합도 과거나 현재의 바이러스 감염으로 생겨난 것이다.

꽃잎의 알록달록한 무늬는 다양한 바이러스로 인한 불규칙한 색소 분포 때문에 발생할 수 있다. 아부틸론 꽃잎의 모자이크 무늬를 만드는 아부틸론 모자이크 바이러스(베고모바이러스)도 있지만, 가장 유명한 사례는 빨간색 튤립에 불꽃이나 깃털처럼 화려한 노란색 줄무늬를 만드는 포티바이러스일 것이다. 17세기 네덜란드에서 튤립이 귀하게 여겨진 것은 이 희귀하고도 아름다운 효과 때문이었다. 포티바이러스에 감염된 튤립은 렘브란트와 같은 화가들의 그림에 자주 등장하며 실제로 렘브란트 튤립이라고도 불린다(그림 6). 희귀한 다색 튤립의 가격 폭등은 튤립 열풍을 일으켜 네덜란드 경제를 붕괴시키는 원인이 되었다. 이런 색 변화는 성장하는 조직(분열 조직) 세포가 바이러스에 감염되어 붉은색 색소(안토시아닌)를 생성하지 못하게 되면서 일어난다. 튤립 꽃잎은 세포 분열을 통해 성장하므로, 안토시아닌 없이 분열하는 세포가 꽃잎에 노란색 줄무늬를 형성하는 것이다. 그러나 이 바이러스 패턴은 다음 세대에 제대로 전달되지 못했으며 현재의 줄무늬 튤립 대부분은 이후 육종가들의 유전자 변형으로 만들어졌다는 데 유의하자.

이처럼 다양한 꽃의 색은 우리를 이 장 초반에 제기한 질문으로 돌아가게 한다. 우리는 특정한 형태와 색의 꽃을 선호할까? 그렇다면 우리가 본능적으로 선호하고 남들에게 선물하는 꽃들이 건강 증진 효과에 있어서도 가장 뛰어날까?

우리가 선물하는 꽃의 색에 일정한 패턴이 있는 건 분명하다. 미국 49개 주에서 1992년부터 2005년까지 월별 절화 구매와 관련된 소비자 거래를 조사한 결과, 붉은색 꽃이 가장 많이 팔린 반면 노란색 꽃은 가장 적게 팔린 것으로 나타났다.[12] 그러나 사람들이 꽃을 구매하는 상황도 꽃의 색을 선택하는 데 영향을 미쳤다. 적어도 미국인들은 생일에는 붉은색 꽃을, 어머니날에는 연분홍색 꽃을 선물하는 경향이 있는 듯하다(아래에서 설명하겠지만 이런 선택이 문화적 결정인지 심리적 본능 때문인지 알아내려면 더 많은 연구가 필요하다).[13]

하지만 기념일을 위한 꽃이 아니라면 어떨까? 그럴 때도 우리는 자동으로 특정한 모양과 색상의 꽃을 선호할까? 현재까지 이 문제를 다룬 연구는 드물지만, 체코 카렐 대학교의 과학자 마르틴 훌라와 야로슬라프 플레그르가 2016년 진행한 실험 결과는 흥미롭고 다소 놀랍기도 하다.[14]

연구자들은 색, 대칭성, 윤곽의 곡률(각도)이 다양한 52가지 꽃을 골랐다. 참가자들이 친숙함에 따라 편향된 선택을 하지 않도록 전부 체코에 자생하지만 흔하지 않은 꽃으로 선정했다. 온라인 설문조사를 통해 이 52가지 꽃을 12세에서 74세까지의 체코인 2,000명 이상에게 제시했다. 참가자들은 사진을 보고 아름다움과 복잡도, '전형적인 꽃'이라고 생각되는 정도에 따라 꽃을 평가하도록 요청받았다. 꽃 사진은 무작위로 제시하여 모두가 다른 순서로 볼 수 있게 했다.

조사 결과 참가자들이 가장 아름답다고 평가한 꽃은 나이와 성별에 관계없이 파란색, 보라색, 분홍색 순서였다. 여기서 주목할 점이 있다. 이 실험에 녹색 꽃은 포함되지 않았지만 녹색은 파란색이나 보라색과 같은 색 파장 스펙트럼에 속한다. 이에 비해 색 스펙트럼 반대편에 있는 흰색은 크게 선호되지 않았으며, 노란색은 가장 매력 없는 색으로 평가되었다. 그러나 가장 흥미로운 사실은 꽃이 아름답다는 인식에 가장 큰 영향을 미치는 특징이 색이 아니라 모양이라는 점이다. 꽃잎과 생식 기관이 방사대칭을 이루며 복잡도는 중간 정도인 꽃의 선호도가 가장 높았다.

이런 결과는 우리가 특정 유형의 꽃을 선호할 수 있음을 암시하지만, 여기서 한 가지 주의할 점이 있다. 이 연구가 참가자는 많지만 일회성으로 이루어졌으며 단일 국가 사람들을 대상으로 했다는 점이다. 따라서 문화권에 따라 연구 결과가 달라질 수 있다. 또한 이 연구에서 나타난 '선호 기준'이 좌우대칭이고 꽃잎 가장자리가 둥글며 흰색 또는 노란색인 난초과 꽃과는 완전히 반대라는 사실도 신경이 쓰인다. 난초는 200년 넘도록 세계적으로 손꼽히게 사랑받고 많이 팔리며 가정과 사무실, 온실을 장식하는 꽃인데도 말이다. 과거의 식물 사냥꾼들은 새롭고 기이하고 멋진 난초 변종을 찾아 전 세계를 떠돌기도 했다.[15] 난초의 경우 아마도 희귀성과 이국적 느낌이 형태와 색 선호도를 압도했다고 추측할 수 있을 것이다.

이런 선호도 실험에서 알 수 없는 것이 또 있다. 다양한 꽃의 형태와 색을 보는 행위가 우리 심신의 웰빙에 유의미한 영향을 미치는가 하는 것이다. 앞에서 여러 색깔 잎의 선호도에 관해 확인한 내용이 꽃에도 그대로 적용될까?

연구진은 이 질문에 대답하기 위해 2장에서 설명한 담쟁이 실험과 비슷한 실험을 수행했다. 이들은 꽃의 색은 다양하지만 크기와 형태는 대체로 일관된 식물을 골랐다.[16] 바로 흰색, 노란색, 분홍색, 빨간색 꽃을 피우는 다육식물 칼랑코에다. 대조군으로는 인기 있는 실내 식물인 스킨답서스를 선택했는데, 늘푸른잎에 꽃은 거의 피지 않는 식물이라 참가자들이 녹색 잎과 다양한 색 꽃을 볼 때의 반응을 비교할 수 있기 때문이었다.

참가자들은 무작위순으로 이 두 식물 중 하나가 든 상자 다섯 개를 각각 3분씩 바라보고 상자가 바뀔 때마다 2분간 휴식을 취해야 했다. 이 과정에서 뇌의 네 가지 영역인 전전두엽, 전두엽, 두정엽, 후두엽의 활동을 뇌전도 검사로 측정했다. 이 영역들은 각각 창의력, 지력, 언어 처리 및 시각 능력 등 다양한 기능과 연관되는 것으로 알려져 있다. 참가자들은 또한 매번 식물을 보고 나면 식물의 다양한 색에 대한 정서적 반응을 평가하는 설문지를 작성해야 했다.

색이나 형태와 상관없이 모든 식물에서 뇌 활동과 정서적 반응이 기준 측정치보다 다소 향상되는 상관관계가 나타났고, 따라서 식물을 보는 것이 보지 않는 것보다 낫다는 사실이 재확인되었다. 하지만 꽃의 색에 따라 뚜렷한 차이도 나타났다. 참가자들은 녹색 잎이 대부분인 스킨답서스를 볼 때 집중력, 창의력, 주의력 향상과 관련된 영역의 뇌 기능이 한층 더 활성화되었으며, 그들 스스로도 더 밝고 긍정적인 감정을 느꼈다고 응답했다. 이와 같은 긍정적 효과가 입증된 또 다른 색은 노란색이었다. 흥미롭게도 앞에서 소개한 (뇌 기능에 미치는 영향을 분석하기보다 선호도와 정서적 반응을 조사한) 체코의 연구와는 정반대 결과였다. 다시 말해 사람들은 자신이 노란색보다 파란색이나 녹색 꽃을 더 선호한다고 **생각할** 수 있지만, 노란색을 볼 때 더 창의적으로 집중해서 일할 수 있다는 것이다.

이 예비 연구 결과는 이후로도 여러 유사한 연구를 통해 확인되었으며, 집과 사무실에 꽃을 두려면 나뭇잎과 마찬가지로(2장을 참조하라) 녹색과 노란색을 선택하는 게 좋다고 해석할 수 있다.[17] 우리가 꽃을 볼 때 이 두 가지 색이 가장 바람직한 생리적·심리적 반응을 유발하는 것으로 나타났다.[18] 반면 흰색 꽃은 이런 효과가 별로 없는 듯하다.[19]

그렇다면 색은 중요하다. 우리가 자연과 상호작용할 때 시각 자극은 심신의 웰빙에 유의미한 영향을 미치며, 꽃과 잎에 나타난 색조와 색 배합도 중요한 역할을 한다.

하지만 최근 실내외에 녹색 공간을 조성하는 데 있어 인조 식물이라는 새로운 아이템이 등장했다. 인조 식물이 가정과 사무실에서 인기를 끌면서 시장도 빠르게 성장하고 있다. 최근 보고서에 따르면 2028년까지 인조 식물 시장 규모가 7억 8030만 달러에 달할 것으로 예상된다.[20] 조화는 다양한 재료로 만들어지며 그 결과물도 상당히 그럴싸하다. 특히 폴리에스테르 조화는 놀라울 정도로 실물과 비슷하고 종종 뜻밖의 장소에서 볼 수 있다. 몇 년 전 국내외에서의 자연 보존과 개선 정책을 관장하는 영국 환경농업부DEFRA 사무실을 방문한 적이 있다. 회의실 테이블에 멋진 꽃이 놓여 있어서 어떤 종인지 알아보려고 가까이 다가갔는데, 잎을 만져보니 폴리에스테르로 만든 인조 식물이었다. 환경농업부만큼 인조 식물과 상극인 장소도 또 없을 것 같은데 말이다! 폴리에스테르나 플라스틱과 같은 합성 소재로 식물을 만드는 것이 환경에 미치는 영향은 제쳐놓더라도, 진짜 식물인지 아닌지가 건강 증진 효과에 중요한지 궁금해졌다. 이런 '가짜'를 보더라도 스트레스 감소와 기분 전환 효과가 있을까, 아니면 진짜 식물이어야만 할까?

이 질문에 대답하려고 시도한 많은 연구를 찾을 수 있었다. 2015년에 수행된 교묘한 실험을 살펴보자. 연구진은 고등학생들에게 3분 동안 신선한 노란색 팬지 화분, 혹은 색과 크기와 무늬는 같지만 폴리에스터로 만든 '팬지' 화분을 보여주었다.[21] 그런 다음 잠시 휴식을 취하고 또 다른 (생화 혹은 조화) 팬지 화분을 보게 했다(순서가 영향을 미치지 않도록 화분은 무작위순으로 제시되었다). 그리고 이 책에서 설명한 다른 실험과 마찬가지로 화분을 보는 동안 생리적 스트레스(심박변이 및 맥박수)를 측정하고, 다 보고 나면 자신의 심리 상태를 평가하는 설문지를 작성하게 했다.

그 결과 놀랍게도 유의미한 차이가 확인되었다. 조화보다 생화가 주는 시각 자극이 생리적 스트레스를 현저히 감소시키는 것으로 나타났다. 학생들도 가짜 팬지보다 진짜 팬지를 본 뒤에 더 마음이 느긋하고 편해졌다고 응답했다. 다른 연구들도 비슷한 결과가 나왔으니, '조화도 생화와 똑같은 효과가 있을까'라는 질문의 대답은 '아니오'라고 해야겠다. 인조 식물이 보기 좋을지는 몰라도 진짜 식물과 같은 스트레스 감소나 기분 전환 효과는 없는 듯하다.

지금까지는 대체로 단색 절화나 일반적인 실내 식물의 색에 대한 반응을 살펴보았다. 하지만 자연환경이나 공원, 식물원, 나아가 주택 뒷마당과 같은 반半자연환경에서는 단일한 색과 형태와 종류의 꽃보다도 이런 꽃들이 무한히 다양하게 뒤섞인 상태를 보게 된다. 그렇다면 우리가 식물원이나 첼시 플라워 쇼에서 다채로운 화단을 볼 때 어떤 현상이 일어날까? 알록달록하고 다채로운 꽃들을 볼수록 건강 증진 효과도 증가할까? 이는 도시 공원과 녹지 설계에서 특히 중요한 질문이다. 이런 공간에는 레크리에이션 활동을 위해 짧게 깎은 잔디밭이 우선적으로 조성되기 때문이다. 나무와 관목은 대부분의 공원 외곽에서 볼 수 있지만, 유지 관리비가 많이 드는 알록달록한 화단이나 야생화 꽃밭은 보기 드물다.

내가 궁금했던 또 다른 문제는 색과 종의 다양성이 중요한지 여부였다. 예를 들어 식물학자로서 나는 엄청나게 다양한 꽃들을 볼 수 있는 천연 석회질 초원에 가는 것을 좋아한다. 하지만 석회질 초원에 피는 꽃들은 대부분 자잘하고 색도 비슷해서 눈에 잘 띄지 않기에, 식물학자가 아닌 사람에게는 이런 곳이 그저 넓고 밋밋한 초원처럼 보이기 쉽다.

따라서 이런 질문에 대답하기 위한 영국과 미국의 여러 연구 결과는 내게 매우 흥미롭게 다가왔다. 나 같은 석회질 초원 애호가들에게는 달갑지 않을 수도 있지만, 정책적으로는 매우 중요한 연구 결과다. 조경에서는 꽃의 색과 종류가 다채로울수록 건강과 웰빙에 유익한 것으로 보인다.

예를 들어 영국 셰필드 대학교의 헬렌 호일과 동료들은 영국의 공공 정원 30곳을 선정하여 숲, 관목, 풀과 꽃이 차지한 면적의 비율에 따라 분류했다.[22] 그런 다음 이 정원들을 방문한 일반인 1,411명에게 정원의 미적 특성과 심신 회복 효과, 주관적인 생물다양성 가치 평가를 위해 고안된 현장 기반 설문지를 작성해달라고 요청했다. 설문조사 결과는 명확했다. 다채로운 식물과 화사한 꽃이 있는 공공 정원이 미적 선호도 1위를 차지했으며, 대체로 꽃의 비중이 27퍼센트 이상인 정원이 더욱 매력적이고 활력을 준다는 평가를 받았다.

이 연구는 또 다른 흥미로운 점이 있다. 색이 자극적 요소로 작용한다고 추정되는 한편, 연한 녹색은 차분한 사색과 심신 회복 효과가 있다고 평가되었다는 점이다. 지금까지 논의한 연구 결과들을 바탕으로, 알록달록한 꽃과 녹색 잎은 모두 정신건강 증진에 중요하다는 결론을 내릴 수 있다.

대서양 건너 위스콘신-매디슨 대학교의 로즈 그레이브스와 동료들도 비슷한 연구 결과를 발표했다. 이들은 2015년 여름 애팔래치아의 숲을 방문한 사람들 293명을 대상으로 가장 마음에 드는 야생화 군락 사진을 선택하는 설문조사를 실시했다. 종적 다양성, 풍성함, 다채로운 색, 특색 있는 종 등의 기준으로 다양하게 조합된 사진들이었다. 설문조사 결과는 영국에서 호일이 실시한 조사 결과와 비슷했다. 꽃이 풍성하고 색이 다채로울수록 미적 선호도가 높아졌다. 이런 미적 선호도는 다양한 인구 집단에서 일관되게 나타났으며 지역 식물에 관한 지식과도 무관한 것으로 나타났다.[23]

따라서 이 두 연구를 토대로 우리가 보는 것, 우리가 좋아한다고 말하는 것, 우리에게 유익한 것에는 양의 선형관계가 있다고 말할 수 있다. 다양한 색은 모든 연구에서 가장 중요한 요소로 나타났다.[24] 그러나 생물다양성(색 또는 종 다양성)이 우리의 웰빙에 미치는 영향을 다룬 연구는 아직 드물고 거의 전적으로 자체평가에 의존하기에, 이런 결과는 어디까지나 예비적인 것으로 취급해야 한다. 실제로 우리가 알록달록한 화단을 볼 때 일어나는 생리적 현상이 풀밭을 볼 때와 어떻게 다른지 파악하려고 시도한 연구는 찾아볼 수 없었다. 전 세계 공공녹지 관리의 중요성을 고려할 때 반드시 채워져야 할 공백이 아닐까.

여기서 주목할 또 다른 점이 있다. 다채로운 식재 계획에 따른 효과를 연구할 때는 문화적 차이의 잠재적 영향도 염두에 두어야 한다는 것이다. 이 점을 잘 보여주는 연구가 있다. 중국 베이징에서 공원 내의 생물다양성 식재 선호도에 관해 동일한 질문을 제시한 설문조사다. 조사 결과는 영국이나 미국에서와 전혀 달랐다. 중국 학생과 전문가 227명에게 베이징 시내 공원의 질서정연한 화단과 야생화 초원의 사진을 보여주고 미적 선호도를 평가하도록 한 결과, 화사한 색의 꽃을 다양하게 심은 야생화 초원의 선호도가 가장 낮았다.[25] 왜 그랬을까? 참가자들의 응답을 보면 많은 사람들이 야생화 초원을 '너저분하다'고 생각했고, 잔디밭 사이에 가지런히 정돈된 화단을 선호한 것으로 나타났다.

이 장은 첼시 플라워 쇼의 다채로운 전시물을 둘러보는 즐거운 산책으로 시작되었다. 첼시 플라워 쇼는 형태와 크기를 떠나 꽃을 보고 싶어하는 인간의 강렬한 욕구를 증명한다. 꽃을 보면 다양한 건강 증진 효과가 나타난다는 과학적 증거도 속속 확인되고 있다. 다양한 색과 형태의 꽃을 보는 행위는 우리의 감정과 업무에 영향을 미치며 대부분의 경우 긍정적으로 작용한다. 이런 효과는 분명히 우리의 일상 환경에 필요하다. 하지만 항상 그렇듯이 예외적인 경우도 존재한다. 지금까지의 연구에 따르면 다른 문화권과 같은 특수한 맥락에서 어떤 색이 가장 긍정적인 효과를 유발하는지는 확실하지 않다. 어떤 색과 종을 선택해야 할지 파악하려면 더 많은 연구가 필요하다.

하지만 우리는 이미 확인된 꽃의 효능을 만끽하기 위해 습관과 환경을 바꿀 수 있고 또 바꾸어야 한다. 다양한 꽃이 피는 공원과 그 밖의 조경 공간을 우선적으로 방문하자. 집과 학교, 직장에서 꽃의 색을 활용하자. 창가 화분, 미니 공원, 야생화 화단도 우리가 살아가는 도시환경의 일부임을 주장하자. 그리고 매년 첼시 플라워 쇼나 그와 비슷한 지역 행사를 찾아가자. 하지만 미리 예약하는 걸 잊지 말자. 꽃은 누구나 좋아하니까.

성공의 달콤한 향기

삶의 질을 높여주는 식물의 향

4

얼마 전 나는 저민 스트리트 89번지에 있는 멋진 조지 왕조풍 상점의 구불구불한 목조 계단을 오르고 있었다. 런던 중심부에서도 손꼽히게 오래된 구역인 세인트제임스의 한가운데 위치한 건물이었다. 어둑어둑한 계단을 올라가니 광택 나는 테이블이 놓이고 초상화가 줄줄이 걸린 넓고 밝은 방이 나왔다. 나를 맞아준 에드워드 보데넘은 방에 걸린 그림과 사진 속의 여러 사람들과 놀랍도록 닮아 있었는데, 이들 모두가 그의 친가와 외가인 보데넘가와 플로리스가의 9대에 걸친 조상들이었기 때문이다. 그 건물은 1730년부터 가족회사 '플로리스 런던'의 본사였다. 이 회사는 오늘날까지 거의 300년 동안 같은 장소를 지키며 놀랍도록 다양한 공급원과 지역에서 구해 온 천연 원료로 향수를 제조하고 판매한다.

에드워드는 그의 회사와 가문의 흥미로운 역사를 소개해주었다. 윈스턴 처칠과 매릴린 먼로의 구매 영수증, 단골 고객인 이언 플레밍이 세 편 이상의 제임스 본드 소설에서 그의 제품을 언급한 것, 1870년 메리 앤 플로리스와 제임스 보데넘의 결혼식, "아름답고 향기로운 꽃다발"에 감사하는 플로렌스 나이팅게일의 편지, 1820년의 왕실 임명장,* 1700년대에 원료를 찾아 세계를 누비던 로버트 플로리스가 부모이자 창업자인 후안 파메니아스 플로리스와 엘리자베스 앞으로 보낸 편지까지 모두가 흥미로웠다. 에드워드는 향수에 쓰이는 다양한 향의 특징, 소위 말하는 베이스 노트의 활용 방법, 그리고 향수를 고르는 기본 요령도 설명해주었다.

베이스 노트는 다른 향과 섞일 때 매력적인 플로럴 탑 노트를 더욱 돋보이게 하는 화학적 구조를 가지고 있다. 놀랍게도 베이스 노트 자체는 항상 좋은 냄새를 풍기는 것은 아니며 그리 매력적이지 않은 경로에서 나올 수도 있다. 예를 들어 영묘향은 사향고양이의 줄무늬 꼬리 아래에서 나오는 끈적끈적한 분비물에서 얻는다. 사향(머스크)은 수컷 사향노루의 꼬리 근처 분비샘에서 추출되며, 그 자체로는 악취가 나지만 다른 향과 섞으면 훨씬 더 향기롭게 느껴진다. 용연향은 향유고래 똥에 섞인 소화된 오징어 부리에서 나온다. 감미로운 냄새가 나는 향수에 이런 성분들이 들어 있으리라고 누가 상상했겠는가? 이런 동물성 향은 이제 대부분 실험실에서 합성되지만, 얼마 전까지만 해도 실제로 동물에게 얻은 원료로 만들어졌다. 그런 향들을 어떻게 추출했는지는 묻지 않았다. 그것까지 알아서는 안 될 것 같았다.

당연한 얘기지만, 인간과 천연 향료의 관계는 에드워드

- 왕실이나 왕족에 제품이나 서비스를 공급하는 사람에게 발급되었다. 브랜드나 업체 홍보용으로 쓰였다.

의 유명한 조상들보다 훨씬 옛날로 거슬러 올라간다. 실제로 미용과 의례에서뿐만 아니라 부패한 시체 등의 달갑지 않은 냄새를 숨기기 위해 다양한 식물 향을 이용했다는 고대 기록이 상당수 남아 있다. 고대 이집트에서도 마찬가지였다. 미라를 만드는 과정에서 녹나무속의 몇몇 나무 속껍질에서 얻는 향신료인 시나몬을 시체의 구멍에 채워 살아 있는 것처럼 보이게 하고 썩은 살 냄새도 가렸다. 시신을 감싸는 리넨도 다양한 식물을 우려낸 향유에 담갔다가 사용했다.

고고학 탐사를 통해 고대 이집트인들이 향수를 대량 생산하여 사용했다는 사실도 밝혀졌다. 나일강 삼각주 카이로 북쪽의 투미스에서는 기원전 300년에 조성된 것으로 추정되는 유적지가 발굴되었다.[1] 이 유적지에는 유리 향수병과 점토 암포라가 가득했는데, 병 안에 말라붙은 잔여물을 화학 분석한 결과 올리브유와 식물성 향료의 혼합물로 밝혀졌다. 가시가 많은 몰약나무에서 나오는 몰약, 육두구속과 소두구속 식물의 씨앗으로 만드는 향신료 카다몬, 시나몬 등의 식물성 향료였다. 실험실에서 이 혼합물로 재현한 향수는 사향 냄새가 나고 현대인이 쓰는 향수보다 훨씬 더 진하며 끈적거리는 것으로 밝혀졌다. 오늘날 이런 향수가 상업적으로 얼마나 성공할 수 있을지는 의문이다.

향수 산업의 기원과 역사를 간략하게 살펴보면, 인간에게는 오래전부터 더욱 상쾌한 자연의 향기에 감싸이고 싶다는 욕구가 있었음을 깨닫게 된다. 하지만 역사를 통해 알 수 있는 또 다른 사실이 있다. 우리 조상들도 다양한 냄새의 생성과 이동, 냄새가 인체에 전달되는 방식과 건강에 미치는 잠재적 영향을 연구하는 데 많은 시간을 들였다는 점이다.

고대 그리스 철학자인 아리스토텔레스와 플라톤도 이런 주제를 다룬 저작을 남긴 바 있다. 아리스토텔레스는 냄새가 매개체를 통해서만 전달된다고 믿었으나, 그 매개체가 무엇인지는 자세히 설명하지 않았다. 반면 플라톤은 냄새가 연기나 증기를 통해 전달된다고 믿었으며, "냄새는 항상 축축하거나 부패하거나 액화되거나 증발하는 몸에서 나온다"는 관찰 기록을 남겼다.[2] 중세 철학자들은 의견이 엇갈렸다. 12세기 수도사인 생티에리의 윌리엄은 "악취 나는 시체가 내뿜는 독기는 공기에 섞여 콧구멍으로 흡입된 뒤 뇌로 전달된다"고 믿었다. 17세기 영국 과학자 로버트 보일은 냄새가 어떤 구체적 물질을 통해서만 전달될 수 있다고 확신했다. 보일은 이 물질을 '자석 증기'라고 불렀으며, 반려견과 함께 사는 사람이라면 누구나 알듯이 "개는 지극히 희소하고 상상할 수 없을 만큼 미세한 증기도 감지할 수 있는 것이 분명하다"라고 기록했다.[3]

하지만 플라톤과 아리스토텔레스 모두 식물의 냄새에 약효와 치료 효과가 있다는 데는 동의했다. 이는 현대 식물학의 아버지라 불리는 칼 린네가 18세기에 다양한 향기의 의학적 효용을 탐구하기 시작했을 때 중요하게 생각했던 주제였다. 특히 주목할 만한 연구는 린네와 그의 제자 안드레아스 볼린이 다양한 식물 냄새를 유형별로 분류하려고 시도한 〈약용 식물의 냄새에 관한 논문〉으로, 1752년에 발표되었다.[4] 볼린과 린네는 식물의 냄새를 7가지로 분류했다. 향기, 좋은 냄새, 암브로시아(사향), 염소 냄새, 구린내, 악취, 마늘 냄새 등 대체로 현대인도 바로 이해할 수 있는 분류법이다. 두 사람에 따르면 이 논문은 단순히 "거의 비슷해서 구분하기 어려운 경우가 드물" 만큼 다양한 식물의 냄새를 몇 가지로 분류하려는 것이 아니라, 무엇보다도 "냄새가 인체에 어떻게 작용하는지" 조사하기 위한 것이다.[5]

다시 말해 향은 오래전부터 냄새를 즐기기 위해서만이 아니라 의학적으로도 사용되었으며, 이런 경우 딱히 유쾌한 냄새가 나지 않을 수도 있다. 예를 들어 18세기와 19세기의 많은 로맨스 소설에는 우울증 발작으로 기절한 여주인공을 스멜링 솔트smelling salt로 깨우는 장면이 나온다. 이 소금은 악취가 나고 코와 폐의 점막을 자극하는 암모니아(NH_3) 가스를 방출하여 흡입 반사를 유발하기에 정신을 잃은 사람을 깨울 때 쓰였다. 흡입 반사는 호흡 패턴을 변화시켜 호흡기 흐름을 개선하고 각성 효과를 낼 수 있다. 오늘날에도 인터넷에서 다양한 스멜링 솔트를 구입할 수 있다는 사실이 놀랍다.

그렇다면 현대인은 다양한 식물 냄새를 흡입할 때 일어

나는 현상에 관해 얼마나 알고 있을까? 후각의 과학은 다른 감각 관련 지식에 비해 후발 주자였다. 예를 들어 후각을 담당하는 유전자의 상세한 정보는 2004년에야 밝혀졌다.[6] 시각을 비롯한 다른 감각의 유전자 정보에 비해 수십 년은 뒤처진 것이다. 최근에도 인간의 후각이 형편없다는 기존 상식과 달리 인간은 실제로 적어도 **1조 가지**의 냄새를 구별할 수 있다는 사실이 발견되었다.[7] 인간의 후각이 개보다 둔한 것은 사실이지만 과거의 통념보다는 훨씬 예리하다는 것이다. 이는 우리 코에 있는 400여 개의 후각 수용체(냄새 수용체) 덕분이다. 후각 수용체는 후각 상피라고 불리는 비강 뒤쪽 작은 영역의 특수 세포에 모여 있는 단백질이다. 우리가 냄새를 맡을 때 후각 수용체는 흡입된 특정 냄새 분자에 결합하여 후각 수용체 단백질을 자극한다. 이 작용으로 신경 자극이 일어나면서 냄새에 관한 정보가 전기 신호를 통해 뇌로 전달된다.[8]

전기 후각 신호에 의해 촉발되는 부위인 후각망울은 코 바로 위, 뇌의 가장 앞부분(전뇌)에 위치한다. 후각망울은 뇌에서도 특히 복잡한 부위로, 하나하나가 특정한 냄새에 의해 활성화되는 400개 이상의 고유한 영역으로 구성되어 있다. 정보는 후각망울에서 전기 신호를 통해 후각 피질이라는 또 다른 뇌 부위를 거쳐 해마, 시상, 전두엽 피질 등으로 전달된다. 전기 신호의 움직임은 뇌가 냄새의 강도와 기억 등 냄새에 관한 정보를 처리하고 해석하는 방식을 설명한다.[9] 이런 신호가 건강과 직결되는 또 다른 지점은 특정한 냄새를 맡으면 신경계, 내분비계, 심리와 관련된 불수의적 경로가 촉발되어 생리적·심리적 변화가 일어날 수 있다는 것이다. 시각 이미지를 볼 때 일어나는 것과 여러모로 동일한 현상이다. 우리의 뇌가 냄새에 관한 정보를 처리할 뿐만 아니라, 냄새를 맡는 행위 자체가 불수의적 반응을 유발하고 신체와 정신에 변화를 일으킨다.

하지만 냄새를 맡을 때는 여타 감각에 대한 반응과는 다른 추가적인 과정이 발생한다. 우리가 냄새를 들이마실 때 냄새 분자 일부는 폐의 점막을 통해 흡수되어 혈류로 전달되고, 다양한 생화학적 경로와 직접적으로 상호작용한다. 이런 작용은 종종 불안감 감소 등 처방약 복용에 따른 변화와도 연관된다. 시각 또는 청각 자극은 이렇게 작용하지 않는다. 따라서 특정 화합물의 냄새를 맡는 행위는 시각이나 청각을 통해서는 불가능한 방식으로 우리의 혈류에 직접 물리적 작용을 일으킨다.

우리가 향긋한 침엽수림을 걸을 때 일어나는 현상에 관한 논문을 통해 냄새 화합물이 혈류로 전달된다는 사실을 확인할 수 있다. 일본 홋카이도 아사히카와 의과대학의 스미토모 가즈히로와 동료들은 지원한 참가자들에게 향긋한 편백나무 숲을 60분 동안 걷게 하고 그 전후로 혈액 검사를 실시했다. 편백나무를 포함한 많은 침엽수에서 특유의 '소나무 냄새'가 나는 것은 휘발성 유기화합물인 α-피넨이 방출되기 때문이다. 연구진은 산책 후 참가자들의 혈중 α-피넨 농도가 크게 높아졌다는 사실을 발견했다. 향기 분자가 숲속 공기에서 폐를 통해 참가자들의 혈류로 전달되었음을 확인한 것이다.[10]

특정한 향을 맡으면 인체의 불수의적 경로를 통해 생리적·심리적 변화가 일어날 뿐만 아니라 냄새 분자가 혈류로 전달되어 생화학적 경로에 영향을 미칠 수 있다는 사실은 내게 일종의 계시와도 같았다.

자연의 향, 특히 식물의 향이 우리의 건강에 미치는 영향을 온전히 이해하려면 아직 두 단계가 더 남아 있다. 첫째, 식물의 향을 구성하는 화합물은 무엇인가? 둘째, 식물의 향을 맡으면 건강에 유익하다는 증거가 있는가? 있다면 어느 식물이 가장 효과적인가?

식물의 어느 부분에서 향기가 나는지 묻는다면 대부분의 사람들은 꽃이라고 대답할 것이다. 틀린 말은 아니다. 꽃부리에는 종종 특수한 향기 생성 구조가 있으며, 나아가 꽃잎 조직에 향기 세포가 있는 꽃도 있다. 플로리분다 장미와 같은 특정한 종의 장미꽃잎을 손가락으로 쥐어짜면 근사한 향기가 나는데, 이것만 봐도 꽃잎에서 향기가 나온다는 것을 알 수 있다. 하지만 잘 알려지지 않은 사실이 있다. 향기 세포가 잎, 바늘잎, 잎에 난 털, 나무껍질, 심지어 일부 나무의 줄기에서도 발견된다는 점이다. 예를 들어 고대 이집트 사람들이 향료로 사용했던 유향과 몰약 등의 향기롭고

침엽수림 산책 후 실험 참가자들의 혈중 휘발성 유기화합물 농도 변화

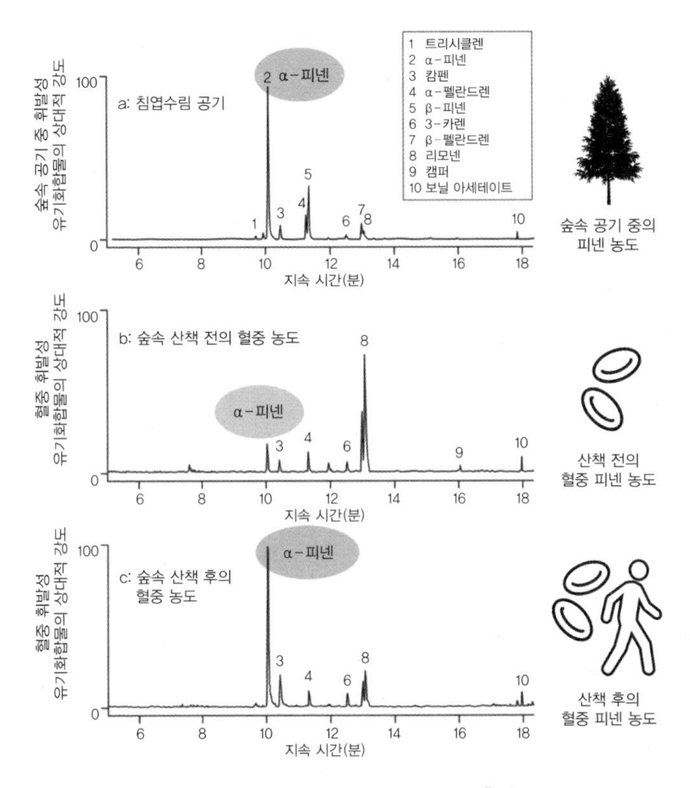

출처: K. Sumitomo et al.

딱딱한 수지 덩어리는 사실 일부 나무와 관목 줄기의 특수 세포에서 생성되는 끈적끈적한 수액이 말라붙은 것이다. 수액은 식물의 줄기가 끊어지거나 씹히는 등 물리적으로 손상될 때 상처를 공격과 부패에서 보호하기 위해 흘러나온다.

식물에서 나오는 향기의 근원은 탄소 기반 화합물의 일종인 휘발성 유기화합물이다. 휘발성 유기화합물은 식물에서 기체 구름 형태로 방출되며 상온에서 쉽게 증발한다. 약 90개 과에 속하는 다양한 식물에서 1,700가지 이상의 휘발성 유기화합물이 확인되었다.

식물의 향은 대부분 이런 다양한 휘발성 유기화합물의 조합으로 만들어진다. 가장 흔한 식물 향도 20가지에서 60가지에 이르는 다양한 성분으로 이루어져 있다.[11] 다시 말해 전혀 다른 식물종끼리도 휘발성 유기화합물 농도가 비슷하면 대체로 같은 냄새를 풍기게 된다. 예를 들어 향기풀, 통카 빈, 전동싸리 세 식물은 모두 쿠마린이라는 휘발성 유기화합물을 많이 함유하고 있어서 비슷한 냄새가 난다.

탄소 기반 유기화합물은 길이와 모양, 복잡도가 다양한 탄소 사슬을 만들어내며, 이것이 식물에서 기체로 방출될 때 냄새가 난다. 예를 들어 갓 깎아낸 풀밭을 걸을 때 '상쾌하고' '풋풋한' 냄새가 나는 것은 '초록 잎 휘발성 물질', 즉 알코올과 알데히드의 단순한 직선형 탄소 사슬이 방출되기 때문이다.[12]

우리가 일상에서 접하는 식물 향 대부분은 다양한 화학물질로 이루어져 있으며 훨씬 더 복잡하게 꼬이고 뒤틀린 탄소 사슬 구조다. 이처럼 독특하게 꼬이고 구조가 복잡한 휘발성 유기화합물을 테르펜이라고 하며, 함유된 탄소 원자의 수에 따라 분류한다(예를 들어 탄소 원자가 15개인 테르펜은 세스퀴테르펜이라고 한다).

테르펜은 우리에게 익숙한 여러 향의 기반이 되는데, 그 중 하나가 날마다 무심코 맡게 되는 리날로올이다. 리날로올은 식물군의 50퍼센트에 이르는 200여 종에 존재하며, 특유의 달콤한 '꽃향기' 때문에 비누와 샴푸에서 방향제, 광택제에 이르는 가정용 제품의 원료로서 상업적으로 제조된다. 리날로올은 또한 많은 향수의 베이스 노트를 형성한다.

테르펜 기반의 다른 유명한 향으로는 소나무(α-피넨, ß-피넨), 감귤류(d-리모넨), 라벤더(리날릴 아세테이트), 로즈마리(8-시네올), 페퍼민트(카르본), 장미 꽃잎(로즈옥사이드), 삼나무와 편백나무와 노간주나무(세드롤) 향이 있다.[13]

그렇다면 우리가 이런 다양한 식물 향을 맡을 때 어떤 일이 일어날까? 인체 내에서 어떤 메커니즘이 촉발될까? 식물에서 나오는 휘발성 유기화합물을 접하면 건강이 개선된다는 확실한 과학적 증거가 있을까?

놀랍게도 특정한 식물군의 휘발성 유기화합물 냄새에 어떤 효과가 있는지 과학적으로 명확히 규명된 경우는 아직 많지 않다.[14] 이 장에서는 다양한 침엽수, 감귤류, 허브(라벤더, 로즈마리, 민트), 장미 등 일상에서 흔히 접하는 향에 초점을 맞춰 현재 진행 중인 연구 결과를 정리해보겠다. 이 네 가지는 코로 흡입했을 때 유의미한 건강 증진 효과가 나타날 수 있다는 과학적 증거 및 결과가 가장 뚜렷한 향이다. 이 장을 다 읽고 나면 특정 식물의 냄새가 예전과는 완전히 다르게 느껴질 것이다. 실내용 디퓨저와 식물 에센셜 오일을 사러 나가거나 레몬을 더 자주 자르게 될지도 모른다.

침엽수

그늘진 소나무 숲에서의 산책부터 향기로운 크리스마스트리에 이르기까지, 침엽수는 식물계에서도 가장 친숙하고 인상적인 향기를 선사한다. 사실 침엽수는 지구에서 가장 오래된 나무이기도 하다.

침엽수는 약 3억 1천만 년 전 처음으로 화석 기록에 등장했다. 오늘날까지도 8개 과로 분류되는 수많은 침엽수 종이 전 세계의 다양한 환경에 서식하고 있다.[15] 소나무과는 그중에도 가장 많은 232여 종을 자랑하며 세계적으로도 가장 널리 퍼져 있다. 소나무과 나무는 남극만 빼고 전 세계 모든 대륙에서 발견되지만, 흥미롭게도 약 6천만 년 전에는 남극 대륙에서도 우세했다고 한다(그때는 남극에 얼음이 없었다).[16] 잘 알려진 소나무과 나무로는 전나무, 가문비나무, 소나무, 낙엽송 등이 있다.

소나무과 나무는 바늘잎을 포함하여 여러 가지 특징으로 알아볼 수 있지만, 이 책에서 가장 중요하게 다룰 점은 그중 상당수가 피넨(α-피넨 및 β-피넨)과 리모넨(d-리모넨)으로 구성된 특유의 모노테르펜 유기화합물을 방출한다는 점이다. 침엽수림 산책이나 소나무 가구에서 느껴지는 독특한 냄새는 바로 공기 중의 모노테르펜에서 나온다. 다른 천연 향과 마찬가지로 이 향도 종종 비누나 욕실 청소세제 등의 가정용품에 알싸한 느낌을 더하는 데 쓰인다.

피넨은 자연환경에서 대량으로 방출되며, 가끔은 눈으로도 확인할 수 있다. 햇빛을 받은 소나무와 가문비나무 숲 위의 아지랑이는 피넨이 햇빛과 오존에 반응하여 생겨나는 것이다.

휘발성 유기화합물의 냄새가 우리의 생리적·심리적 웰빙에 유의미한 영향을 미칠 수 있다는 단서는 1990년대 삼림욕 연구에서 처음 나타났다.[17] 침엽수림에서 시간을 보내면 심혈관 기능 개선, 면역력 강화, 염증 지표 감소, 정서 및 태도 개선 등 다양한 건강 증진 효과를 기대할 수 있다는 사실이 실험을 통해 밝혀진 것이다.[18] 그러나 많은 삼림욕 실험의 경우와 마찬가지로 이런 결과에서는 식물의 형태나 색, 소리 등 숲속 환경의 기타 측면에 따른 효능과 냄새의 효능을 분리하기가 어려웠다.

이 문제를 해결하기 위해 임상 환경에서 일련의 실험이 이루어졌다. 앞서 삼림욕 실험을 수행했던 과학자들이 동남아시아, 미국, 영국 등지의 연구소에서 후속 실험을 수행했다.[19] 이런 임상 환경의 가장 큰 장점은 시각, 소리 등의 다른 요인을 통제할 수 있다는 것이다.

그중에도 단순하고 간명한 사례로 2016년 지바 대학교의 이케이 하루미 교수와 동료들이 수행한 연구를 들 수 있다.[20] 연구진은 참가자들의 코앞에서 ß-피넨과 α-피넨을 깔때기로 90초 동안 분사하면서 생리적·심리적 매개변수들을 측정했다. 이후 동일한 실험을 반복할 때는 이 화합물이 포함되지 않은 공기를 분사했다. 공기와 향기 냄새를 맡는 순서도 무작위로 처리해서 일부 참가자는 향기를 먼저 맡은 후 공기를 맡았고, 다른 참가자는 그 반대 순서로 맡았다. 참가자의 신경계에 미치는 영향은 심박 변이 측정으로 평가하고, 두 가지 냄새가 기분과 불안 수준에 미치는 영향은 참가자들에게 자체평가를 요청했다.

매우 의미심장한 결과가 나타났다. α-피넨이 주입된 공기를 90초만 맡아도 부교감신경계 심박 변이(이완 시 증가하는 것으로 알려져 있다)가 증가하고 심박수가 감소했다. 두 측정치 모두 α-피넨이 주입된 공기 냄새가 빠르게 생리적 이완을 유도할 수 있음을 보여주었다. 참가자들도 α-피넨이 주입된 공기 냄새를 맡자 편안해지고 불안이 덜해졌다고 보고했다.

이런 임상 환경에서의 실험도 흥미롭고 중요하지만, 한편으로 실용적인 질문을 제기하지 않을 수 없다. 숲속을 거닐 때처럼 야외에서 주변 공기에 섞인 휘발성 유기화합물을 호흡해도 비슷한 효과가 있을까? 화합물이 많을수록 더 좋을까? 화합물의 농도가 증가하면 그에 따른 건강 증진 효과도 증가할까? 나는 마지막 질문이 특히 흥미로운 지점이라고 생각한다. 숲마다 서식하는 나무는 각각 다른데다가, 계절에 따라 기온이 변하면서 우리가 거니는 후각 풍경도 끊임없이 변하기 때문이다. 숲속을 걷다가 중간중간 멈춰서 다양한 지점의 공기 냄새를 맡아보면 내 말을 이해하게(또는 냄새 맡게) 될 것이다. 심지어 같은 숲속에서도 장소에 따라 미묘한 차이가 존재한다. 건강과 웰빙을 위한 숲을 조성하려면 냄새를 이해할 필요가 있다.

2019년 한국 건국 대학교 연구원들이 수행한 실험은 내 의문을 여러모로 해소해주었다.[21] 연구진은 참가자들이 α-피넨, ß-피넨, d-리모넨 등의 모노테르펜을 실제 숲속과 비슷하게 다양한 농도로 주입한 공기 냄새를 맡았을 때 일어난 반응을 조사했다. 이들은 우리가 실내나 숲에서 감지하는 '소나무 냄새'의 농도를 4단계로 나누었고, 이 냄새가 참가자들의 뇌파 활동과 심박 변이에 미치는 영향을 측정했다. 또한 참가자들이 어떤 기분을 느꼈는지 자체평가 설문지를 작성하게 했다.

실험 결과는 흥미로웠다. 알파파 활동과 공기 중 휘발성 유기화합물 농도에 강한 양(+)의 선형 관계가 있었는데, 이는 공기 중 휘발성 유기화합물 농도가 높아질수록 참가자들의 알파파가 더욱 강해지고 심신도 점점 더 이완되었다는 의미다. 마찬가지로 심박 변이를 통해 감지된 스트레스 수준과 α-피넨, ß-피넨 및 d-리모넨 농도에는 강한 음(-)의 선형 관계가 있었다. 즉 공기 중에 해당 화합물의 향기가 짙을수록 적어도 이 실험에서 측정된 수준까지는 스

피넨과 리모넨이 뇌파 활동과 심박 변이에 미치는 영향

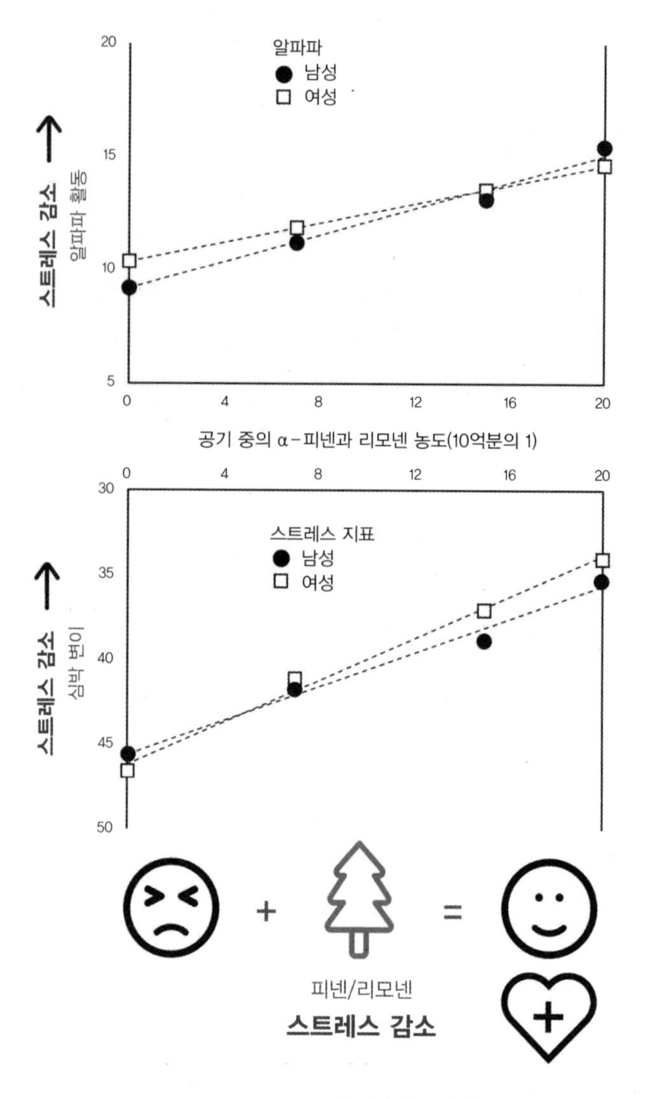

출처: H. Ikei, C. Song and Y. Miyazaki.

트레스가 감소하며 심리적 행복도도 개선되는 것으로 나타났다. 참가자의 44퍼센트는 공기 중의 화합물 농도가 최소일 때 편안함을 느꼈다고 응답했지만, 소나무 냄새가 느껴질 만큼 농도가 높아지자 참가자의 93퍼센트가 편안하다고 응답했다.

이 실험 결과의 마지막 부분이나 다른 실험의 비슷한 결과에 비판적 시각이 없는 것은 아니다. 이런 심리적 반응이 소나무 냄새와 관련된 과거 경험이나 선입견과 관련 있을지 모른다고 주장하는 사람들도 있다. 사람들이 특정한 향기를 맡으면 더 편안하다고 느끼는 것이 단순히 과거의 즐거운 기억 때문이 아니라고 어떻게 확신할 수 있을까?

이 질문에 대답하려면 소나무 냄새를 맡아본 적 없는 사람들이 실험에 참가해야 한다. 쉽지 않은 일처럼 보이겠지만, 결국 두 명의 과학자가 기발한 아이디어를 떠올렸다. 아기에게 소나무 냄새를 맡게 했을 때 어떤 현상이 일어나는지 알아보기로 한 것이다.[22] 이 실험에서는 생후 1개월에서 3.5개월까지의 아기 17명을 (그들 어머니의 '자원'을 받아) 세 가지 공기에 각각 2분씩 노출시켰다. 첫 번째 공기에는 α-피넨, 두 번째 공기에는 d-리모넨을 주입했고, 세 번째 공기는 향이 없는 대조군 역할을 했다. 이렇게 세 가지 공기를 흡입하는 동안 아기들의 심박수를 기록하여 스트레스 수준을 측정했다. 결과는 분명했다. d-리모넨 냄새를 맡았을 때 아기의 심박수가 뚜렷하게 감소하여 아기가 더 편안해졌음이 확인되었다.[23] 반면 향이 없는 공기를 맡은 대조군에서는 그런 반응이 없었으며, 흥미롭게도 α-피넨 냄새를 맡은 경우도 마찬가지였다. 따라서 d-리모넨에 대한 반응이 선천적이며 과거 경험의 영향과는 무관하다고 해석할 수 있다. 왜 α-피넨에 반응이 없었는지는 아직 밝혀지지 않았다. 한 가지 이론은 아기의 후각 체계가 상대적으로 덜 발달하여 냄새에 따라서는 어른과 같은 효과가 나타나지 않을 수도 있다는 것이다. 이에 대해서는 확실히 추가 조사가 필요하다.

이런 다양한 연구를 통해 우리 모두 소나무 숲을 찾아가 산책하거나 소나무향 오일과 비누 냄새를 맡아야 하며, 침엽수는 많을수록 좋다는 것을 알 수 있다. 침엽수 향기가 우리를 더 차분하고 편안하게 해줄 것이다. 실제로 본능적 이완과 스트레스 감소에는 과학적으로 측정 가능한 반응이 따르는 것으로 보인다.

기분이 편안해지는 것은 심신 건강에 중요하다. 하지만 다른 침엽수들, 특히 편백나무와 노간주나무의 향기를 맡을 때 일어나는 또 다른 (잠재적으로 훨씬 더 중요한) 변화가 있다.

편백나무와 노간주나무의 알싸한 나무 향은 세스퀴테르페노이드라는 거대한 테르페노이드 분자에서 나온다. 세스퀴테르페노이드는 15개의 탄소 원자로 구성되어 공기 중에 기체 구름으로 방출되는 속도가 느린 대신 냄새가 더 오래 지속된다. 편백나무와 노간주나무 향기는 주로 ß-카디넨과 세드롤이라는 세스퀴테르페노이드 계열 화합물과 모노테르펜인 α-피넨, ß-피넨, d-리모넨으로 이루어져 있다.

이미 여러 중요한 임상 실험을 통해 확인된 사실이지만, 이런 화합물을 흡입하면 불수의적 신경 반응을 유발하여 심박수와 타액 및 뇌 활동에서의 스트레스 호르몬 수치가 현저히 감소하고 생리적 이완 상태에 이를 수 있다.[24] 이것 자체도 중요한 효과다. 하지만 편백나무와 노간주나무 향기에는 또 하나의 놀라운 효과가 있다. 바로 혈중 자연살해세포 수치를 뚜렷이 증가시킨다는 것이다. 자연살해세포는 바이러스에 감염된 세포와 악성 종양을 숙주에서 제거하는 데 중요한 역할을 한다. 자연살해세포를 더 많이 만들어내는 간단하고 자연스러운 방법은 분명 연구할 가치가 있다.

자연살해세포는 림프구라는 세포의 일종으로, 종양을 유발하는 세포나 바이러스에 감염된 세포 등 특정한 유형의 악성 세포를 직접 찾아내서 죽인다. 자연살해세포가 생성하는 퍼포린과 그랜자임 등의 항암 단백질이, 분자 차원에서의 기전이 포함된 자연발생적 세포자멸사를 유발하여 종양이나 바이러스에 감염된 표적 세포를 죽이는 것이다.

도쿄에 있는 니혼 의과대학교의 리 쿠인과 동료들이 수행한 놀라운 연구에 따르면, 참가자들이 편백나무 향 가득한 호텔 방에서 사흘 밤 연박한 결과 소변에서 아드레날린 호르몬이 크게 감소했을 뿐만 아니라 혈중 자연살해세포가 크게 증가했다고 한다.[25]

아드레날린 호르몬과 혈중 자연살해세포 수치의 전후 변화

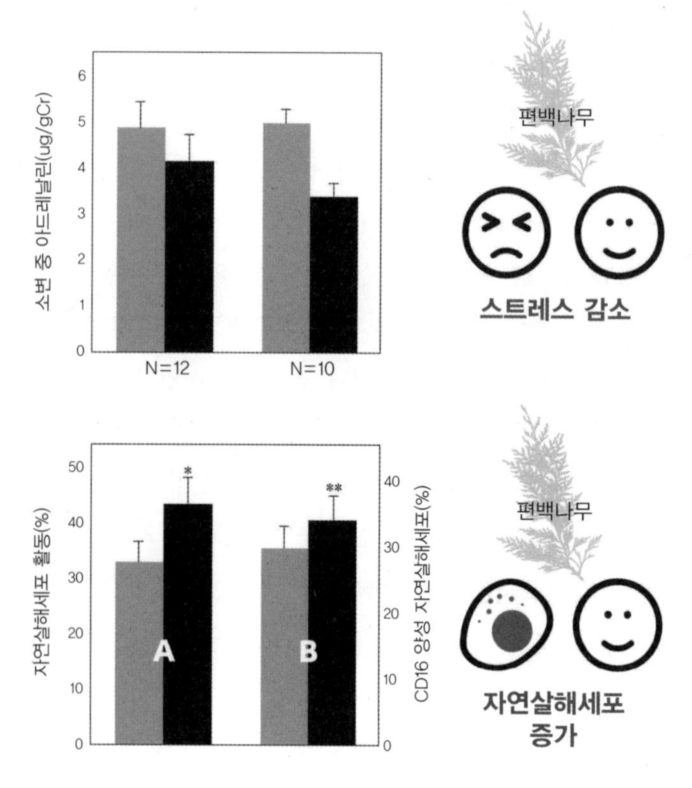

출처: Q. Li et al.

자연살해세포가 암과 바이러스에 대항하는 인체 시스템과 나아가 인류 건강에 매우 중요하다는 점을 고려하면, 10년이 지난 지금까지 식물 향의 잠재력에 관한 후속 연구가 드물었다는 사실은 다소 놀랍다. 위의 연구가 잘 알려지지 않았거나, 아니면 게놈 시대의 의학자들이 여전히 '단순한' 식물 화합물을 연구하길 꺼리는지도 모른다. 나로서는 알 수 없는 일이다. 하지만 흥미롭게도 최근 들어 이 주제에 관한 후속 연구가 나오기 시작했으며, 2018년 종양학 및 암 전문 학술지인 〈온코타겟Oncotarget〉에 발표된 연구도 그중 하나다.[26] 이 연구 결과에 따르면 우리 모두 편백나무 숲으로 가거나 적어도 실내에 편백나무 향을 퍼뜨려야 할 것 같다.

국립 대만대학교 실험연구림의 차오 충밍 교수와 동료들은 삼나무 향기 흡입에 따르는 건강 증진 효과를 조사했다. 이들은 삼나무 향기와의 두 가지 상호작용 결과를 조사하기로 했다. 첫째로는 편백나무 숲 근처에서 일상생활을 하면서 호흡한 공기의 영향을, 둘째로는 편백나무 숲에서 산책하는 동안 나타나는 영향을 살펴보았다. 연구진은 먼저 숲이 우거진 지역에 사는 대학 동료 90명과 숲에서 먼 도시에 사는 110명의 혈중 자연살해세포 농도를 측정하고 비교했다. 그런 다음 대만의 시터우 실험연구림을 4박 5일간 여행한 25명의 혈액과 심혈관 건강을 조사했다. 이 숲에는 편백나무가 많아 휘발성 유기화합물인 세드롤의 공기 중 농도가 높다.

참가자들의 혈액에서 나온 두 가지 데이터 세트는 의미심장한 결과를 드러냈다. 첫 번째로 도시 거주자보다 숲 근처 거주자의 혈중 자연살해세포 농도가 확연히 높았으며, 고혈당 과체중 남성의 경우 더욱 그랬다. 이를 통해 연구진은 특정한 심혈관 위험인자가 있는 사람이 이런 휘발성 유기화합물을 방출하는 숲과 가까운 집에 살면 면역 반응이 개선될 수 있다는 예비적 결론에 도달했다. 두 번째이자 아마도 더 중요한 발견은 숲으로 4박 5일 여행을 떠난 사람들의 자연살해세포 활동이 크게 증가했다는 것이다. 이런 세포 활동 증가가 여행이 끝나고도 일주일 넘게 지속되었다는 점에도 유념하자.

이 연구와 다른 여러 연구 결과를 종합해볼 때, 편백나무 향을 흡입하면 자연살해세포 수가 증가하여 면역계가 강화될 수 있음이 확인된다.[27] 중요한 것은 이런 효과가 즉각적으로 나타날 뿐만 아니라 며칠씩 지속될 수 있으며, 심지어 몇 년에 걸쳐 건강에 이롭게 작용할 수도 있다는 것이다.

감귤류(시트러스)

현재로서 건강에 유익하다고 확실히 밝혀진 두 번째 식물 향은 오렌지, 레몬, 라임, 자몽, 만다린, 귤 등 감귤류 과일에서 방출되는 휘발성 유기화합물의 냄새다.

화석 증거에 따르면 감귤류 식물(운향과)은 800만 년도 더 전에 현대의 인도 북동부, 미얀마 북부, 중국 윈난 성 북서부의 삼각 지대에서 처음 진화했다. 이후로 400만 년 동안 감귤류가 급격히 퍼지고 분화하면서 유자, 자몽, 만다린, 금귤, 파파야 등이 남아시아 및 동남아시아 반도, 티베트

고원, 일본, 오스트레일리아 전역에 서식하게 되었다.[28]

감귤류는 기원전 3세기경 다양한 무역 경로를 통해 서쪽의 지중해 유럽으로 퍼져나갔다. 이 무렵 감귤류는 중요한 상품이자 손에 넣을 수만 있다면 높은 사회적 지위를 드러내는 귀중품으로 여겨졌다. 이를 보여주는 것이 고대 로마 제국 고위 관료의 정원에서 발굴된 기원전 1세기 후반 또는 1세기 초의 레몬 씨앗과 껍질 화석이다. 고대 유럽인만 감귤류의 경제적 잠재력을 알아본 것은 아니다. 고고학적 증거를 통해 인도와 하 왕조 중국(기원전 2100~1600년경)에서도 이미 감귤류를 재배하고 먹었음이 확인된다. 감귤류는 에센셜 오일, 향신료, 방부제, 향수에 애용된 귀한 원료이기도 했다. 감귤류의 맛과 관상용 식물로서의 가치 외에도 향기가 매우 중요시되었음을 알 수 있다.

운향과 감귤류 식물의 두 가지 특징은 독특한 열매와 향이다.[29] 첫째, 감귤류는 다른 과의 식물과는 전혀 다른 다육질 열매를 맺는다. 감귤류 열매는 기름샘으로 덮인 두껍고 질긴 껍질, 스펀지처럼 두꺼운 중간 부분(오렌지나 레몬의 하얀 섬유질), 수분이 많고 가느다란 과육 액포가 가득한 안쪽 막으로 구성되어 있다. 잘 알려지지 않은 사실은 씨앗이 박힌 오렌지의 과육 조각이 변형된 털이라는 것이다. 이제는 오렌지나 레몬 속살을 예전과 같은 눈으로 볼 수 없을 것 같다. 둘째, 감귤류 특유의 향은 식물의 여러 부분, 특히 열매 껍질의 반투명 분비샘과 세포에 함유된 휘발성 기름에서 나온다.

이 독특한 냄새를 만들어내는 휘발성 유기화합물이 바로 d-리모넨이다. 앞에서 언급했듯 d-리모넨은 일부 침엽수에서도 방출되지만 감귤류 열매의 껍질에서 가장 농축된 형태로 나타난다. 또한 다른 테르펜과 마찬가지로 인공 d-리모넨도 식품 첨가제와 향수에서 비누, 손 세정제, 샤워젤, 샴푸까지 일상 용품에 광범위하게 사용된다.

d-리모넨 냄새는 침엽수 향기와 마찬가지로 스트레스를 감소시킬 뿐만 아니라, 폐에서 염증 세포의 영향을 억제하는 생화학적 경로와 천식, 기관지염, 만성 폐쇄성 폐질환과 관련된 기타 염증 경로를 변화시킬 수 있다. 따라서 천식 등의 폐 질병 증상을 완화하는 레몬 껍질 향의 효과가 많은 관심을 받고 있다.[30] 흥미롭게도 예비 연구에 따르면 d-리모넨은 체내에 쉽게 흡수되는 만큼, 흡입제로 사용하면 호흡기 염증을 직접적으로 빠르게 감소시킬 수 있는 것으로 나타났다.[31]

현재까지는 대부분의 연구가 사람이 아닌 쥐를 대상으로 이루어졌지만, d-리모넨 냄새에 건강 증진 효과가 있다는 것은 명확하다. 나는 의학자는 아니지만, 앞으로 몇 년 안에 레몬 등의 감귤류 과일 향을 맡거나 흡입하는 것이 가벼운 호흡기 염증을 치료하는 방법으로 받아들여지지 않을까 싶다. 이미 몇몇 연구자들이 비슷한 치료법을 제안하고 있다.[32]

허브(라벤더, 로즈메리, 민트)

건강 증진 효과가 분명히 확인된 세 번째 휘발성 유기화합물은 태곳적부터 민요와 자장가, 노점상의 외침, 시 구절을 통해 잘 알려진 식물에서 나온다. 바로 라벤더, 로즈마리, 민트 등 감미로운 냄새가 나는 허브다.

모두 꿀풀과에 속하는 이 식물들은 향기 짙은 잎으로 유명하다. 도톰하고 질기며 흔히 가장자리가 톱니 모양인 허브 잎은 쐐기풀 잎과도 비슷하다(하지만 쐐기풀 자체는 별도의 식물군인 쐐기풀과에 속한다). 가장 오래된 화석 기록에 따르면 꿀풀과는 약 1억 년 전 동남아시아에서 처음 나타난 것으로 추정된다.

라벤더는 휴식이나 수면과 연관된다. 전 세계에 서식하는 라벤더는 47종에 이르며 전부 꿀풀과에 속한다. 라벤더라고 하면 보통 '잉글리시 라벤더'로 알려진 가장 흔한 라벤더 종 특유의 향기를 떠올리게 된다. 이 향은 테르페노이드 에스테르라는 일군의 휘발성 유기화합물에서 나오는데, 여기에는 리날릴 아세테이트와 리날로올 화합물도 포함된다. 이 두 화합물의 조합이 라벤더 특유의 나무 향을 만든다.[33]

라벤더는 오랫동안 긴장을 풀어주는 아로마테라피와 마사지 오일 형태로 사용되어왔다. 요즘은 수면을 촉진하는 에센셜 오일이나 베개에 뿌리는 스프레이로도 판매된다.

하지만 최근 어느 과학 간행물에서 지적했듯이, 이런 종류의 치료법이 항상 주류 과학계에서 인정받는 것은 아니다.[34]

라벤더와 관련된 민간 치료는 타당할까? 사이비 과학일까, 아니면 근거가 있을까? 이에 관해 조사한 결과 나는 불면증 치료용 라벤더 스프레이를 구입할 가치가 있다고 생각하게 되었으며, 나아가 스트레스 감소를 위해 모든 사무실에 라벤더 향 디퓨저를 놓아야 한다는 결론에 이르렀다.

불안 해소 효과부터 얘기해보자. 라벤더가 실생활에서 스트레스를 감소시켜준다는 것은 10여 년 전부터 여러 실험을 통해 확인되었다.[35] 만성 통증 환자뿐만 아니라 화학요법이나 심장 절개 수술 등의 치료를 앞둔 환자, 월경 전 증후군PMS 환자까지 다양한 사람들의 반응을 조사한 결과였다. 연구자들은 24가지 임상시험 데이터를 놓고 정량적 결과를 비교할 수 있었다. 그 결과 라벤더 향을 흡입하면 신경계와 내분비계, 정신 상태가 변하여 생리적·심리적 안정에 이른다는 강력하고 설득력 있는 임상 증거가 발견되었다.[36]

라벤더 향을 맡으면 감정이 풀리고 기분이 느긋해질 뿐만 아니라 휘발성 유기화합물인 리날로올이 혈류에 흡수된다. 과학적 증거에 따르면 리날로올이 생화학적 경로에 미치는 영향은 벤조디아제핀 등의 불안 완화제나 진정제를 복용할 때와 비슷하다고 한다.[37] 지금까지는 쥐를 대상으로 한 실험에서만 확인되었지만, 그래도 라벤더 향이 불안 완화에 도움이 된다고 추측할 수 있다. 이런 자연 치료는 처방약보다 훨씬 저렴한 대안이 될 것이다.

나는 라벤더가 수면을 촉진할 뿐만 아니라 수면의 질에도 영향을 미칠 수 있는지 궁금했다. 이는 매우 중요한 문제다. 수면의 질이 나쁘면, 다시 말해 수면 중에 자주 깨고 '얕은' 수면 시간이 길면 건강에 여러모로 나쁠 뿐만 아니라 수명이 단축될 수도 있기 때문이다.

그래서 라벤더는 수면의 질에 어떤 영향을 미칠까? 2021년 타이베이에 있는 국립 양명 대학교 의학부 연구진은 이 주제로 흥미로운 연구를 수행했다.[38] 이들은 이틀 밤에 걸쳐 건강한 참가자들의 수면 중 뇌파 활동을 측정했다. 이틀 중 하룻밤은 방 안에 라벤더 향이 방출되었고 다른 하룻밤은 아무 향기도 없는 대조군이었다. 참가자들은 어느 날 밤에 향기가 방출되었는지 알지 못했다.

그 결과 라벤더 향에 노출된 밤과 대조군의 뚜렷한 차이가 발견되었다. 라벤더 향을 맡으며 잠든 참가자들의 뇌파 활동을 측정하니 긴 간격을 두고 델타파가 강해지는 한편 알파파는 약해졌다. 이 지점은 주목할 만하다. 수면 중 뇌파에서 델타파 활동은 서파 수면slow-wave sleep이라고도 하며 숙면을 의미한다. 반면 알파파 활동은 일반적으로 중간에 자주 깨는 얕은 잠을 의미한다. 다시 말해 라벤더 향이 숙면 시간을 연장시켜준다는 것이다.

이 연구와 여러 비슷한 연구들은 라벤더에 대한 인식을 바꾸는 데 필요한 과학적 증거를 제공한다. 라벤더 향을 맡으면 차분해진다는 것은 사이비 과학이 아니라 그 반대다. 라벤더 향은 실제로 수면 패턴이 나쁜 사람에게 도움이 된다는 정량적 증거가 확인되었으며, 라벤더 향 베개 스프레이는 수면의 질을 개선하고 불면증을 치료할 수 있다.

로즈마리 또한 잘 알려진 꿀풀과 식물이다. 로즈마리는 라벤더와 정반대로 졸음을 쫓고 각성 상태를 유지해준다. 이 역시 우리의 건강과 웰빙, 생산성에 중요한 효능이다.[39]

로즈마리의 원산지는 지중해다. 로즈마리 특유의 향은 다량의 피넨과 캠퍼, 그리고 1-8-시네올이라는 테르펜에서 나온다.[40] 로즈마리 향에 따르는 각성 효과의 기전과 작용은 아직 규명되지 않았지만, 어느 흥미로운 연구에 따르면 로즈마리에 함유된 화합물들이 다른 혈중 생화학적 경로에 미치는 영향 때문일 수 있다. 예비 임상 실험 결과, (로즈마리 향을 흡입하여) 1-8-시네올 화합물의 혈중 수치가 높아지면 각성 및 자극을 담당하는 뇌 신경전달물질을 분해하고 인지증 등의 질환과도 연관되는 두 가지 효소의 작용이 억제되는 것으로 나타났다.[41] 이런 효소를 억제하면 뇌에서 해당 신경전달물질의 수명이 연장되어 더 오래 각성 상태를 유지할 수 있다.

그렇다면 로즈마리와 같은 단순한 향을 일상생활에 활용하여 졸음을 쫓고 맑은 정신을 유지할 수 있을까? 이란 비르잔드 의과대학교 연구진은 이 질문에 답하기 위해 2021년에 교묘한 실험을 수행했다. 그들은 야간 근무 간호사들이 안쪽에 로즈마리 향수를 몇 방울 떨어뜨린 마스크를 쓰게 했다. 반면 대조군 간호사들은 물방울을 떨어뜨린 마스크를 착용했다.[42] 교대 근무 간호사 80명이 실험에 참가했고, 졸음과 각성도를 확인하기 위해 특별히 고안된 설문지를 야간 근무 전후로 작성했다. 실험 결과는 명확했다. 로즈마리 향을 흡입한 간호사들은 정신이 맑아지고 졸음이 가셨다고 보고했다.[43] 이는 일상생활, 특히 장시간 집중해야 하는 상황에서 누구나 쉽게 시도할 수 있는 방법이다.

향기의 효능이 명백히 입증된 마지막 꿀풀과 식물은 스피어민트, 페퍼민트, 페니로얄민트 등의 민트다. 우리에게 익숙한 민트 향은 카르본이라는 휘발성 유기화합물 덩어리에서 나온다. 페퍼민트 향을 흡입하면 주의력과 기억력이 향상된다는 과학적 증거가 점점 더 확실해지는 추세다. 이를 입증하는 모범 사례가 있다. 참가자 일부는 페퍼민트가 주입된 피부 패치를, 대조군은 무향 패치를 6시간 붙인 채 기억력 테스트를 수행한 연구다. 페퍼민트 패치를 붙인 참가자의 기억력이 훨씬 더 좋은 것으로 확인되었다.[44] 자체 평가 설문지에서도 페퍼민트 패치를 붙인 참가자들이 무향 패치를 붙인 참가자들보다 정신이 맑아졌다고 느낀 것으로 나타났다. 많은 사람들이 페퍼민트 사탕을 빨거나 껌을 씹으면 집중력이 향상된다는 것을 알고 있는데, 씹고 빠는 행위뿐 아니라 페퍼민트의 냄새를 맡는 것도 이런 효과에 기여할 것이다.

장미

식물 향기의 효능에 관한 연구는 장미 없이 완성될 수 없다. 나는 장미 향기를 좋아하며, 공원에서 사람들을 관찰하다 보면 나와 같은 이가 많다는 걸 알 수 있다. 따라서 이 멋진 향기가 인체에도 좋은 영향을 미친다는 연구 결과가 매우 반가웠다.

장미과에는 우리가 잘 아는 식물이 많다. 복숭아, 자두, 체리, 아몬드 등의 벚나무속 식물과 사과, 배, 모과 등의 사과나무속 식물도 장미과에 속한다. 그리고 관상용 장미 품종은 모두 장미속에서 유래했다. 화석 증거에 따르면 장미는 중앙아시아에서 기원하여 약 5,000년 전 중국에서 처음으로 정원 식물이 되었고, 약 3,000년 전부터는 현대의 시리아와 이란 지역에서도 재배되었다. 장미의 인기는 고대 로마 제국으로 퍼져나갔고, 로마인들은 장미 꽃잎을 축하 행사에서 뿌리거나 요리, 의약품, 향수 등 다양한 용도로 사용했다고 한다. 이후 몇 세기 동안 다양한 개량종 장미가 무역 경로를 따라 중국에서 유럽으로 전해졌다. 오늘날 전 세계에 250여 종의 장미와 18,000여 종의 개량종 및 잡종이 서식하는 것으로 알려져 있다.

하지만 나는 놀라운 사실을 발견했다. 지금까지 기록에 남은 장미 중에 현대의 관상용 장미와 관련 있는 종은 10~15종에 불과하며, 향기가 나는 종은 10퍼센트도 안 된다는 것이다.[45] 향기 나는 장미로는 월계화, 덩굴장미, 잉글리시 로즈, 플로리분다, 하이브리드 티, 다화성 장미(찔레꽃), 다마스크 로즈, 머스크 로즈, 해당화, 관목 장미 등 잘 알려진 관상용 품종들이 있다. 400가지 이상의 휘발성 유기화합물을 종마다 다양한 농도와 조합으로 방출하여 감미롭지만 서로 미묘하게 다른 장미꽃 향기를 만들어낸다. 이런 휘발성 유기화합물에는 시트로넬롤, 제라니올, 유제놀, 리날로올 등의 테르펜도 있다.[46] 그러나 이 모든 종에 공통된 장미 특유의 향은 사실 페닐프로파노이드라는 또 다른 휘발성 유기화합물에서 비롯된 것이다.[47]

그렇다면 장미 향기는 우리에게 어떤 영향을 미칠까? 정원의 화초, 실내의 절화, 때로는 사랑의 상징으로서 장미가 지닌 상징성에 비해, 우리가 이 아름다운 꽃의 향기를 맡았을 때의 반응을 조사한 연구는 매우 드물다. 다만 몇 년 전 수행된 실험에서 싱싱한 장미 향기를 90초만 맡아도 인체의 생리적·심리적 스트레스 수준이 낮아진다는 것이 확인되었다.[48]

하지만 장미향의 효과가 실생활에서도 활용될 수 있을까? 이 문제를 다룬 연구 중 내가 가장 좋아하는 것이 있다. 냄새를 통해 일상 활동인 운전 습관을 개선시킬 쉽고 간단한 방법을 제시한 연구다. 연구진은 다양한 냄새가 운전자에게 미치는 영향을 살펴보았으며, 특히 운전 중에 장미향, 페퍼민트 향, 영묘향, 그리고 대조군으로 신선한 공기를 맡았을 때 나타나는 행동 변화에 주목했다.[49]

영국 서식스 대학교 공학정보학과 연구진이 설계한 이 연구에서, 참가자들은 (다행히도) 실제 도로가 아닌 시뮬레이션 환경에서 운전 중 분노를 유발하는 다양한 상황(변덕스러운 보행자, 자전거, 지그재그로 달리는 자동차, 앞에 불쑥 끼어드는 자동차)에 처했을 때 속도 조절, 차선 변경 등의 수행 능력을 평가받았다. 시뮬레이션 중에 맡은 냄새가 어떤 영향을 미치는지 확인하기 위해 실험 전후로 다양한 심리 검사도 실시했다.

연구 결과, 흥미롭게도 장미향과 페퍼민트 향 모두 운전 습관을 개선시킬 가능성이 있다고 드러났다. 그중에서도 장미향이 최고였다. 장미향을 맡은 참가자들은 어떤 상황에서든 평균 주행 속도가 가장 낮았고 충돌 사고도 없었으며, 운전 중에 더 편안하고 조심스러워졌다고 응답했다. 할렐루야.

페퍼민트 향도 효과가 좋았지만 장미향만큼은 아니었다. 페퍼민트 향을 맡은 참가자들은 대조군과 동일한 속도를 유지했으며 주의력이 더 높아졌다고 보고했다. 이는 운전 중 페퍼민트 냄새를 맡으면 집중력이 좋아지고 반응 시간이 개선될 수 있다는 다른 연구 결과와도 일치한다. 그러

나 충돌 사고 횟수는 대조군과 크게 다르지 않았고 장미향을 맡은 참가자들보다 많았다.[50]

난폭운전 통제와 관련해 특히 중요한 또 다른 발견도 있었다. 운전 중에 장미향과 페퍼민트 향을 맡으면 진정 효과가 있어 분노가 가라앉고 스트레스도 줄어든다는 것이다. 반대로 영묘향 냄새를 맡으면 충돌 사고가 훨씬 잦아지고 과속이나 차선 이탈도 늘어나는 것으로 나타났다.

＊ ＊ ＊

이 장 첫머리에서 나는 에드워드 보데넘의 가족회사인 플로리스 향수 본사의 목조 계단을 오르며 과거 유명 인사들의 발자취를 좇아가고 있었다. 나보다 앞서 그 계단을 올랐던 옛사람들은 모두 같은 것을 원했다. 바로 자연의 향을 일상생활에 활용하여 얻을 수 있는 이점이었다. 이 장에서는 그런 욕구 뒤에 숨은 과학적 원리를 살펴보았다. 에드워드의 고객들은 단순히 일상에 즐거움을 더하기 위해 후각적 요소를 구매한다고 생각했겠지만, 우리는 과학을 통해 후각이 실제로 건강을 증진시킬 수 있는지 탐구하기 시작했다. 미래의 향수 매장에는 스트레스 감소와 자연살해 세포 활성화에 효과적이라는 라벨이 붙은 향수가 진열되고 의료인이 판매 보조원으로 근무하게 될까?

결론부터 말하자면, 식물의 향에 관한 연구는 아직 과학적으로 초기 단계라고 보아야 한다. 이 중요한 주제에 관한 연구는 전 세계를 통틀어서도 얼마 안 되는 실험실에서만 수행되어왔으며 대규모 임상 시험은 시작되지 않았다. 하지만 지난 3~5년 동안 이 주제를 다룬 연구 논문이 눈에 띄게 증가했으니 대규모 임상 시험도 이제 곧 시작될 것이다. 다양한 식물의 향이 시각이나 미각보다 덜 연구되어온 이유를 나로서는 알 수 없지만, 이 분야의 건강 증진 잠재력이 엄청나다는 건 분명하다. 적당한 식물 향을 맡는 행위는 불안과 스트레스뿐 아니라 염증 반응을 감소시키고, 혈중 자연살해세포의 수치를 높여 면역계를 강화할 수 있다. 아직 대규모 임상 시험으로 확인되진 않았지만, 개인적으로는 지금까지의 연구로도 후각의 자연적 효능을 활용하기 위해 일상에 자연의 향을 더 많이 활용할 근거가 충분히 확보되었다고 생각한다.

하지만 사향고양이는 차에 태우지 말자.

귀를 통한 치유

새의 노래에서 나뭇잎의 속삭임까지

5

노이즈 캔슬링 헤드폰은 내가 애용하는 현대의 발명품 중 하나다. 불필요한 소음을 차단하고 음악 소리나 때로는 정적도 증폭시킬 수 있게 해주니까. 노이즈 캔슬링 헤드폰의 과학적 원리는 비교적 단순하다. 이 헤드폰에는 배경음을 포착하는 소형 마이크, 그리고 이 배경음과 어긋나는 음파를 생성하는 작은 증폭기가 달려 있다. 두 가지 음파가 충돌하여 서로 상쇄하면서 정적이 생겨난다. 단순하고도 완벽하다.

하지만 왜 소음을 차단해야 할까? 나쁜 소음이란 무엇일까? 반대로 좋은 소리란 무엇이며 어떻게 찾을 수 있을까? 지금까지의 내용과 마찬가지로, 그 대답은 자연에 있다.

안타깝게도 모든 사람이 노이즈 캔슬링 헤드폰을 구입할 여유가 있는 건 아니다. 하지만 소음이 건강에 미치는 영향에 관한 새로운 증거 자료가 옳다면, 모든 사람은 자신이 듣는 소리를 선택할 수 있어야 한다. 이제는 건강에 특히 악영향을 미치는 소리가 있다는 것도 상식이 되었다. 소음의 악영향은 지나치게 큰 소리로 인한 청각 손상만이 아니다. 자동차, 전화, 비행기 등 특정한 유형의 일상적 소음에 규칙적으로 노출되면 심혈관 질환, 수면 장애, 아동 인지 장애, 심리 문제가 발생할 뿐만 아니라 비만 확률도 높아진다는 강력한 과학적 증거가 있다.[1] 나쁜 소리는 우리에게 해롭다.

소음의 악영향이 알려지면서 세계 여러 도시에서 음량과 지속 기간, 시간대 등 소음의 기준치를 한정하는 정책이 시행되고 있다.[2] 기이하게도 정부 당국이 '나쁜' 소리를 무기로 활용한 사례도 있다. FBI는 1993년 텍사스주 웨이코에서 데이비드 코레시와 그를 추종한 다윗교 신도들을 몰아내기 위해 크리스마스 캐럴을 귀가 찢어지게 틀었고, 이라크-시리아 국경에서 음악으로 전쟁 포로들을 고문한 미군 수용소는 '디스코'라는 이름으로 악명이 높았다.

물론 모든 소리가 해롭지는 않다. 우리에게 유익한 소리도 많다. 예를 들어 요가 수업의 피리 연주곡부터 고래 울음과 파도소리를 아우르는 '자연의 소리' 음원은 오래전부터 긴장을 풀어주고 불면증도 치료해준다는 홍보하에 다양한 매체로 소비되어왔다.

하지만 '좋은' 소리를 들을 때 우리 몸에 실제로 어떤 일이 일어날까? 건강에 악영향을 미치는 소리의 경우와 달리, 좋은 소리에 관한 과학적 연구는 최근까지 거의 없었다고 해도 과언이 아니다. 그러나 이제는 자연의 소리가 우리에게 어떤 생리적·심리적 영향을 미치는가 하는 문제로 연구 주제가 확대되고 있다. 심지어 자연 풍경보다도 자연의 소리가 건강 증진에 더 효과적일 수 있다는 흥미로운 연구 결과도 나왔다. 그렇다면 우리는 어떤 소리에 귀를 기울여야 할까? 그 이유는 무엇일까?

우리가 자신의 귀에 관심을 갖는 일은 드물다. 하지만 사실 귀는 공기 중의 음파를 전기 신호로 변환하여 신경 활동을 유발하는 놀랍고 복잡한 기관이다.

우리의 귀는 크게 외이, 중이, 내이 세 부분으로 이루어진다. 귀 바깥쪽(머리통 옆에 붙어 있는 이상하게 생긴 부위)으로 들어온 음파는 외이도로 이동하여 고막을 진동시킨다. 이 진동이 중이로 넘어가 작은 뼈 세 개를 통해 증폭되면서 내이까지 전달된다.

청각을 담당하는 기관은 내이에 있는 작은 달팽이 모양의 관이다. 달팽이관은 액체로 채워져 있다. 진동이 전달되면 이 액체가 파문을 일으켜 수천 개의 미세한 감각 유모세포가 늘어선 막을 건드린다. 유모세포가 움직이면 작은 구멍이 열리면서 전기화학적으로 충전된 입자(이온)가 방출되어 전기 신호를 생성한다. 전기 신호는 청신경을 통해 뇌의 여러 영역으로 전달되고, 특정한 소리에 반응하여 운동(움직임), 생리(심박수 증가), 심리(행복감)를 변화시키는 신경 활동을 일으킨다.

이 과정에서 마지막 부분이 특히 중요하다. 어떤 소리가 우리의 건강과 웰빙에 긍정적인 반응을 촉발하는가? 나는 최근 브뤼셀의 어느 호텔 로비에서 좋은 소리와 나쁜 소리에 관해 새로운 깨달음을 얻었다. 호텔 디자이너는 그 로비에 자연 중에서도 하필이면 '정글' 스타일이 가장 어울린다고 생각했는지 앵무새 울음, 사자의 포효 등 정글이라고 하면 연상될 법한 소리를 틀어놓았다. 이런 소음이 로비에서 느려터진 엘리베이터를 기다리는 동안에는 확실히 거슬렸지만, 그것 역시 자연의 소리인 만큼 내게 유익한 영향을 미치지 않았을까? 혹은 반대로 체크인과 엘리베이터를 기다리며 느낀 짜증이 사실은 이 소음 때문이었을까?

도시의 유익한 음향 풍경soundscape에 관한 초기 연구 일부는 우리가 특정한 소리를 편안하고 유쾌하게 느끼는지 여부에 주목했다. 스웨덴의 예테보리 주민 1,000명 이상에게 일상에서 들리는 다양한 소리의 느낌과 가장 가까운 문장을 선택하도록 요청한 조사가 있다. 조사 결과 '유쾌한' 혹은 '불쾌한' 소리의 인식에서 강한 공감대가 존재했으며, 다음 세 가지 문장이 가장 많은 표를 얻었다. '이 동네의 새소리를 들으면 마음이 편해진다', '나무가 바스락거리는 소리를 들으면 마음이 편해진다', '도시와 교통 소음이 이 동네를 느끼는 데 방해가 된다'.[3]

당연한 말을 복잡하게 쓴 것처럼 보일 수 있다. 나도 처음에는 그렇게 생각했다. 그런데 특정한 자연의 소리가 다른 소리보다 피로를 풀어준다고 느껴지는지 조사한 추가 연구들을 접하면서 슬슬 흥미가 돋았다. 실제로 그렇다는 결과가 나왔기 때문이다.

예를 들어보자. 폴란드에서는 참가자들을 자연의 소리와 도시의 소리 집단으로 나누어 각각 1분간 다음 소리 중 하나를 들려주는 실험을 했는데, 조사 결과 명확한 선호도가 나타났다. 해당 실험에서 사용한 소리는 다음과 같다.

> 자연의 소리 – 공터의 지빠귀, 숲속의 검은머리휘파람새, 연못의 흰눈썹뜸부기, 까마귀, 발정기 사슴, 숲속 소리(멧돼지와 새), 연못의 개구리, 개개비, 늑대 울음, 종달새, 버들솔새, 봄의 초원(다양한 새들), 숲속의 밤(수리부엉이와 바람), 나이팅게일, 갈까마귀, 강, 강가의 울새, 바다, 바람 부는 날의 갈매기, 여름 밤(귀뚜라미와 새), 곤충 떼, 천둥 번개, 시냇가의 굴뚝새.

> 도시의 소리 – 공항(비행기 착륙), 도로(구급차), 구시가지(손풍금), 카페, 놀이공원(회전목마), 교회 종소리, 음악회(관현악단 조율과 박수갈채), 공사장, 불꽃놀이, 고속도로, 아이스링크(스케이트 타는 사람들), 잔디 깎는 기계, 퍼레이드(금관악단), 도로 공사(공기 해머), 소방서(사이렌), 거리의 소음, 지하철(빈 지하철 차량), 수영장, 교통 정체(자동차 경적 포함), 기차, 전자오락실, 풍경 소리.

소리를 들은 참가자들은 스트레스와 정신적 피로를 풀어주고 회복을 촉진한다고 느낀 정도에 따라 이 소리들의 순위를 매겼다. 그 결과는 명백했다. 예상대로 모든 참가자가 도시의 소리보다 자연의 소리를 훨씬 선호했다.[4] 자연의

자연의 소리가 건강과 긍정적 감정에 미치는 효과

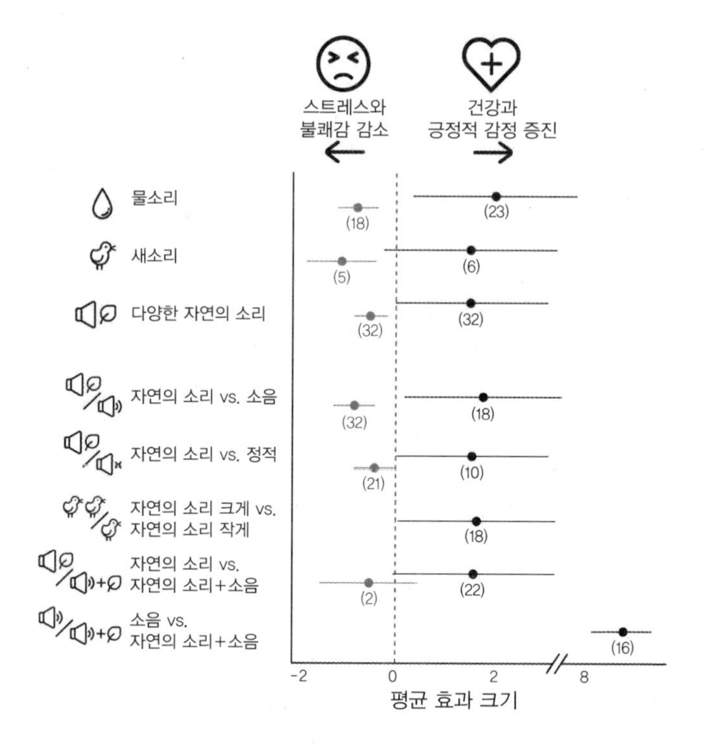

출처: R. T. Buxton, A. L. Pearson, C. Allou, K. Fristrup and G. Wittemyer

소리에 대한 선호도도 뚜렷이 일치했다. 상위 5위까지 전부 새소리가 포함되어 있었는데 강가의 울새 소리, 시냇가의 굴뚝새 소리, 공터의 지빠귀 소리, 숲속의 검은머리휘파람새 소리 등이었다. 전 세계의 여러 연구에서 수차례 비슷한 결과가 확인되었다. 새소리가 가장 회복 효과가 뛰어나다는 평가를 받았고 물소리(숲속 시냇물, 해변의 파도)와 숲속의

바람소리가 그 뒤를 이었다.[5]

하지만 모든 새소리에 이런 효과가 있을까? 꼭 그렇지는 않다. 영국 서리 대학교의 엘리너 랫클리프와 동료들은 조사에 지원한 참가자들에게 다양한 새소리를 들려주었다. 놀랍지 않게도 까마귀와 까치 울음소리는 다른 새소리에 비해 회복 효과가 떨어지는 것으로 나타났다.[6] 이는 문화적 선호 때문이 아니다. 영국뿐만 아니라 스웨덴이나 중국 사람들도 시끄럽게 깍깍대는 새소리를 거슬려한다는 연구 결과가 있다. 스웨덴에서 조사에 참가한 사람들은 댕기물떼새, 갈매기, 검은머리갈매기 소리가 되새의 소리만큼 유쾌하지 않다고 평가했으며, 중국의 설문조사 참가자들은 까마귀 소리가 딱따구리나 참새 소리보다 훨씬 불쾌하고 회복 효과도 떨어진다고 응답했다.[7] 나는 브뤼셀 호텔 로비에서의 경험 이후 앵무새도 이 범주에 넣기로 했다.

왜 그럴까? 어째서 사람들은 특정한 새소리를 좋아하거나 싫어할까? 이런 취향이 음정, 반복, 음량, 음색 등 종에 따른 특징과 관련 있을까?

내가 가장 좋아하는 최근의 혁신적인 기술은 울음소리나 노랫소리로 야생동물을 식별해주는 스마트폰 애플리케이션이다. 새, 곤충, 동물이 내는 소리를 마이크로 포착하면 어떤 종의 개구리, 귀뚜라미, 벌, 새, 박쥐, 모기인지 자세히 알려준다. 정말로 재미있고 유익한 기능이다. 반려견과 산책을 나가면서 휴대용 도감을 챙긴 지도 벌써 몇 년이 되었지만, 이런 애플리케이션이 생기면서 야생동물에 관해 더 욱 많은 것을 배울 수 있었다.

그중에서도 가장 애용하는 것은 코넬 대학교에서 개발한 애플리케이션인데, 새의 노랫소리로 종을 식별해준다.[8] 새소리가 들리면 휴대전화를 꺼내서 20초 정도 녹음한 다음 전송 버튼만 누르면 된다. 1분 뒤면 새의 정체를 알려주는 메시지가 도착한다. 이 스마트폰 애플리케이션의 실제 기능은 음향의 파장과 크기와 형태와 패턴, 즉 음향 신호를 포착하는 것이다. 음향 신호가 서버로 전송되면 수학적 알고리즘과 머신러닝 인공지능이 음파의 파편을 라이브러리에 저장된 새들의 수천 가지 음향 신호와 위치, 계절 등의 환경 정보와 비교한다. 그렇게 컴퓨터가 식별한 새의 정체가 다시 내 휴대전화로 전송된다. 동네 공원에 서서 저 나무 위에 어떤 새가 있는지 확인할 때마다 이 거대한 기술 자원을 활용하고 있다는 생각을 하면 경이로움을 느낀다. 게다가 애플리케이션을 사용할 때마다 컴퓨터 데이터베이스에 새로운 항목이 추가되어 또 다른 새소리를 확인해줄 전자 라이브러리의 크기와 범위가 늘어난다.

이 시스템은 모든 조류 종이 고유한 음향 신호를 내기 때문에 작동한다. 그렇다면 개중에 특별히 회복 효과가 높은 새소리가 있을까? 바로 이것이 랫클리프와 동료들의 두 번째 연구 주제였다.[9] 이들은 참가자 174명이 영국과 오스트레일리아 새 50종의 노랫소리를 듣고 회복 효과를 평가한

다양한 새 노랫소리의 음향학적 특징

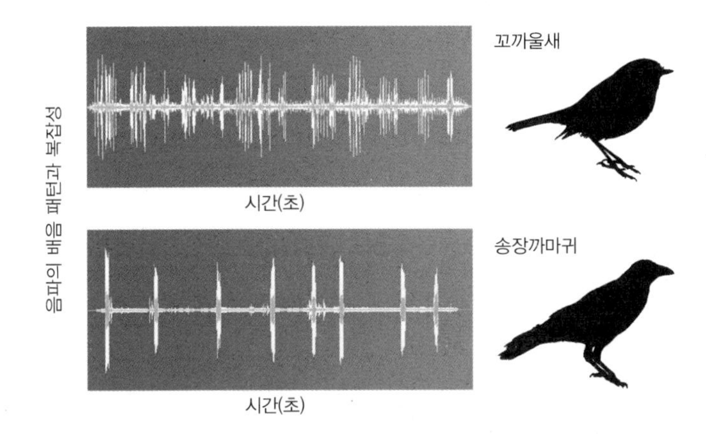

선행 실험의 데이터를 교묘하게 활용했다.[10] 이 순위를 바탕으로 각 소리의 배음, 주파수, 패턴의 복잡성, 음량 등 음향학적 특징을 분석하여 선호도가 높은 새의 노랫소리에 독특한 패턴이 존재하는지 확인했다. 그 결과는 명확했다. 지빠귀, 바위종다리, 푸른박새, 방울새, 울새 등 회복 효과가 높다고 평가된 새들의 노랫소리는 선율이 아름답지만 복잡하고 패턴이 반복되며 음량은 비교적 작은 것으로 나타났다.[11] 반면, 어치, 재갈매기, 은갈매기, 솔개 등 회복 효과가 가장 낮게 평가된 새들의 노랫소리는 부조화적이고 단순하며 음량이 훨씬 컸다.

이제는 예전처럼 아무 생각 없이 새소리를 들을 수 없을 것 같다. 그러나 이런 연구에도 이의를 제기할 여지가 있다. 대부분 설문지나 기타 유사한 주관적 방식으로 수집된 자체평가에 기반을 두고 있기 때문이다. 따라서 우리가 생각하는 소리의 잠재적 회복 효과가 얼마나 측정 가능한 신체 변화(스트레스에 대한 자율신경계 반응이나 인지 수행력 등)로 전환되는지 알아볼 필요가 있었다. 지난 10년 동안 이 주제로 수행된 2차 임상 연구들은 특정한 자연의 소리를 들으면 생리적·심리적 스트레스가 줄어들고 인지 수행력이 개선되며 심지어 통증도 완화될 수 있다는 것을 보여주었다.

먼저 스트레스부터 살펴보자. 특정한 자연의 소리를 들으면 생리적으로 안정될 수 있다는 연구 결과가 그간 다수 발표되었다.[12] 예를 들어 참가자 66명을 방음 처리된 방 안에 앉히고 네 가지 소리를 각각 5분씩 들려주며 심박 변이와 뇌 활동을 측정한 실험이 있다. 새벽의 새소리, 잔잔하고 화창한 바닷가 파도소리, 행인이 붐비고 노점상들이 외쳐대는 야외 상점가 소리, 출퇴근 시간대 교차로의 자동차 소음 등이었다. 그 결과 심박 변이에 확연한 통계적 차이가 나타났다.[13]

참가자들은 새소리와 바닷소리를 들은 지 1분 만에 생리적으로 안정되었다. 적어도 실험이 진행된 5분 동안은 소리를 들을수록 스트레스 수준이 급격히 낮아졌다. 반면에 상점가나 자동차 소리를 들으면 생리적 스트레스 수준이 높아졌다. 그렇다면 소리를 오래 들을수록 좋은 영향이든 나쁜 영향이든 더 뚜렷하게 나타날 것이라고 추측할 수 있다(몇 시간 이상의 장기적 효과나 수개월 혹은 수년에 걸친 누적 효과는 아직 확인되지 않았다). 시끄러운 환경에서 일하는 노동자나 교통량이 많은 도로변 주민의 건강관리에 중요한 발견이 분명하다.

최근 밝혀진 또 다른 사실이 있다. 특정한 자연의 소리를 들으면 인지 수행력에 뚜렷한 영향을 미칠 수 있다는 것이다. 많은 사람들이 음악을 들으며 일하는데, 그 대신 자연의 소리를 듣는 게 좋을까? 혹자가 이야기하는 것처럼 주의 집중이 필요한 작업을 할 때 자연의 소리를 들으면 속도와 정확도가 향상될까?[14]

시카고 대학교의 스티븐 밴 헤저와 동료들이 수행한 연구는 자연의 소리를 듣는 것에 잠재된 인지적 효과를 멋지게 증명한다(이 연구는 〈귀뚜라미 울음과 자동차 경적: 자연의 소리가 주의 집중력에 미치는 영향〉이라는 제목의 논문으로 발표되었다).[15] 연구진은 참가자들에게 20분간 다양한 소리를 들려준 후 인지 수행력 차이를 비교했다. 새, 움직이는 물(비, 파도), 곤충(귀뚜라미 울음), 바람 등 자연의 소리와 자동차, 카페 안의 잔잔한 대화, 기계(에어컨 소음) 등 도시의 소리였다. 참가자들은 자연과 도시의 소리를 들은 뒤 두 가지 인지 수행력 검사를 받았다. 첫 번째는 숫자를 거꾸로 나열하는 것(소위 '숫자 거꾸로 따라 말하기')이었고, 두 번째는 들려준 글자와 색깔 상자를 맞추는 것이었다. 양쪽 검사 모두 진행 속도와 실수 횟수로 참가자의 주의 집중도를 평가하는 방식이었다. 결과는 명확했다. 참가자들은 자연의 소리를 들었을 때 검사를 더 빨리 마쳤고 실수도 줄었다. 이 실험 결과가 직장이나 학교에 미칠 수 있는 영향은 아무리 강조해도 지나치지 않으며, 향후 중요한 연구 분야가 될 것이다.

매우 중요하며 흥미로운 연구 결과를 보여주는 세 번째 주제가 있다. 바로 자연의 소리가 통증에 미치는 영향이다. 통증은 보통 실제적이거나 잠재적인 조직 손상과 관련된 불쾌한 감각 또는 정서적 경험으로 정의된다. 따라서 통증은 감각 자극만큼 인지 처리의 결과이기도 하다. 다시 말해 신체적 원인과 그에 대한 신경학적·심리적 반응을 아우른다는 것이다.

수술은 항상 스트레스를 주게 마련이다. 그중에도 가장 스트레스가 심할 때는 국소 혹은 경막외 마취 상태로 '깨어 있는' 동안일 것이다. 국소 마취는 임상적으로 전신 마취보다 덜 위험하지만, 많은 연구에 따르면 수술 이후에도 한동안 심각한 스트레스가 이어질 수 있으며 회복 속도도 늦어질 수 있다. 따라서 의사들은 수년 전부터 수술 중에 환자의 스트레스를 자연스럽게 덜어줄 방법을 연구해왔다. 음악의 효과를 탐구한 초기 연구에서는 수술 중에 음악을 들려준 환자의 불안감이 줄어든다는 긍정적인 결과가 나왔다. 도시의 많은 치과에서는 오래전부터 이 사실을 파악하고 긴장한 환자를 안심시키기 위해 잔잔한 음악을 틀어놓는 것으로 보이는데, 희한하게도 다른 병원들은 그러지 않는 듯하다. 이런 연구 결과는 대부분 제대로 입증되지 않았으며 임상적 결정에 필수적인 명백한 과학적 근거가 부족했다. 하지만 최근에는 상황이 달라졌다. 음악뿐만 아니라 자연의 소리도 통증을 완화할 수 있다는 임상 연구가 다수 발표되었기 때문이다.

첫 번째 연구는 2008년 일본 토키 종합병원의 의학자들이 수행한 것이다.[16] 이들은 경막외 마취하에 탈장 수술을 받게 된 환자들을 무작위로 둘로 나누었다. 첫 번째 집단은 밀폐형 헤드폰으로 수술 중 바람에 흔들리는 나뭇잎 소리와 봄날의 새소리 녹음을 들었다. 두 번째 집단은 개방형 헤드폰을 씌워주되 아무 소리도 들려주지 않았다. 다시 말해 환자들은 마취 의사와 수술 의사의 말을 듣고 대답할 수 있었으며 약간의 배경 소음이 있었다. 연구진은 환자의 스트레스 수준을 감지하기 위해 타액 내 아밀라아제 효소를 측정했다. 타액 아밀라아제 효소는 신체적·심리적 스트레스 요인에 따라 증가한다고 알려져 있어 스트레스 수준을 측정하는 임상적 척도로 여겨진다. 이 실험에서는 환자가 수술실에 도착했을 때 타액 아밀라아제 활성도를 측정하고, 수술이 끝난 후 상처를 봉합하는 시점에 다시 측정했다.

결과는 명확했다. 자연의 소리를 들은 환자들은 아무 소리도 듣지 않은 환자들에 비해 상처 봉합 시에 타액 내 아밀라아제 활성도가 현저히 감소했다. 이들의 스트레스 수준이 낮았다는 의미다.

두 번째는 이란의 의학자들이 입원 환자들을 대상으로

시간에 따른 평균 통증 평가

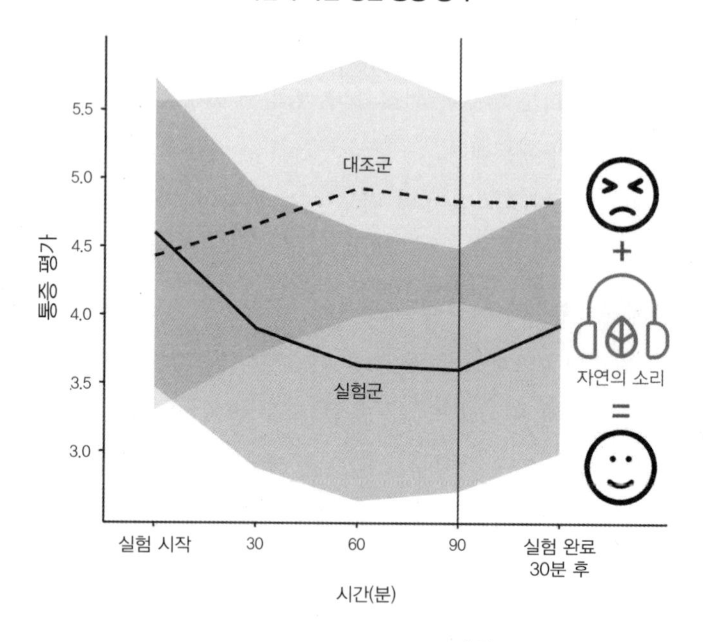

출처: V. Saadatmand et al.

수행한 연구다.[17] 연구진은 기계식 인공호흡기를 사용하는 환자들에게 헤드폰으로 자연의 소리를 들려주면 어떻게 되는지 조사했다. 이들은 테헤란 의과대학교 부속병원 중환자실 환자 60명에게 헤드폰을 씌우고 90분 동안 자연의 소리를 들려주거나 대조군으로 삼아 아무 소리도 들려주지 않았다. 실험 중에는 진정제나 진통제를 투여하지 않았다. 환자들은 통증이 없는 상태를 0으로, 통증이 가장 심한 상태를 10으로 하는 0~10점 척도에 따라 30분, 60분, 90분

간격으로 통증을 평가했다. 결과는 명확했다. 모든 환자가 처음에는 비슷한 강도의 통증을 느꼈다고 보고했지만, 자연의 소리를 들은 환자의 통증 강도는 30분이 지날 때마다 대조군에 비해 현저히 낮아졌다. 통증 완화 효과가 크지는 않았지만 임상적으로는 충분히 유의미했기에, 연구진은 자연의 소리가 쉽고 효과적이고 안전하며 믿을 만하고 저렴한 통증 완화 수단으로서 잠재력이 크다는 결론을 내렸다.

이란 자롬의 의과대학교 부속병원에서 수행된 세 번째 연구에서도 비슷한 결과가 나왔다. 과학자들은 선택적 제왕절개술을 받은 여성의 수술 후 통증 관리에 자연의 소리가 미치는 영향을 조사했다.[18] 이들은 10개월 동안 57명의 여성을 조사했으며, 실험은 수술 후 8시간 동안(제왕절개술로 인한 통증 대부분이 발생하는 시기) 진행되었다. 참가자들을 세 집단 중 하나에 배정하여 선행 실험에서와 비슷한 척도에 따라 통증 강도를 평가하게 했다. 첫 번째 집단에는 헤드폰을 씌웠지만 아무 소리도 들려주지 않았고, 두 번째 집단에는 헤드폰으로 새 노랫소리, 빗소리, 강물소리, 폭포 소리, 정글 소리 등 자연의 소리를 들려주었으며, 세 번째 집단에는 헤드폰을 씌우지 않았다. 통증 평가는 실험 시작 20분 후(헤드폰을 쓴 상태), 실험이 끝나고 15분 후와 60분 후(헤드폰을 벗은 상태) 세 차례에 걸쳐 실시되었다.

이번에도 결과는 분명했다. 20분 동안 자연의 소리를 들은 여성들은 아무 소리도 들려주지 않은 여성들이나 대조군에 비해 통증이 현저히 줄었다. 이런 효과는 실험이 끝나고 15분 후와 60분 후에 더욱 뚜렷이 나타났다. 주목할 점이 있는데, 아무 소리도 들려주지 않은 여성들이 인지한 통증 완화 정도는 대조군과 거의 비슷했다는 것이다. 이는 소음의 부재가 아니라 자연의 소리가 결정적 요인이었음을 암시한다. 수술 중과 이후의 통증 관리에서 소리의 활용 가능성을 알려주는 명백히 중요한 연구다.

이 연구들은 모두 통증 관리에 있어 의미심장한 결과를 보여준다. 자연의 소리는 생리적·심리적 이완을 촉진하고, 불안과 통증 같은 부정적 경험 대신 보다 유쾌한 경험으로 수술 후 환자의 통증을 줄이는 데 크게 기여하며, 결과적으로 회복을 앞당길 것이다. 이 분야에는 명백히 더 많은 관심과 연구가 필요하다.

이런 연구를 보면 자연의 특정 소리는 인체 내의 경로를 촉발하여 인지 수행력을 향상시키고 스트레스와 심지어 통증도 줄일 수 있는 듯하다. 하지만 나는 여전히 다소 회의적이었다. 이런 결과들이 사소한 별개의 사례일까? 아니면 서로 연결되어 더 큰 그림을 이룰 수 있을까?

나의 의문에 대답해준 것은 캐나다 칼턴 대학교의 레이철 벅스턴과 동료들의 훌륭한 연구였다. 이들은 해당 주제에 관한 여러 연구를 종합하여 미국 국립과학원 회보에 발표했다.[19] 지난 10년간 발표된 18개의 연구 데이터를 통합하고 재분석하여 자연의 소리를 듣는 것이 심신 건강과 인지 수행력의 개선 속도 및 정도에 전반적으로 연관되어 있는지 살펴본 결과였다. 이들이 검토한 연구는 11개국 출신의 많은 사람들에게서 얻은 방대하고 다양한 데이터 세트를 기반으로 했다.

검토 결과는 놀라웠다. 자연의 소리를 들은 환자들은 도시의 소리를 듣거나 아무 소리도 듣지 않은 환자들에 비해 건강 상태가 1.8배(184퍼센트) 개선된 것으로 나타났다. 통증, 심박수, 혈압, 불안 및 우울증 등 모든 생리적·심리적 수치가 뚜렷이 개선되었다.[20] 또한 자연의 소리에 노출된 집단은 대조군에 비해 전반적으로 스트레스와 불쾌감이 28퍼센트 감소한 것으로 나타났다. 벅스턴과 동료들이 이 대규모 데이터 세트를 분석하면서 살펴본 또 다른 문제는 특정 종류의 자연음이 특정한 효과와 직접 연결될 수 있는지 여부였다. 그들은 실제로 그렇다는 사실을 발견했다. 흥미롭게도 물소리는 기분과 인지 수행력 개선에 가장 큰 영향을 미치는 반면, 새소리는 스트레스와 불쾌감의 생리적 증상(혈압, 통증, 심박수)을 완화시키는 데 가장 큰 영향을 미쳤다. 자연의 소리가 얼마나 복잡한지도 중요한 변수로 드러났다. 자연의 소리가 다양하고 복잡할수록 건강이 크게 개선되고 스트레스와 불쾌감이 감소하는 것으로 나타났다.

하지만 자연의 소리가 자연 풍경이나 냄새에 비해 얼마나 더 중요할까? 시각, 청각, 후각의 관계와 상대적 중요도를 따지기란 쉽지 않다. 이 세 가지 감각이 모두 포화되는 야외에서는 더욱 그렇다. 하지만 집이나 직장에서 이 감각들을 활용하여 마음을 안정시키고 인지 수행력을 끌어올리면 고려하지 않을 수 없는 문제다. 야외에서도 마찬가지다. 다양한 감각을 통해 건강 증진 효과를 극대화하려면 어떤 곳을 거니는 것이 최선일까? 탁 트이고 나무가 드문드문 서 있어 시각적으로 가장 만족스러운 녹지? 향기로운 식물들이 후각을 충족시켜주는 곳? 노래하는 새들이 많은 관목숲이나 산울타리? 나는 항상 시각이 가장 중요하다고 생각해왔지만 관련 연구들을 살펴볼수록 청각, 시각, 후각의 상대적 중요성에 대한 선입견이 사라져갔다.

내게는 자연 풍경이 자연의 소리보다 건강에 유익하다는 선입견이 있었다. 하지만 사실 많은 연구에서 정반대 결과가 나왔다. 예를 들어 스웨덴 룬드 대학교 연구원들은 자연의 소리가 자연 풍경보다 더 신속하게 스트레스를 풀어준다는 결론을 내렸다.[21] 연구진은 참가자들이 부담스러운 과제(무뚝뚝한 태도를 연기하는 세 명의 배우로 구성된 청중 앞에서 연설하고 수학 시험 치르기)를 수행하게 한 다음 세 개의 '회복' 방 중 하나에 15분 동안 배치했다. 첫 번째 방에서는 새소리와 물소리 등 자연의 소리가 들렸고, 두 번째 방에서는 숲 풍경이 보였지만 소리는 들리지 않았으며, 세 번째 방에서는 침묵 속에 텅 빈 벽을 바라보아야 했다. 심박 변이, 호흡수 등의 생리적 지표를 측정한 결과 자연의 소리를 들은 집단의 스트레스 수준이 가장 빠르게 감소했다. 아무 소리도 들리지 않는 숲 풍경을 본 사람들은 뭔가 위험하거나 무시무시한 것이 나타날까 봐 겁이 났다고 응답했다. 조용한 자연은 으스스할 수 있다.

하지만 여기서 짚고 넘어갈 점이 있다. 스트레스의 생리적 지표에 유의미한 차이가 나타나지 않은 경우도 있었다는 것이다(타액 내 코르티솔). 이는 제한된 실험 시간 때문일 수 있다. 스트레스 요인에 따른 코르티솔 함량 변화는 대체로 느리기 때문에, 주어진 15분 이후에 변화가 나타났을 수도 있다는 것이다. 연구진은 숲 풍경과 소리의 상대적인 역할이나 생리적 스트레스 감소에 미치는 영향을 파악하려면 더 많은 연구가 필요하다고 이야기한다.[22] 그럼에도 전반적인 메시지는 분명하다. 자연의 소리를 들으면 스트레스가 감소한다는 것이다.

하지만 한 감각의 효과를 다른 두 감각과 어떻게 비교할 수 있을까? 건강에 대한 시각, 청각, 후각의 상대적 중요성을 조사한 연구에 따르면, 적어도 스트레스 감소에 있어서는 세 가지 감각을 모두 동원하는 것이 가장 효과적이라는 사실이 확인되었다.

스웨덴 농업과학대학 연구원들이 수행한 실험은 이 점을 명확히 보여준다.[23] 연구진은 기존의 자연 풍경 시각 자극에 청각과 후각 자극이 더해졌을 때 추가로 발생하는 이점을 확인하기 위해 154명의 다양한 참가자들을 모집했다. 이 책에서 소개한 다른 연구들과 마찬가지로, 참가자들이 심각한 스트레스에서 회복되는 속도를 임상 환경에서 측정하는 방식이었다. 이 실험의 경우 스트레스 요인은 가벼운 전기 충격이었다(나라면 결코 이 실험에 지원하지 않았을 것이다). 연구진은 참가자들이 평소 덜 쓰는 쪽 손의 검지와 중지에 전극을 연결하고 전기 충격을 가했다.

전기 충격을 가해 인위적으로 생리적 스트레스 수준을 높인 다음, 실험 시간 내내 피부 전도도 검사로 스트레스 감소 속도를 측정했다. 그동안 참가자들은 세 가지 감각을 다양하게 조합한 자극에 노출되었다. 모든 참가자에게 시각 이미지를 보여주면서(과밀한 도심, 숲, 도시 공원이 나오는 360도 3D 가상현실 사진 중 하나) 동시에 다양한 소리와 냄새에 노출시켰다(새소리와 자동차 소음, 풀과 전나무 향기, 타르와 디젤 냄새 등). 참가자들은 1분 동안 전기 충격을 받고 5분 동안 다양한 감각을 경험하면서 계속 스트레스 감소 속도를 측정해야 했다.

실험 결과는 명확하고 통계적으로도 유의미했다. 당연하게도 참가자 대다수는 도시 풍경보다 공원과 숲 풍경을 보았을 때 스트레스가 훨씬 빨리 감소했다. 하지만 중요한 점은 그와 함께 새소리를 들었을 때 스트레스가 더 빨리 감소했고, 풀 냄새까지 맡으면 그 속도가 더욱 빨라졌다는 것이다. 실제로 세 가지 감각 자극을 모두 결합했을 때 스트레스 감소 속도가 가장 빨랐다.

연구진은 새소리와 자연의 향을 모두 접할 수 있는 공원과 숲이 스트레스 수준을 가장 빠르고 확실하게 낮출 수 있으며, 따라서 일상생활에서 우선시되어야 한다는 결론을 내렸다. 이런 효과는 몇 분 만에 나타난다.[24] 나는 더 나아가 실내 환경에서도 이런 점을 고려해야 한다고 제안하겠다. 좋은 소리는 건강에 유익하다.

하지만 그 반대 효과는 어떨까? 좋은 소리가 건강에 유익하다면 나쁜 소리가 건강에 미치는 악영향은 어떻게 완화할 수 있을까? 자동차, 건설 현장, 알람 등의 소음은 도시 녹지를 포함하여 우리 주변 어디에서나 들을 수 있다. 나쁜 소음이 좋은 소리의 효과를 상쇄하는 임계점이 있을까?

특정한 도시 소음이 건강에 악영향을 미친다는 점은 이미 앞에서 살펴보았다.[25] 자연의 유익한 소리가 이런 악영향을 어느 정도 줄여줄 수 있을까? 이 질문에 대답하기는 쉽지 않다. 도시에서 들리는 다양한 소리의 종류, 음량, 변화, 상호 관계를 파악하기가 어렵기 때문이다. 이를 위해선 또한 전체 음향 풍경에서 도시의 소리와 자연의 소리를 분리하고 각각 측정하여 한 소리가 다른 소리를 차단하는 임계점을 찾아야 한다.

지금까지 이 문제를 다룬 실험은 하나밖에 찾지 못했다. 오스트레일리아 퀸즐랜드 대학교의 콘래드 위벨과 동료들은 부정 명제 형태의 질문을 제시했다. 자동차 소음이 얼마쯤 되면 자연의 소리가 주는 긍정적 효과를 상쇄시키는가?[26] 이들은 다양한 소리의 영향을 구분하여 좋은 반응과 나쁜 반응이 임계치에 이르는 지점을 파악하려 했다.

위벨과 동료들은 오전 6시 30분에서 7시 30분까지 브리즈번 시내 공원을 방문한 사람들이 듣게 되는 음향을 70초씩 수차례 녹음하여 다양한 수준의 새소리와 출근길 자동차 소음을 포착했다. 그런 다음 녹음된 내용에 점수를 매겼다. 새소리는 1점에서 5점까지였는데 1점은 새소리가 매우 작고 5점은 매우 크다는 의미였다. 자동차 소음은 데시벨 단위로 점수를 매겼다. 그리하여 큰 자동차 소음+매우 작은 새소리부터 매우 작은 자동차 소음+큰 새소리까지 공원 음향의 스펙트럼을 나타내는 8가지 녹음을 선정했다.

각 참가자는 실험실에서 8가지 녹음을 전부 들었다(편견이 생기지 않도록 각자 다른 순서로 들려주었다). 그런 후 들은 소리에 대한 느낌, 소리의 회복 효과, 이에 따른 행복감 변화를 묻는 설문지에 응답했다.

조사 결과는 명확했다. 새소리가 가장 크고 자동차 소음이 가장 작은 녹음이 가장 회복 효과가 높다고 평가받았다. 반면 자동차 소음이 커질수록 새소리의 잠재적 회복 효과는 줄어들었다. 연구진은 도시의 나쁜 소음이 자연의 좋은 소리를 파괴하기 시작하는 임계점의 정량적 스펙트럼을 개발한 셈이다.

이런 실용적 연구 결과는 도시계획가에게 특히 중요하겠지만 일반 대중에게도 중요하다. 자연의 소리에 따른 효과를 최대로 누리려면 어떤 곳에서 산책하는 것이 최선일까?

이를 알아내려면 도시환경 내 여러 공간에서 좋은 소리와 나쁜 소음의 균형을 맞추는 일종의 음향 지도 시스템이 필요하다.

이와 관련해서 마지막으로 한 가지 연구를 더 살펴보겠다. 칠레 대학교 음향학과 연구진은 도시 녹지에서 좋은 소리가 나는 지점들을 지도에 담아내려고 시도했다.[27]

우선 앞에서 소개한 기존 연구 결과를 바탕으로 정신건강에 좋은 주요 소리를 선정하고 이를 '건강 회복 음향 풍경'이라고 불렀다. 그런 다음 전반적으로 긍정적인 소리의 범주 내에서 점수 체계를 만들어 순위를 매겼다. 예를 들어 인간에게서 나온 소리는 크기가 50데시벨 미만이어야 좋은 소리로 분류되어 높은 점수를 받을 수 있었다(아이들 노는 소리가 공원에서 잔잔하게 들려오면 기분 좋은 안정감을 주지만, 보육원이나 학교 운동장 옆에 사는 사람에게는 피곤할 수 있다). 또한 인식된 소리의 구성(자연의 소리, 기술적 소리, 인간의 소리로 구분하여 자연의 소리에 더 높은 점수를 매겼다), 음향 풍경의 복잡도(조용함, 활기참, 번잡함), 어떤 감각이 지배적인지(후각, 청각, 시각) 등에 대해서도 비슷하게 단계적으로 점수를 매겼다. '자연스러움'의 총량은 자연 요소로 덮인 지면의 비율로 평가했다.

연구진은 이 점수 체계를 아르헨티나, 스웨덴, 칠레의 21개 도시 녹지에 적용하여 각 음향 풍경의 품질을 정량적으로 평가했다. 높은 점수를 받으려면 유익한 범주의 모든 측면을 골고루 갖추어야 했다. 안타깝게도 이렇게 다양한

21개 도시 녹지 중에 건강 회복 효과가 있을 만한 음향 풍경은 3개에 불과한 것으로 나타났다. 스웨덴 룬드 시립공원의 두 곳과 칠레 발디비아 대학식물원의 한 곳이었다.

아직도 많은 과제가 남아 있다. 우리는 도시 음향 풍경을 개선해야 한다. 자연이 시각과 후각뿐만 아니라 청각을 통해서도 우리의 심신 건강에 기여한다는 사실이 과학을 통해 증명되고 있다. 좋은 소리는 스트레스를 풀어주고 회복 효과가 있으며 통증을 완화시키지만 나쁜 소리는 그렇지 않다. 하지만 정책 입안자들은 이런 측면에 좀처럼 관심을 갖지 않는다. 개발자와 건축 허가 신청자는 사람들이 어떻게 녹지에 접근할 수 있는지 설명하고 생물다양성 순이익 BNG• 및 연결성••과 같은 요소에 대한 약속을 해야 하지만, 소음 환경을 제대로 측정하고 고민할 의무는 없다. 너무 많은 사람들이 법적으로 요구되는 적절한 소음 방지 장치 없이 시끄러운 도로 코앞에서 살아간다. 특히 신축 주택 단지는 여전히 이런 경우가 많다. 해결해야 할 문제는 쌓여만 간다. 전기자동차와 버스로의 빠른 전환은 분명히 교통 소음을 줄이는 데 도움이 되겠지만, 트럭처럼 가장 크고 시끄러운 차량에는 아직 기술적 대안이 없는 상태다.

• 개발로 인해 발생하는 환경적 영향을 최소화하고 추가적인 생물다양성 증진 조치를 의무화하는 개념.

•• 녹지들 간의 연결 상태를 나타내는 개념.

물론 자발적인 노력도 필요하다. 주변의 소리에 유념하고 좋은 소리를 들으며 시간을 보내자. 새소리가 들리는 공원이나 한적한 길거리를 지나서 출근하자. 출퇴근 시간이 몇 분 늘더라도 상관없다. 그 몇 분이 하루 일과 중 가장 유익한 시간이 될 테니까.

우리는 자연이 들려주는 노래에 귀를 기울여야 한다.

나뭇결의 감촉

집 안에서 건강해지기

6

나는 얼마 전 옥스퍼드 대학교 식물원을 산책했다. 도시 중심부에 위치한 이 아름답고 유서 깊은 공간은 조용한 산책로와 평화로운 풍경으로 매년 20만 명이 넘는 방문객을 끌어 모은다.

하지만 내 눈길을 사로잡은 것은 아름답고 다양한 식물이나 이곳에서 진행되는 인상적인 과학 연구만이 아니었다. 장미꽃잎을 만져보려고 손을 뻗는 여자아이와, 만지지 말라고 말리는 대신 손녀의 뺨을 부드러운 꽃잎으로 쓰다듬어주는 할머니의 모습이었다. 아이의 얼굴은 호기심과 기쁨으로 가득했다.

우리는 종종 '만지지 마시오', '잔디밭에 들어가지 마시오'라는 지시를 받는다. 이제는 그런 구시대적인 태도를 버려야 할지도 모른다. 나뭇잎, 나무껍질, 꽃잎을 만지며 자연의 감촉을 느끼는 편이 더 유익할 것이다. 내가 본 할머니가 맞았던 것이다.

우리는 아주 어릴 때부터 사물을 만지고 싶다는 욕구를 느낀다. 아기를 가게에 데려가면 눈에 보이는 모든 것을 만지고 싶어한다. 인간은 촉각을 통해 학습하기 때문이다. 하지만 자연의 형태, 소리, 냄새에 대해 그랬듯 자연의 촉감에 대한 우리의 반응에도 더 깊은 의미가 있지 않을까?

몇 년 전만 해도 병동, 요양원, 어린이 예방접종 클리닉에 동물을 들여보내는 것은 상상할 수 없는 일이었다. 감염 위험이 너무 크다고 여겨졌으니까. 이제는 시대가 바뀌었다. 최근 요양원에 계신 친척 어른을 방문했더니 실내 곳곳에서 노인들이 개를 쓰다듬고 있었다. 그들의 표정과 개들이 꼬리를 흔드는 모습에서 서로에 대한 애정이 뚜렷이 드러났다. 요양원 노인들이 개를 쓰다듬으며 느끼는 행복과 안정감을 확인할 수 있었고, 임상 환경에서 치료견의 활동이 점점 더 보편화되는 이유도 실감할 수 있었다. 이처럼 개를 만지고 쓰다듬는 행위에 따르는 즐거움과 두려움 및 불안감 해소 효과는 대체로 생물학적 위험 가능성보다도 더 크다고 여겨진다.[1] 흥미롭게도 연구 결과에 따르면 이런 식으로 개와 더 많이 신체 접촉을 할수록 이후의 스트레스 수준도 낮아진다고 한다. 동물과 함께 보내는 시간이 이로운 것은 무엇보다도 촉각 자극 때문일 수 있다는 얘기다.

하지만 움직이지 않는 생물에도 같은 원리가 적용될까? 나뭇잎에 손을 대거나, 나무껍질을 쓰다듬거나, 나아가 목재처럼 죽은 지 오래된 식물성 소재를 만져도 비슷한 효과가 있을까?

많은 사람들이 나무로 된 가구의 표면을 쓰다듬고 싶다는 본능적 욕구, 나아가 필요성을 느끼는 것 같다. 옥스퍼드셔의 가구 제작자이자 웨이우드Waywood라는 회사를 설립한 바너비 스콧은 이렇게 말했다.

> 사람들은 내 가구를 보면 가장 먼저 '만져도 되나요?' 라고 묻습니다. 그렇게 묻기가 민망하다는 표정을 지으면서도 말이에요. 하지만 사실 누구나 나무를 만지길 좋아하고 그 온기에 마음이 편해지는 걸 느끼죠.

대화를 나누다 보니 스콧 자신도 그렇다는 것을 확인할 수 있었다.

> 나무는 살아 있는 세계를 연상시키며 따스하고 포근한 환경을 만들어줍니다. 다른 자재는 그럴 수 없지요. 작업장에서 플라스틱 울타리 재료를 잘라달라는 요청을 받으면 빨리 해치워버리고 나무로 돌아가고 싶어 안달이 납니다. 차이가 확연히 느껴지거든요.

하지만 우리가 식물을 만지고 쓰다듬을 때 정말로 어떤 일이 일어나는 걸까? 동물을 어루만질 때와 마찬가지로 생리적·심리적 안정 효과가 있을까? 이웃집 고양이를 쓰다듬을 때처럼 거리낌 없이 공원의 나무를 껴안아야 할까?

원예가 나이를 떠나 모든 사람의 건강에 여러모로 유익하다는 것은 오래전부터 잘 알려져 있다. 원예 치료는 우울증이나 기억 상실과 같은 정신건강 문제가 있는 사람들, 특히 중장년층의 건강 개선책으로 각광받고 있다.[2] 또한 조현병 환자의 만성 증상이나 주의력결핍 과잉행동장애ADHD 및 자폐성 장애 아동의 스트레스와 동요를 완화하는 데도 효과적인 것으로 나타났다.[3] '야외 활동'은 청각, 시각, 후각, 운동 및 사회적 상호작용의 이점을 두루 누릴 수 있게 해준다고들 한다. 야외 활동의 효과가 이 모든 것의 종합에서 나온다는 건 사실이리라. 하지만 여기서 촉각은 정확히 어떤 역할을 할까? 후각의 효과를 다른 감각과 분리할 수 있을까? 예를 들어 동물 만지기 치료는 자연의 냄새와 소리, 운동량 증가와 같은 기타 환경 자극 없이 실내에서 진행되기도 한다. 식물을 만질 때 인체에서 일어나는 구체적인 변화가 있을까?

식물을 만지는 일이 정말로 우리의 심신 건강에 영향을 미치는지 조사하게 된 것은 어느 흥미로운 실험에 관해 읽고 나서였다. 참가자들이 임상 환경에 앉아서 눈을 감고 살아 있는 스킨답서스('악마의 담쟁이'라고도 한다) 잎, 레진으로 만든 인조 스킨답서스 잎, 부드러운 천 조각, 금속판 등 네 가지 물건을 만지는 동안, 연구진은 그들의 뇌를 적외선 분광기로 스캔하여 혈류 변화와 그에 따른 중추신경계 활동 변화를 측정했다.[4] 그 결과 참가자들의 뇌가 다른 세 가지보다 살아 있는 스킨답서스 잎을 만졌을 때 훨씬 더 차분해지는 것이 확인되었다.

참가자가 14명뿐인 단순한 실험이었지만 여러모로 호기심을 자극하는 내용이었다. 무엇보다도 다른 나무나 식물의 잎을 만지고 쓰다듬어도 비슷한 반응이 일어나는 것인지 궁금했다. 인체의 어느 부위가 식물에 닿아야 하는지도 궁금했다, 무조건 손으로 만져야 할까, 아니면 잔디밭이나 나무 바닥을 맨발로 걸어도 비슷한 반응이 일어날까? 일상생활에서도 흔한 이런 행위가 정말로 유익할까? 우리는 이런 경험을 적극적으로 찾아 나서야 할까?

우리의 피부 구석구석에는 다양한 촉각 자극에 반응하는 수백만 개의 수용체가 있다. 하지만 얼굴이나 손과 같은 신체 부위는 이런 수용체의 밀도가 한층 높으며, 따라서 접촉을 포함한 외부의 물리적 자극에 훨씬 더 민감하다. 그 밖에도 쓰다듬기나 스트레칭, 진동과 같은 물리적 접촉, 온도(열 수용체), 화학물질(화학 수용체) 등의 자극에 반응하는 여러 수용체가 있다. 인체 조직을 손상시킬 위험이 있는 자극에 의해 활성화되는 통증 수용체(통각 수용기)는 피부, 근육, 관절 및 대부분의 내부 장기에 존재한다. 우리가 무언가에 접촉하면 이런 수용체가 활성화되면서 생성된 신호가 감각 신경을 따라 척수의 뉴런과 뇌의 시상 영역으로 이동한다. 시상 영역의 뉴런은 뇌의 다른 부분으로 신호를 전달하여 팔다리 움직임, 심박 변이, 호흡수, 주의 집중, 각성 등에 다양한 반응을 유발한다. 바로 이것이 바로 촉각의 생물학적 자극에 대한 물리적 반응이다.

따라서 식물을 만지면 건강 및 웰빙과 연관된 반응이 일어날 수 있지만, 경우에 따라서는 이것이 촉각 외의 다른 감각에 대한 반응과 상충되는 반응일 수도 있다. 예를 들어

2장에서는 연두색 잎을 보면 생리적으로 진정된다고 했지만, 연두색 덩굴옻나무 잎을 만지면 통증과 생리적 스트레스라는 부정적인 반응이 일어날 것이다. 그리하여 우리는 만지면 안 될 식물들에 관해 배우게 된다. 다행히 우리가 일상에서 접하는 식물 대부분은 만져도 무해하다. 이들은 거칠거나 매끈하거나, 반짝이거나 반들거리거나, 부드러운 털이나 바늘, 매듭, 돌기로 뒤덮여 있으면서 놀랍도록 다양한 표면 질감과 다채로운 촉각 경험을 제공한다.

하지만 우리가 가장 자주 접촉하는 식물성 소재는 자연환경이 아니라 손과 발에 닿는 집이나 작업 공간의 목조 바닥, 대들보와 같은 지지대, 벽판과 같은 장식물, 가구 등일 것이다. 이들은 사실 나무줄기의 안쪽 부분인 형성층과 심재인데, 목재로 쓸 수 있는 상태로 자라는 데 40년에서 120년이 걸린다.

우리가 일상에서 접하는 목재는 크게 경재硬材, hardwood와 연재軟材, softwood로 구분할 수 있다. 경재는 내구성이 중요한 가구와 바닥재에 많이 쓰이는 반면 연재는 판자, MDF, 종이 원료, 창문이나 문과 같은 건축 자재에 많이 쓰인다. 이는 보통 나무로 제품을 만드는 사람들이 쓰는 용어다. 예를 들어 인터넷 검색창에 '경재'를 입력하면 다양한 종류의 바닥재가 나오고 '연재'를 입력하면 정원 데크용 목재와 부엌 찬장이 나온다. 하지만 그보다도 덜 알려진 사실이 있는데, 경재는 대부분 속씨식물인 반면 연재는 대부분 겉씨식물이라는 것이다. 속씨식물과 겉씨식물은 식물계에서 가장 중요한 두 식물군이다.

속씨식물은 꽃이 피는 식물로, 과육이 있는 열매나 견과류와 같은 외부 구조(밑씨)에 감싸인 씨앗을 만든다. 바닥재와 가구에 쓰이는 경재는 주로 벚나무, 참나무, 자작나무, 너도밤나무, 물푸레나무 등의 꽃나무다. 반면 연재는 대체로 겉씨식물이며, 여기에는 (4장에서 설명한 후각적 특징을 지닌) 소나무, 전나무, 편백나무, 아라우카리아 등의 침엽수가 포함된다. 침엽수 씨앗은 외부 구조에 감싸이지 않고 솔방울처럼 맨몸으로 열린 구조를 형성한다. 예를 들어 잣송이를 이루는 비늘 안쪽에 달린 잣나무 씨앗은 잣송이가 벌어지면서 떨어져 나온다. 목재로 많이 쓰이는 겉씨식물은 소나무, 전나무, 가문비나무, 낙엽송 등이다.

그런데 왜 겉씨식물은 연재가 되고 속씨식물은 경재가 될까? 나무 전체에 물과 영양분을 전달하는 나무줄기 세포가 서로 전혀 다르기 때문이다. 겉씨식물군 나무에서는 물과 영양분이 모두 헛물관이라는 한 종류의 세포 조직을 통해 운반된다. 따라서 나무줄기 단면이 균일하고 스펀지처럼 일정한 구조를 가지며, 밀도가 낮고 쉽게 압축되거나 모양이 변하기 때문에 무거운 하중을 견디는 데 부적절하다(그림 7-3, 7-4). 반면 속씨식물군 나무는 줄기에 두 종류의 세포 조직이 있는데 하나는 물을 운반하고(물관) 다른 하나는 영양분을 운반한다(체관). 이 두 가지 세포 조직은 나무줄기 단면에서 다양한 크기의 기공과 구멍으로 나타난다(그림 7-1, 7-2). 이처럼 나무줄기 내에 다양한 크기와 형태의 세포가 복잡하게 배열되어 있기에 속씨식물군 나무는 훨씬 더 조밀하고 촘촘하며 외부 하중도 잘 견딜 수 있다.

속씨식물군과 겉씨식물군 나무의 또 다른 차이는 옹이다. 경재가 연재보다 훨씬 옹이가 많다. 나뭇가지 구조가 다르기 때문이다. 너도밤나무, 참나무, 물푸레나무(속씨식물군) 줄기에 난 가지의 형태와 배치를 소나무, 가문비나무 등의 침엽수(겉씨식물군)와 비교해보자. 침엽수는 가지가 곧고 가늘며 줄기와 직각을 이루거나 우듬지 위에 나는 경우가 많다. 반면 참나무, 너도밤나무, 물푸레나무와 같은 속씨식물군 나무에는 크기와 지름과 형태가 다양한 가지가 줄기 전체에 무작위로 나 있다. 옹이는 나무줄기에서 가지가 나온 위치를 나타낸다. 따라서 이런 가지 구조의 차이로 인해 침엽수는 옹이 수가 적고 크기가 작으며 간격이 일정한 반면, 활엽수는 온갖 형태와 크기의 옹이가 줄기 전체에 무작위 분포된 것처럼 보이기 쉽다.

이런 특징은 확실히 소재의 작업 용이성에 영향을 미칠 것이다. 하지만 우리가 나무를 직접 만졌을 때의 반응에는 어떤 영향을 미칠까? 지금까지는 이런 질문을 제기한 연구자들이 드물었다. 하지만 일본 시즈오카 산업연구소 과학자들이 10여 년 전 수행한 연구는 목재의 종류에 따라 만지는 사람의 반응도 달라질 수 있다는 사실을 거의 최초로 밝혀냈다.[5] 연구진은 참가자들이 임상 환경에서 연재(편백나무와 삼나무), 경재(참나무와 물참나무), 그리고 두 가지 인공 자재(알루미늄과 아크릴 플라스틱) 조각을 만지게 했다. 모든 실험 재료는 동일한 온도로 유지되었으며, 참가자들은 촉각을 다른 감각의 영향으로부터 분리하기 위해 눈을 감고 있어야 했다. 실험 과정에서 1초마다 참가자들의 혈압과 맥박이 측정되었고, 참가자들은 각 재료를 만진 직후에 감각 평가 설문지를 작성했다.

가장 명확하고 놀랍지 않은 결과는 나무와 인공 자재를 만졌을 때의 반응이 서로 뚜렷이 다르다는 점이었다. 인공 자재를 만진 참가자들은 혈압과 맥박이 상승했다. 참가자들 본인도 나무를 만질 때보다 부정적인 감각 경험을 보고했다. 하지만 더 흥미로운 것은 나무의 종류에 따라서도 반응이 뚜렷이 달라진다는 점이었다. 경재를 만지면 혈압이 상승한 반면 연재(침엽수)를 만지면 거의 변화가 없었다. 또한 참가자들은 침엽수를 만질 때 마음이 안정되고 편안해졌다고 응답했다.

이는 비교적 단순한 실험이지만 나무와의 촉각적 상호작용에 진정 효과가 있으며 그 효과가 나무의 종에 따라 달라질 수 있음을 암시한다. 여기서 '달라질 수 있다'고 쓴 이유는 표본 크기가 매우 작고 측정한 생리적·심리적 매개변수가 적으며 일회성 실험이었기 때문이다. 나는 증거가 아직

불충분하다는 생각에 판단을 보류하려고 했지만, 이후로도 더 많은 생리적·심리적 변수를 조사한 여러 실험에서 똑같은 결과가 나왔음을 발견했다. 예를 들어 2018년 일본 지바 대학교의 이케이 하루미 교수와 동료들이 수행한 실험이 있다. 연구진은 참가자들이 참나무를 만졌을 때와 대리석, 점토, 스테인리스 스틸을 만졌을 때의 생리적·심리적 반응이 크게 다르다는 것을 발견했다(이런 반응에는 두뇌 활동, 심박 변이, 기분 상태 등의 변화가 포함되었다).[6] 참가자들은 네 가지 소재를 만지는 동안 눈을 가리고 있었기에 자신이 무엇을 만지는지 볼 수 없었다. 각 소재는 참가자들이 손바닥을 대는 동안 동일한 온도로 유지되었다. 그 결과 다른 세 가지 소재에 비해 흰참나무를 만졌을 때 뚜렷한 생리적 이완이 나타났다. 기분 자체평가 설문지에서도 다른 소재보다 흰참나무를 만진 이후에 뚜렷한 심리적 이완이 확인되었다(긴장-불안 점수가 낮아졌다).[7] 안타깝게도 이 실험 참가자들은 연재를 만지지 않았지만, 후속 실험에 이 부분을 추가하면 흥미로울 것이다.

하지만 이런 효과가 나무를 손으로 만질 때만 발생할까? 이는 중요한 질문이다. 우리는 손뿐만이 아니라 다른 여러 경로로 나무 표면에 접촉하기 때문이다(예를 들어 맨발로 나무 바닥을 걸어갈 때처럼 말이다). 이케이와 연구진은 이 질문에 대답하기 위해 후속 실험을 준비했다. 동일한 기술로 생리적 스트레스와 심리적 반응을 측정하되, 이번에는 참가자들이 소재에 발바닥을 대게 했다.[8] 선행 실험과 다른 점이 또 하나 있었는데, 이번에는 침엽수인 편백나무를 사용했다는 것이다. 대조군은 대리석이었다. 이번에도 발바닥을 대리석에 댔을 때보다 나무에 댔을 때 뚜렷한 생리적·심리적 이완 효과가 나타났다. 참가자들은 자체평가 설문지에 나무에 닿는 느낌을 '편안하다', '차분하다', '자연스럽다'고 표현한 반면, 대리석에 닿는 느낌은 '무덤덤하다', '살짝 불편하다'고 표현했다.

이 실험 결과를 보면 서구인들도 슬슬 신발을 벗고 맨발로 나무 바닥을 걸어 다닐 때가 된 듯하다. 하지만 우리가 접촉하는 목재는 대부분 매끄럽게 다듬어지고 오일, 바니시, 왁스 등의 광택제로 마감되어 업계 용어에 따르면 '유리'나 '거울'처럼 반드르르한 표면을 자랑한다. 바니시를 칠하면 자연스러운 질감이 사라지며, 사포질을 하면 원래의 옹이, 융기, 고랑이 깎여나가 밋밋해진다. 그렇다면 이런 표면 처리와 질감 변화가 물리적 접촉의 효과에도 영향을 미칠까?

이 질문을 최초로 제기한 연구자 중에는 의학자가 아니라 부엌 찬장이나 조리대 등 다양한 세간의 마감재 선호도를 파악하고자 했던 가구 디자이너도 있었다. 나도 수납장, 테이블 등의 가구를 구입할 때 표면을 쓰다듬곤 하지만, 의사 결정 과정에 촉각이 어떻게 작용할지 생각해본 적은 없다. 하지만 핀란드 헬싱키 대학의 시브 바타와 동료들이 수행한 실험은 충분히 유의미한 결과를 보여준다. 연구진은 참가자들이 사포질하거나 금속 브러시로 갈아내거나 바니시로 두 번 칠하거나 왁스칠한 연재(구주소나무)와 경재(로부르참나무) 표면을 만져보게 했다. 참가자들은 또한 실크와 사포로 감싼 나무판자도 만져보았다. 실험이 진행되는 동안 참가자들은 온도가 조절된 실내에 앉아 있었고 자신이 만지는 소재를 눈으로 볼 수 없었으며, 각 소재를 8초 동안(대부분의 사람들이 어떤 소재를 처음 만져보고 그 느낌을 평가하는 시간을 근거로 정했다) 손가락 끝으로 이리저리 더듬어보아야 했다. 선입견이 발생하지 않도록 참가자들이 각 소재를 만지는 순서는 무작위로 정해졌다. 참가자들은 이처럼 다양한 마감재를 만져본 다음 그 감각적·정서적 인상에 관한 설문지를 작성했다.[9]

비교적 간단한 실험이었지만, 참가자들의 표면 처리 방식 선호도는 놀라울 만큼 일관적이었다. 천연 목재 표면은 왁스나 바니시로 코팅된 목재 표면보다 긍정적 인상을 나타내는 모든 항목에서 훨씬 더 높게 평가받았다. 또한 촉감의 부정적 인상에 관한 항목에서도 가장 덜 자극적이고 덜 불편하다는 평가를 받았다.

따라서 목제품의 자연스러운 표면 질감은 소재에 대한 긍정적 인상과 연결되는 것으로 보인다.[10] 흥미롭게도 앞서 소개한 바너비 스콧과의 대화에서 일반인이 아닌 노련한 가구 제작자도 나무의 표면 처리 방식에 따라 다르게 느낀다는 언급이 있었다. "나는 본능적으로 나무에 끌리고 항상 합판보다 원목을 선호해왔습니다. 느릅나무나 참나무 원목을 만지면 친근하고 따스한 감촉을 느낍니다. 나뭇결 안의 속이 빈 관다발까지 느껴지는 것 같죠. 만질수록 기분이 좋아집니다."

하지만 이런 선호와 인상이 정말로 인체의 생리적 변화로 이어질까? 말도 안 된다고 생각하겠지만 실제로 천연 목재를 만졌을 때 여타 마감재와 다른 생리적 반응이 나타났다. 예를 들어 참가자들이 오일, 우레탄, '유리'나 '거울' 느낌 광택재로 마감한 흰참나무 목판과 코팅하지 않은 목판을 만지는 동안 뇌 활동과 심박 변이를 측정한 실험에서는 단 90초 만에 스트레스 반응이 뚜렷이 변화했다.[11] 코팅하지 않은 목판의 생리적 진정 효과가 가장 컸고, 나머지 경우에도 마감 처리와 촉감에 따라 효과가 판이하게 달라졌다. 오일이나 '유리' 광택제 마감이 '거울' 마감보다는 진정 효과가 컸다.

이처럼 손발이 나무에 닿을 때 생리적·심리적 안정 효과가 발생한다는 연구 결과는 내게 정말로 놀랍고 신선하게 느껴졌다. 이 주제에 대해서는 확실히 더 많은 연구가 필요하지만, 자연의 특정한 측면과 접촉하면 여러모로 건강이 증진될 것이라고 추측할 여지는 충분하다. 그렇다면 살아 있는 식물의 줄기와 잎을 만지는 일, 특히 정원 가꾸기나 실내 화분 돌보기의 효과는 얼마나 입증되었는지 궁금했다. 정원 가꾸기가 심신 건강에 크게 이롭다는 점은 이미 잘 알려져 있지만(다음 장에서 살펴볼 것이다), 그중 어느 정도가 식물과의 직접적 접촉에 따른 효과일까?

우리가 식물의 줄기와 잎을 만질 때 일어나는 현상을 구체적으로 알아본 실험은 아직 드물다. 그나마 대부분은 다른 각도에서 이 문제에 접근하다가 우연히 해답을 얻어낸 경우다. 예를 들어 아이들에게 휴대전화 원예 게임보다 실제 식물 놀이가 더 이로운지 알아보기 위한 실험이 있다. 녹색 식물을 화면이나 사진으로 보아도 긍정적 효과가 있다고 확인된 이상(2, 3장을 참조하라) 컴퓨터 화면으로 원예 게임을 해도 실제 원예와 비슷한 효과가 있으리라고 기대할 수 있겠지만, 연구자들은 유감스럽게도 그렇지 않다는 것을 확인했다.[12]

두 실험은 모두 실내에서(외부 요인이 실험 결과에 영향을 미칠 수 없는 곳에서) 진행되었다. 실제 원예 활동은 식물의 줄기를 잘라 흙을 채운 화분에 심는 것이었다. 반면 휴대전화를 통한 원예 활동은 실제 원예를 모방하여 가상 세계에서 씨앗을 선택하고 심어 가꾸는 게임이었다. 이 두 가지 과제를 수행하는 동안 아이들의 생리적·심리적 변화를 감지하기 위해 심박 변이, 피부 전도도, 체온을 측정하고 기분 및 불안 수준을 자체평가 설문지로 확인했다. 5분간 활동을 진행하고 잠시 휴식을 취하는 식으로 진행했으며, 피로 등의 다른 요인이 결과에 영향을 미치지 않도록 활동 순서는 무작위로 지정했다.

실험 결과는 명확하고 의미심장했다. 아이들은 휴대전화 원예 게임보다 실제 식물 놀이를 할 때 생리적으로 훨씬 더 안정되었다. 또한 휴대폰 게임 과제보다 원예 과제를 수행한 후에 더 편안하고 상쾌한 기분을 느끼고 불안도 현저히 줄어드는 심리적 안정 효과가 나타났다. 제1저자인 샤오 유한은 결론에서 이 연구의 실질적인 의미를 간명하게 요약했다. "아이들이 학교에서 원예 활동을 하면 스트레스가 줄어들고 신체와 정신이 이완될 것이다."[13]

이런 연구 결과를 고려할 때, 영국을 비롯한 일부 국가에서 야외 원예가 통상적인 교육 과정에 포함되기 시작한 것은 바람직한 현상이다. 유일한 문제는 야외 공간과 비용이 필요하다는 점이지만, 다행히 이 연구들은 교실에서 식물을 어루만지기만 해도 생리적·심리적 안정을 유발할 수 있다고 암시한다. 날마다 시간을 내어 실내 화분을 가꾸고 잎을 만지는 사람들에게도 반가운 소식이 아닐 수 없다.

나 자신의 하루 일과를 생각하다 보니 문득 식물을 만지는 일이 인지 기능에도 영향을 미칠지 궁금해졌다. 내가 이 책을 쓰는 동안만큼 우리 집 화분이 깔끔했던 적도 없었다. 다른 일(특히 글쓰기)을 하다가 정신적 휴식이 필요할 때 식물을 돌보는 내 습관 덕분이다. 그렇다면 이렇게 식물을 만지는 행위가 가벼운 정신적 휴식으로 작용하여 집중력을 높여줄까, 아니면 기분 전환에 그칠까? 이 문제에 관한 연구는 아직 드물지만, 앞서 1장에서 녹색 식물을 보기만 해도 정신적 휴식이 되어 인지적으로 까다로운 작업의 정확성이 향상됨을 확인한 바 있다. 하지만 아이들이 식물의 잎과 줄기를 만지는 원예를 비롯해 여러 촉각 과제를 수행하는 동안 뇌 활동을 측정한 연구를 접하면서, 정말로 녹색 식물을 만지는 것이 보는 것보다 더 이로운지 궁금해졌다.[14]

그 연구에서는 11세 아이들이 70분에 걸쳐 씨앗 심기, 흙 섞기, 수확 등 다양한 원예 활동과 공놀이, 종이접기, 책읽기, 비디오 시청, 수학 문제 풀기 등 기타 활동을 했다. 피로가 결과에 영향을 미치지 않도록 모든 아이가 각각 다른 순서로 활동을 수행했으며, 각 활동은 3분씩 지속되었다. 그동안 아이들 두피의 특정 부위에 전극을 부착하여 뇌 전전두엽 활동을 측정하고 기록했다. 전전두엽은 주의력, 작업기억, 목표 지향적 행동에 매우 중요한 부위다.

흥미로운 결과가 나타났다. 상추 수확, 즉 화분에 심은 상추 잎과 줄기를 만져보고 골라서 뜯는 단순한 작업을 할 때 뇌 전전두엽 활동이 가장 크게 변화한다는 것이다.[15] 씨앗이나 흙 등의 다른 유기물질을 만지는 활동에서는 같은 효과가 나타나지 않았는데, 이는 식물 잎을 만지는 행위가 인지 수행력 향상과 연결됨을 암시한다. 이는 표본 규모가 작은 만큼 어디까지나 예비 실험으로 간주해야겠지만, 식물을 만지면 마음이 진정될 뿐만 아니라 집중력과 주의력이 높아진다고 추측할 수 있다.

식물을 만지는 행위에 대한 최신 연구를 검토한 결과, 다른 감각에 비해 촉각에 관한 지식이 여전히 크게 뒤처져 있다는 사실이 양적 데이터로 확인되었다. 예를 들어 2008년부터 2018년까지 오감이 정신건강에 미치는 영향을 다룬 연구를 분석했더니, 시각에 관한 연구 논문은 1,500편이 넘는 반면 촉각에 관한 연구 논문은 40편에 불과했다.[16]

이런 연구 편향은 보통 두 가지 이유로 설명되어왔다. 첫째, 시각은 우리가 세상과 상호작용하는 주된 경로인 만큼 다른 감각보다 더 중요하게 여겨진다는 것이다. 둘째, 시각 정보는 다른 감각 정보보다 훨씬 처리 과정이 복잡하고 뇌에서도 더 큰 부분을 차지하므로 더 많은 연구가 필요하다는 것이다.

하지만 이런 논리에 대한 비판도 존재한다. 최근에는 이것이 기술적·문화적 편견이라는 주장이 제기된다. 특히 현대 기술이 다른 감각보다 시각 연구에 더 적합한 만큼 과학 연구에서도 시각이 두드러지게 된다는 것이다. 게다가 서구 사회에서는 거의 항상 다른 감각보다 시각에 관한 논의와 언어가 지배적이었다.[17] 2천 년 전의 철학자 플라톤은 감각 중에 시각을 가장 중요시한 최초의 인물 중 하나로, 시각이 '신성한' 감각이라고 말하기까지 했다. 한편 아리스토텔레스는 미묘하게 다른 관점을 보였다. 원소들의 구체적 특성에 이르는 관문은 촉각이지만 자연철학자에게 지고의 감각은 시각이라는 것이다. 그는 감각의 위계를 설정하기도 했는데, 시각이 가장 우월하고 그 다음은 청각, 후각, 미각, 촉각 순서라고 말했다. 아리스토텔레스의 관점은 항상 전적으로 받아들여지지는 않았지만 오늘날에도 여전히 영향력을 지닌다. 흥미롭게도 비서구 문화권의 문자 텍스트에서는 시각의 우월성이 성립하지 않는 경우도 있다. 영어에는 우리가 보는 것에 관한 단어가 많은 반면, 말리에서 쓰이는 도굴돔어와 가나에서 쓰이는 시우어처럼 촉각에 편향된 언어도 있다.[18]

따라서 잎과 나무의 종류에 따라 얼마나 다양한 반응이 나타나는지, 만지는 사람의 나이나 성별이나 문화가 영향을 미치는지 등을 다루는, 접촉의 효과에 관한 추가 연구가 필요하다. 또한 촉각 자극이 사라진 후 효과가 얼마나 오래가는지도 파악해야 한다. 예를 들어 후각을 통한 자연과의 상호작용에 따른 일부 효과(예를 들어 혈중 자연살해세포 증가)는 며칠이나 지속될 수 있다는 것이 확인되었다(4장을 참조하라). 내가 보기에 촉각에는 그와 같은 지속성이 없는 듯하지만, 접촉의 효과를 극대화하기 위해 얼마나 자주 실내 식물을 만지거나 나무 테이블을 쓰다듬어야 하는지 파악할 수 있다면 좋을 것이다.

접촉의 효과를 연구할 때 염두에 두어야 할 또 다른 사항은, 식물과의 접촉이 인간에게 유익할지 몰라도 식물에겐 해로울 수 있다는 것이다. 예를 들어 인간과의 접촉이 애기장대에 미치는 영향을 조사한 실험에서는 지극히 가벼운 접촉으로도 유전적 방어 반응이 활성화되고 접촉이 반복될 경우 성장에 큰 악영향을 미칠 수 있는 것으로 나타났다. 또한 인간과 접촉한 식물은 12주 후에는 접촉하지 않은 식물보다 키가 훨씬 작아졌다.[19] 포식 동물을 막아내는 식물 자체의 메커니즘 때문에 접촉하면 인간에게 해로운 경우도 있다. 대표적인 사례가 쐐기풀이다. 쐐기풀 줄기와 잎은 모상체라고도 하는 속이 빈 솜털 같은 구조물로 뒤덮여 있는데 이 안에는 염증과 통증을 일으키는 히스타민, 아세틸콜린, 세로토닌 화합물이 들어 있다. 쐐기풀을 만지면 모상체의 섬세한 실리카 말단이 떨어져나와 바늘처럼 피부를 뚫고 화합물을 주입하여 악명 높은 따끔거림과 발진을 일으킨다. 따라서 인간과 식물 모두를 위해 만져도 괜찮은 식물과 만지면 안 되는 식물을 알아둘 필요가 있다.

촉각 실험과 관련하여 마지막으로 유의해야 할 점이 있다. 많은 실험이 시각과 촉각을 분리하지 않았다는 것이다. 특히 참가자들이 원예 활동을 수행해야 하는 실험의 경우, 날카로운 도구로 식물을 자르거나 옮겨 심으려면 시각이 개입되지 않을 수가 없다. 따라서 시각과 촉각의 효과를 구분하기 위한 추가 실험이 필요하다. 어쨌든 일상에서 녹색 식물을 보고 만지는 일이 스트레스와 불안을 줄여주고 정신 집중력을 향상시킨다는 점은 분명하다.

이처럼 충분한 구실을 확보했으니 이제는 기쁘게 실내 화분을 가꾸러 가야겠다.

자연의
숨겨진 감각

7

자연을 감각하는 행위의 건강 증진 효과에 관해 대중 강연을 할 때마다 나오는 질문이 있다. 우리가 보거나 듣거나 냄새 맡거나 만질 수는 없지만 우리를 둘러싸고 있다는 존재, 즉 환경 미생물에 관한 질문이다.

지난 10년간 장내 미생물 군집에 관한 지식이 늘어나고 장내에 서식하는 수백만 미생물(주로 박테리아)이 인간의 건강에 미치는 긍정적 영향이 알려지면서 자연스럽게 생겨난 궁금증이 있다. 장내 미생물이 우리에게 그처럼 이롭다면, 우리 주변의 자연환경에 존재하는 미생물에도 건강 증진 효과가 있을까?

인정하기 부끄럽지만 과거에 나는 환경 미생물 군집이 우리 건강에 직접적인 영향을 미치지 않는다고 주장해왔다. 완전한 착각이었다. 이 장을 통해 내가 얼마나 큰 착각을 해왔는지 설명하겠다. 내 나름대로 변명하자면, 인간의 건강에 대한 미생물의 잠재력이 과학적으로 밝혀진 것은 아주 최근의 일이다. 이 새로운 과학 논문들을 읽은 후 내 생각은 180도 바뀌었다.

나는 이 분야의 연구가 인간과 자연환경 미생물 군집의 강력한 생물학적 연결에 관한 가장 흥미롭고 아마도 가장 중요한 증거이며, 모든 사람이 실외에서나 실내에서나 자연과 더 많이 교류해야 하는 이유를 보여준다고 믿는다.

내게 이 새로운 과학 분야를 소개해준 사람은 스탠퍼드 대학교의 그레천 데일리 교수였다. 데일리 교수는 핀란드에서 나온 연구를 언급하며, 유치원 놀이터에 플라스틱이나 콘크리트 같은 인공 재료 대신 숲에서 가져온 흙을 깔자 유치원생들의 장내 미생물 군집에 의미 있고 긍정적인 영향이 나타났다고 설명했다. 2020년 과학계 유수의 학술지 〈사이언스 어드밴시스Science Advances〉에 게재된 이 연구는 3세에서 5세까지의 유치원생들이 자연 요소가 포함된 공간에서 놀았을 때 피부와 장내 미생물 군집, 면역계 기능에 어떤 변화가 일어나는지 알아보기 위해 설계되었다.[1] 실험에 참가한 79명은 모두 도시에 거주하며 거의 매일 핀란드 전역의 여러 어린이집에 다니는 아이들이었다. 이 어린이집들의 유일한 차이는 야외 놀이터가 세 가지로 구분된다는 점이었다. 첫 번째는 콘크리트, 자갈, 플라스틱 깔개로 이루어진 전형적인 야외 놀이터였다. 두 번째는 자연 친화적인 어린이집에서 종종 볼 수 있는 놀이터로 아이들이 놀 수 있는 잔디밭과 흙, 화단으로 구성되었다. 이런 놀이터는 비용이 많이 들기 때문에 적어도 영국에서는 흔하지 않다. 위의 두 가지는 세 번째 실험용 놀이터와 비교하기 위한 대조군이었다. 실험용 놀이터에는 콘크리트와 자갈 위에 지역 침엽수림에서 퍼온 흙과 퇴적물을 깔았고, 식물 재배용 화분과 놀이에 쓸 수 있는 이탄 덩어리들도 가져다 놓았다.

아이들은 실험이 진행되는 28일 동안 매일 세 가지 놀이터 중 한 곳에서만 놀라는 지시를 받았다. 놀이 전후에 면봉과 대변 검사로 채취한 박테리아의 유전자 염기서열을 분석해 아이들의 피부와 장내 미생물군을 확인하고, 혈중 면역 조절 사이토카인과 조절 T세포 수치의 변화를 측정했다. T세포는 단백질과 함께 자가면역 및 관련 질환 예방에 크게 기여하며, 이 세포의 혈중 수치를 통해 면역계가 잘 돌아가는지 확인할 수 있다. 실험 결과는 놀라웠다. 실험용 놀이터에서 논 아이들은 다른 놀이터에서 논 아이들보다 피부와 장내 미생물군의 다양성이 크게 증가했다. 더욱 중요한 점은 '좋은'(즉 건강에 여러모로 이롭다고 알려진) 미생물들이 늘어났다는 것이다.[2] 혈중 표지자 수치도 크게 증가했는데, 이는 체내 면역 조절 경로가 강화되고 염증성 장 질환이나 류마티스 관절염과 같은 면역 매개 질환의 위험이 줄었음을 뜻한다.

이 연구의 중요성은 아무리 강조해도 지나치지 않다. 자연의 미생물 다양성에 잠시 노출되기만 해도 피부와 장내 미생물군의 다양성이 크게 달라질 수 있으며, 그런 장내 미생물군 변화가 면역계 기능까지 바꿀 수 있다는 것이니까.[3] 우리가 보거나 듣거나 만지거나 냄새 맡을 수 없는 자연환경 요소가 체내에 들어와 장기를 변화시키고 면역계 기능과 건강을 바꿔놓을 수 있다니 놀라운 사실이었다. 나는 더 자세히 알아보기로 했다. 그러려면 우선 인체 미생물 군집이라는 개념부터 이해해야 했다.

인체 미생물 군집이라는 말은 보통 소화관, 피부, 호흡기에 존재하는 미생물을 가리키지만, 충분히 짐작할 수 있듯이 이런 미생물들은 사실 모든 인체 부위에서 발견된다. 특히 소화관에는 100조 개 이상의 미생물이 놀랍도록 풍성하고 다양한 군집을 이루고 있다. 실제로 대장은 지구상에서 미생물이 가장 많이 서식하는 장소로 추정될 만큼 다채로운 미생물을 자랑한다.[4] 미생물 군집microbiome은 모든 미생물 커뮤니티를 가리키지만, 여기서 가장 중요한 용어는 미생물 군집 내의 개별 집단인 미생물균microbiota이다. 미생물균에는 박테리아, 효모, 바이러스가 포함되는데, 그중에서도 장내 미생물 군집의 약 90퍼센트에 이르는 것으로 알려진 박테리아가 가장 많다. 이들은 다양한 기능을 수행하고 화합물을 생성하여 심장, 신장, 혈관, 심지어 뇌를 비롯한 다른 기관의 반응을 유발한다.[5]

이제 장내 미생물군은 우리의 건강에 결정적인 역할을 한다고 여겨지며, 그 중요성 때문에 심장, 폐, 뇌와 함께 슈퍼 유기체로 일컬어지기도 한다. 우리가 음식을 통해 섭취해야 하는 20가지 필수 아미노산 중 인체 장기에서 합성되는 것은 11가지뿐이며, 나머지 9가지와 13가지 필수 비타민은 장내 미생물이 회수하여 합성한다. 게다가 많은 장내 미생물이 2차 대사산물로 알려진 다양한 화학물질을 생산하는데, 여기에는 면역 억제제나 항암 및 항염증 화합물처

럼 인체 건강에 가장 중요한 화합물이 포함된다.[6]

모든 사람의 장에는 태어날 때부터 형성되는 고유한 미생물 군집이 존재한다. 생후 며칠에서 몇 주, 몇 년까지의 장내 미생물은 출생 시기(조산아는 장내 미생물의 다양성이 낮고 잠재적으로 위험한 박테리아도 더 많다), 분만 방식(자연분만 혹은 제왕절개), 수유 방식 및 이유 기간 등 여러 외부 요인에 좌우된다. 하지만 3세쯤에는 누구나 '완성된' 장내 미생물을 갖게 되는데, 다시 말해 장내 미생물의 구성과 다양성이 성인과 비슷해진다는 뜻이다.

미생물의 종류는 다양하지만, 장내 미생물군의 90퍼센트 이상은 5가지 주요 미생물 중 하나에 속한다.[7] 장내 미생물 구성은 노년기까지 비교적 안정적으로 유지되지만 시간이 흐르면서 다양한 요인에 의해 개인별로 혹은 연령별로도 뚜렷한 차이가 생긴다. 인종, 식생활, 항생제 사용, 체격, 일일 운동량 등이 모두 장내 미생물 다양성에 큰 영향을 미친다. 장내 미생물군은 이처럼 사람마다 확연히 다르기 때문에, 때로는 장내 미생물군으로 특정 음식 섭취에 따른 혈당 반응 등의 개인적 특성을 예측할 수도 있다.

장내 미생물 군집과 관련하여 특히 흥미롭고 주목해야 할 사실이 있다. 장내 미생물 군집은 음식의 영양분을 추출하는 내장 기능뿐만 아니라 면역계와 중추 신경계의 기능 및 건강에도 관여하는 것으로 나타났다. 사람마다 미생물 군집 구성이 크게 다를 뿐만 아니라 특정한 장내 미생물

군과 특정 질병의 뚜렷한 상관관계가 발견되었기 때문이다(일명 '아픈' 미생물 군집).[8] 특정한 장내 미생물이 두드러지게 나타나는 질병으로는 과민성 대장 증후군, 염증성 장 질환, 셀리악병, 대장암뿐만 아니라 장 질환이 아닌 비만 및 제2형 당뇨병도 있다. 알츠하이머병 및 파킨슨병과 같은 중추신경계 질환, 간성 뇌증(간 기능 장애 환자에게 나타나는 정신적 이상), 자폐성 장애, 나아가 스트레스와 우울증과 고혈압에 대해서도 독특한 장내 미생물 군집이 존재한다.[9]

장과 뇌 건강의 상호작용에 관한 이해는 아직 걸음마 단계지만, 장내 미생물 군집의 건강과 이런 질병들이 연관되어 있다는 사실은 중요한 발견이다. 더욱 놀라운 사실은 식습관, 생활 방식, 항생제 사용 등 광범위한 후천적 환경이 장내 미생물 군집에 유전적 배경보다 더 큰 영향을 미치는 것으로 추정된다는 점이다.[10] 실제로 장내 미생물 구성에서 유전 형질에 따른 부분은 8퍼센트 미만이며 나머지는 생활 방식과 환경에 좌우되는 것으로 보인다.[11] 이는 매우 중요한 발견이다. 주변 환경을 바꾸어 '병든' 장내 미생물 구성을 '건강하게' 변화시키면 치명적 질병을 예방하거나 개선할 수 있다는 뜻이기 때문이다. 하지만 어떻게 해야 장내 미생물군을 더 건강하게 바꿀 수 있을까? 바로 이 지점에서 완전히 새로운 연구 분야가 대두되고 있다.

현재 의료인과 다른 전문가들이 장내 미생물 군집 다양성(나아가 건강 전반)을 증진할 가능성이 크다고 주장하는 접근법은 최소 9가지에 달한다.[12] 침습적 의료도 있고 그렇지 않은 것도 있지만, 이 모두가 임상 실험에서 장내 미생물 구성을 유의미하게 개선하는 것으로 확인되었다.[13]

침습적 의료로 분류될 접근법으로는 대변 이식이 있다. 대변 이식은 문자 그대로 특정한 건강 문제에 유익한 장내 미생물군을 지닌 사람의 대변을 채취하여 해당 미생물이 모자란 사람에게 (경우에 따라서는 변형된 형태로) 이식하는 것을 말한다. '나쁜' 혹은 '덜 유익한' 장내 박테리아를 사냥한다고 알려진 바이러스를 투여하여 이론상 더 유익한 박테리아가 번성하게 하는 파지 치료법도 있다.

더 쉽고 아마도 더 바람직할 비의료적 접근법은 생활 방식을 바꾸는 것이다. 예를 들어 과일, 견과류, 채소, 생선, 닭고기, 올리브유를 더 많이 섭취하고 가공식품, 정제당, 대부분의 붉은 육류를 멀리하는 식으로 전형적인 지중해 식단을 따를 수 있다. 육류와 채소도 가능하면 유기농으로 섭취하고, 최소한 섭취하기 전에는 잘 씻어야 한다. 놀랍게도 의료 분야보다 농축산 분야에 항생제가 4배나 더 많이 쓰인다는 근거가 있기 때문이다.[14] 가축에게 먹이는 항생제 (세계 여러 지역에서 질병 예방을 위해 일상적으로 가축에게 항생제를 투여한다)는 우리가 고기를 섭취할 때 장내로 들어와 직접 복용한 것과 동일한 영향을 미치며, 유익한 장내 미생물 다수를 사멸시킬 수 있다. 육류뿐만 아니라 가축의 배설물에 남아 있는 항생제도 비료로 가공되어 농작물에 뿌려지고 결국은 우리 뱃속으로 들어온다.

장내 미생물군을 유의미하게 개선할 또 다른 접근법은 자우어크라우트와 같은 발효식품을 섭취하는 것이다. '좋은' 미생물군을 다량 함유하도록 특별히 고안된 프리바이오틱스, 프로바이오틱스, 포스트바이오틱스 등의 보충제,[15] 그리고 케피어, 생요거트, 프로바이오틱스 음료처럼 마실 수 있거나 다른 식품에 첨가할 수 있는 식품도 여기에 포함된다.

장내 미생물 군집의 중요성이 알려지면서 장내 미생물을 개선시켜주겠다는 기사, 책, 약과 영양제가 쏟아져 나오고 있다. 그러나 이런 개선책 대부분에 빠져 있지만 아마도 가장 중요할 내용이 있다. 자연과, 그리고 자연환경의 미생물 군집과 더 많이 접촉해야 한다는 것이다. 자연에서 유래한 미생물군과의 접촉이 프로바이오틱스 영양제보다 훨씬 유익하고 효과적일 수 있다는 증거가 제시되고 있으니까. 하지만 '자연에서 유래한 미생물군'이란 무엇이며, 환경 미생물 군집과의 상호작용은 어떻게 건강을 증진시키는 걸까?

'환경 미생물 군집'이란 식물 및 토양과 그 주변 공기에 존재하는 미생물군을 말한다. 인체와 마찬가지로 모든 육상 식물과 토양에는 다양하고 복잡하며 상호작용하는 미생물 군집이 서식한다. 이런 미생물 군집은 식물의 영양소 흡수와 성장에 핵심적인 역할을 하며, 병원균에 대한 회복력을 향상시키고 식물이 악조건에서도 성장할 수 있게 한다.[16] 그러나 인간의 건강과 관련하여 아마도 가장 흥미로운(그리고 잘 알려지지 않은) 사실은, 식물과 토양의 미생물 군집이 인체의 박테리아 군집과 매우 유사하며 우리의 장기와 피부에서도 발견되는 5개의 주요 박테리아 문門으로 구성되어 있다는 것이다. 식물과 토양의 건강하거나 병든 미생물 군집이 외부 요인에 의해 긍정적이나 부정적으로 변화할 수 있다는 점도 인간과 유사하다. 예를 들어 다양한 미생물 군집이 포함된 유기질 토양은 식물의 성장과 건강 상태를 크게 향상시킬 수 있다. 반대로 무기질 비료나 제초제를 뿌리면 토양과 식물 미생물군의 다양성이 대폭 감소할 것이다.

그렇다면 환경 미생물 군집에 대한 장기적 투자가 왜 그리 중요하다는 것일까? 미생물 군집이 우리의 피부와 장기로 침투하여 장내 미생물군을 개선하고 건강을 증진시킬 수 있다는 사실이 새로운 증거를 통해 밝혀졌기 때문이다. 환경 미생물 군집 가설('생물다양성 가설'이라고도 한다)은 20여 년 전 발표된 논문에서 최초로 제시되었다. 모든 사람이, 특히 도시 녹지 관리자라면 반드시 읽어야 할 내용이지만, 안타깝게도 학계 밖에서는 이 가설이 잘 알려지지 않은 것 같다. 헬싱키 대학교 중앙병원 의학자인 레나 폰 헤르첸과 타리 하흐텔라, 헬싱키 대학교 생명과학과의 생물다양성 연구자인 일카 한스키는 이 논문을 통해 생물다양성이 풍부한 자연환경에서 지낼수록 인체의 미생물 다양성도 증가

생물다양성과 공중보건의 관계

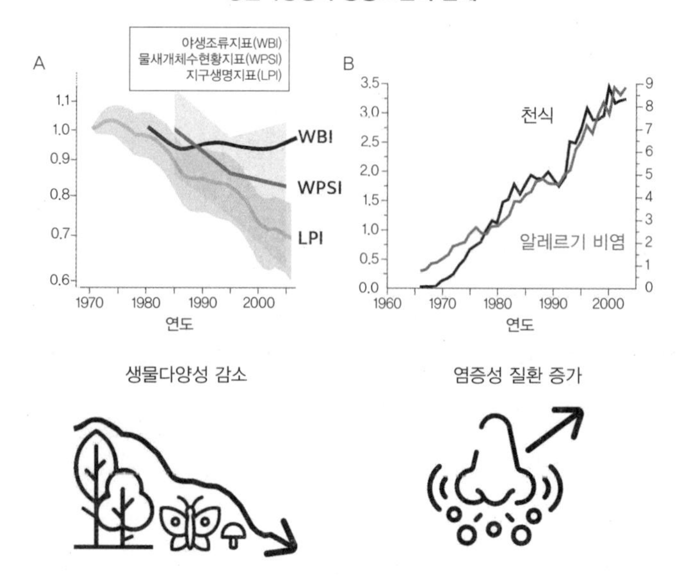

출처: L. Von Hertzen, I. Hanski and T. Haahtela.

한다고 주장했다.[17] 이렇게 더욱 광범위하고 다양한 미생물군을 확보하면 일상적인 소화 기능이 개선되고 다양한 질병, 특히 자가면역질환을 예방할 수 있다. 이들은 전 세계적으로 생물다양성이 감소하는 한편 면역 기능 장애 및 질병은 증가하는 현상이 이 두 가지의 연관성을 증명한다고 주장했다. 생물다양성이 감소하면 알레르기와 자가면역질환으로부터 인체를 보호하는 미생물 다양성도 훼손된다.

물론 이는 어디까지나 가설이다. 생물다양성 감소와 알레르기 증가는 상관관계일 뿐 반드시 인과관계는 아닐 수도 있다. 하지만 이 논문의 중요성은 아무리 강조해도 지나치지 않다. 연구진이 제시한 가설은 명확하고 검증 가능하며, 건강에 있어 미생물 다양성의 중요성을 제시한(그리고 이후에 대체로 옳다고 확인된) 기타 가설들과 궤를 같이한다. 예를 들어 '위생 가설'은 선진국에서 흔히 그렇듯 유아가 지나치게 깨끗한 환경에서 생활하면 튼튼한 면역계를 발달시킬 수 없어서 오히려 건강에 해롭다는 가설이다. 위생 가설은 선진국의 높은 천식 발병률과 관련하여 종종 언급된다. 거꾸로 가정, 음식, 식수, 가축 등의 미생물 다양성이 풍부한 환경이 알레르기 및 자가면역질환을 막아준다는 가설도 널리 받아들여지고 있다. 자연에서 유래한 미생물 다양성이 중요한 만큼 인간도 자연환경과 상호작용해야 한다는 생물다양성 가설 또한 위생 가설의 연장선에 있다고 하겠다.

지난 20년 동안 생물다양성 가설을 검증하기 위한 일련의 연구가 진행되었다. 하지만 그러려면 세 가지 '하위 가설' 또는 전제가 검증되어야 했다. 첫째, 자연환경과 도시환경의 미생물 다양성에 큰 차이가 있다는 것이다. 둘째, 우리가 자연 속에 있으면 자연환경의 미생물 다양성이 체내에 유입되어 인체 미생물 군집이 변한다는 것이다. 셋째, 자연에서 유래한 미생물 다양성이 인체 내에서 유지되면 면역 및 알레르기 경로가 변화하여 건강이 증진된다는 것이다. 세 가지 모두를 명백히 증명하는 자료를 확보하기가 어려운 만큼, 이 가설이 검증되지 못한 채 20년이 지났다는 것도 놀랍진 않다. 그렇다 보니 아직 생물다양성 가설이 확실히 자리잡지 못한 것도 사실이다. 하지만 지난 10여 년간 과학계에서는 (유니버시티 칼리지 런던의 그레이엄 룩처럼) 저명한 미생물학자들도 이 가설이 대체로 옳다고 말하기 시작했다. 자연의 숨겨진 감각인 환경 미생물 다양성과의 상호작용은 면역계 및 관련 질병 예방에 매우 중요할 수 있다.[18]

자연환경과 도시환경의 미생물 다양성과 풍부함에 큰 차이가 있다는 첫 번째 전제는 대체로 옳다고 확인되었다. 전 세계 다양한 자연환경의 미생물 군집에 대한 대규모 분석은 아직 수행되지 않았지만, 몇몇 지역에서의 연구로 실외 및 실내 미생물 군집의 다양성과 풍부함에서 큰 차이가 드러났다. 연구진은 다양한 환경에서(숲, 풀밭, 초원 등의 자연 공간과 잔디밭, 건물 부지, 공원, 재조경한 공공 숲 등 도시에 흔한 공간까지) 박테리아 군집을 식별하는 유전자 분석 기법으로 공기, 토양, 식물의 잎의 미생물 다양성을 측정했다. 측정 결과는 미국, 캐나다, 오스트레일리아, 영국, 핀란드, 인도 등 장소에 따라 크게 달랐지만, 어디에서나 한 가지 공통점이 있었다. 자연 공간에 가깝고 생물다양성이 높은 환경일수록 공기, 토양, 식물 잎의 미생물군이 다양하고 풍부하다는 점이었다.[19]

자연을 실내에 들이면 어떤 일이 일어나는지 확인하기 위한 실험도 수행되었다. 자연의 미생물군은 도시의 무균 환경과 다르다는(더 유익하다는) 증거 중에서도 내가 가장 좋아하는 단순명료한 사례가 있다. 깨끗하게 청소한 실내에 6개월 동안 접란을 놓아두고 실내 공기가 어떻게 변하는지 살펴본 실험이다.[20] 6개월 후 주변 바닥과 벽의 미생물 군집에서 유익한 식물 박테리아가 (풍부함과 다양성 모두에서) 크게 증가했다. 접란 자체의 미생물 다양성은 동일하게 유지되었지만 그로 인해 실내의 미생물 다양성이 증가했다고 추측할 수 있다. 새삼 내 책상 위의 접란에 감사하게 된다. 내 방의 공기 질뿐만 아니라 내 피부와 장내에 있는 미생물군까지 개선해주었을 테니까. 이런 연구는 생물다양성이 풍부한 환경일수록 미생물 다양성도 높다는 첫 번째 가설을 명확히 증명해준다. 적어도 현재까지 연구된 환경에서는 말이다.

두 번째로 검증해야 할 전제는 자연에서 유래한 미생물 군집이 인체로 유입되어 통합된다는 것이었다. 생물다양성 가설로 유명해진 일카 한스키는 생물다양성이 풍부한 환경에서 생활하면 인체 미생물 다양성도 증가함을 입증한 초기 연구 중 하나를 이끌었다.[21] 한스키와 연구진은 핀란드의 다양한 도시 및 준농촌 환경에 거주하는 청소년 118명의 피부 샘플을 면봉으로 채취하여 미생물 다양성을 측정했다. 그 결과 나무, 관목, 화초 등 생물다양성이 풍부한 환경에 사는 사람들의 피부에 훨씬 더 다양하고 풍부한 미생물이 존재한다는 사실이 밝혀졌다. 마찬가지로 헬싱키 대학교의 아니루드라 파라율리와 동료들은 핀란드 노인 48명의 대변 샘플을 확인한 결과, 주변 식생이 희박한 도시 공동주택 거주자들의 '건강한' 장내 미생물이 거주지 반경 200미터 내외가 정원으로 둘러싸인 사람들에 비해 양적으로나 질적으로나 훨씬 부족하다는 사실을 발견했다.[22] 하지만 이 두 연구는 청소년의 피부나 노인의 대변에 나타난 특징적 미생물을 주변 식생과 직접적으로 연결시키지는 못했다. 두 연구 모두 결과에 영향을 미치는 다른 요인을 배제하려고 노력하긴 했지만, 이들의 인체 미생물군에 나타난 차이가 식단이나 반려동물과 같은 이유 때문이 아님을 어떻게 확인할 수 있을까?

최근 수행된 몇몇 연구가 이 명백한 허점을 보충해줄 것으로 보인다. 연구진은 실험 전후에 참가자의 피부와 장내 미생물군을 채취하여 환경 미생물군과 비교했다. 첫 번째 연구에서는 유기질 토양(이는 중요한 부분인데, 화학 비료가 투입된 토양은 미생물군이 크게 변하여 '좋은' 미생물이 줄어들기 때문이다)과 상호작용한 참가자들을 조사했다.[23] 참가자들은 피부 샘플 채취와 유전자 분석 과정을 거쳐 손 미생물군을 확인받은 후 퇴비, 숲속 잔디, 이끼, 이탄 습지에서 퍼온 흙 등 원예에서 흔히 접하게 되는 여러 토양 및 식물성 물질에 20초 동안 손을 문질렀다. 그리고 비누 없이 물로만 5초간 손을 씻고 종이 타월로 닦은 다음, 다시 한 번 피부 샘플을 면봉으로 채취해 유전자 분석을 받았다. 그 결과 토양 물질을 만진 후 참가자들의 피부 미생물군이 뚜렷이 변했음을 확인할 수 있었다. 사실상 환경 미생물 군집의 특징이 참가자의 피부로 옮겨간 것이다.

이는 환경 미생물 군집이 쉽게 인체에 흡입되거나 섭취될 수 있음을 암시한다. 실제로 다른 두 실험에서도 똑같은 사실이 발견되었다. 오스트레일리아 애들레이드 대학교의 케이틀린 셀웨이와 동료들은 참가자들이 애들레이드, 영국 본머스, 인도 뉴델리의 (사전에 토양, 공기, 잎의 미생물 다양성을 측정한) 녹지에서 시간을 보내게 하고 그 이전과 이후로 비강(호흡기) 미생물군을 측정했다.[24] 그 결과 생물다양성이 풍부한 도시 녹지에서 시간을 보낸 참가자들의 코와 피부에서 미생물 다양성이 뚜렷하게 증가했음이 밝혀졌다. 게다가 미생물 군집의 구성도 녹지 공기 중의 미생물 군집에 한층 가까워졌다. 이 두 연구와 여러 비슷한 연구들은 참가자가 많지 않아서 예비 연구로 간주되어야 하겠지만, 자연적으로 생물다양성이 풍부한 환경과 상호작용하는 인체(피부, 호흡기, 장)가 주변의 미생물 특성을 수용한다고 추정해도 무리는 없을 것이다.[25]

따라서 첫 번째와 두 번째 전제는 대체로 옳다는 것이 입증되었다. 자연에서 유래한 미생물군은 더 풍부하고 다양하며, 자연과 상호작용하는 인체 표면과 내부로 옮겨져 그 자체의 미생물 군집을 변화시킨다. 하지만 세 번째 전제, 즉 이런 미생물군의 변화가 우리 건강에도 중요한 변화를 일으킨다는 주장은 어떨까? 지난 10년 동안 발표된 놀라운 연구 결과들을 살펴보면 이 전제가 옳다고 추측할 수 있다. 한스키와 동료들이 핀란드 청소년들의 혈액을 채취하여 알레르기 표지자로 알려진 특정 항체를 검사한 결과, 미생물군의 변화와 건강 간의 강력한 상관관계가 드러났다.[26] 혈중 알레르기 표지자 수치가 가장 낮은 사람들은 생물다양성이 풍부한 지역에 살았다. 마찬가지로 핀란드 노인들을 검사한 결과 다양한 식생으로 둘러싸인 지역에 사는 사람들은, 장내 질환을 유발한다고 알려져 있으며 장내 미생물군 저하의 지표로 여겨지는 박테리아가 감소한 것으로 나타났다.[27] 이뿐 아니라 염증성 장 질환과 관련 있는 장내 미생물군도 감소했다. 두 연구 모두 환경 미생물군에 노출되면 장내 미생물 생태계가 변하고 나아가 면역계에도 영향이 갈 가능성을 보여준다. 여기서 가능성이라고 말한 것은 최근까지도 이와 비슷한 연구들에서 연관성을 넘어선 직접적 인과관계는 확인되지 않았기 때문이다. 또한 이런 연구 대부분은 참가자를 위약 대조군이나 비교군에 배치하여 결과를 비교하는 '맹검 통제' 절차가 없었다.

그러나 지난 2년 동안 이 문제를 해결하기 위한 일련의 연구가 수행되었고,[28] 사람들에게 자연 속에서 더 많은 시간을 보내거나 자연 요소를 보충한 환경과 상호작용하라고 조언할 만한(나아가 그렇게 조언해야 마땅하다는) 임상적 증거가 뚜렷해지고 있다. 이런 연구를 통해 우리의 면역계는 크게 개선될 수 있을 것이다.

그중에서도 헬싱키 대학교의 마야 로슬룬드와 동료들이 수행한 연구는 특히 중요하다.[29] 로슬룬드와 동료들은 이 장 첫머리에 소개한 연구 결과를 바탕으로 일명 '면역 매개 질환의 생물다양성 가설에 대한 위약 대조 이중 맹검 테스트'를 시작했다. 제목만 봐도 기존 연구들보다 임상적으로 한층 탄탄한 인상을 주는데, 실제로도 그랬다. 이 연구에는 기존 연구들과 달리 위약 대조군과 비교군이 포함되었고, 실험에 참가한 사람들 중 아무도 자신이 어느 집단에 속했는지 알 수 없었다(그래서 '이중 맹검'이라는 명칭을 붙일 수 있었다).

참가자들은 3세에서 5세까지의 유치원생으로, 28일 동안 두 가지 모래밭 중 한 곳에서 하루에 최대 2시간 동안 놀았다. 두 모래밭은 토양 혼합물로 만들어 미생물이 다양한 모래밭과, 토양 성분이 없고 미생물도 빈약한 모래밭이었다. 실험 전과 실험 14일째, 28일째에 아이들의 모래, 피부, 대변에서 박테리아 군집을 채취했다. 또한 실험 전과 실험 14일째에 아이들의 혈액 샘플을 채취하여 T세포 수치를 측정했다. 앞에서도 이야기했듯 T세포는 혈장에서 발견되며 면역 기능에 관여하지만, 유형에 따라 자가면역 반응을 약화시키거나 반대로 강화할 수 있다. 첫 번째 유형의 면역 세포는 우리 몸을 공격하여 소위 자가면역질환을 일으킨다. 우리가 걱정해야 하는 것은 인터루킨-10과 인터루킨-17이라는 두 가지 T세포의 균형이다. 인터루킨-10(Il-10)은 항염증 반응에 핵심적인 역할을 하는 것으로 알려져 있고, 이에 따르면 혈중 인터루킨-10 수치가 높을수록 이롭다. 반면 인터루킨-17(Il-17)은 염증 반응을 일으키고 염증성 장 질환, 류마티스 관절염, 다발성 경화증 등의 질병과 연관되므로 혈중 수치가 낮은 편이 좋다.

이 실험 결과의 의미를 제대로 이해하려면 T세포에 관해 더 알아둘 필요가 있다. 흙이 있는 모래밭에서 논 아이들은 피부 미생물 다양성이 크게 변했고 그 구성이 흙과 매우 비슷해졌다. 중요한 것은 아이들의 혈장에서 인터루킨-10('좋은' T세포) 수치가 크게 증가하고 인터루킨-17 수치는 감소했다는 점이다. 위약 대조군에서는 미생물 다양성이나 T세포 유형에 이런 변화가 없었다. 토양 성분을 보충한 모래밭에서 논 아이들은 실험 기간(28일째까지) 내내 피부 미생물 다양성이 더 높았으며, 이는 개입이 유지되는 한 효과가 지속된다는 의미다. 즉 아이들의 모래밭을 미생물이 다양한 토양으로 '재생'하는 간단한 개입만으로 면역 조절 반응과 관련된 피부 미생물군이 풍부해진다는 것이다.

매우 놀랍고 중요한 연구 결과가 아닐 수 없다. 이토록 간단한 조치로 아이들의 건강을 오랫동안 획기적으로 개선시킬 수 있다니! 하지만 어른도 자연에서 유래한 미생물 다양성에 노출되면 똑같은 혜택을 누릴 수 있다. 예를 들어 최근 핀란드에서 건강한 성인 14명을 토양과 식물에 노출시키고 그 영향을 조사한 연구 결과, 피부와 장내(대변) 미

미생물이 다양한 모래밭과 빈약한 모래밭에서 논 아이들의 피부 미생물 다양성

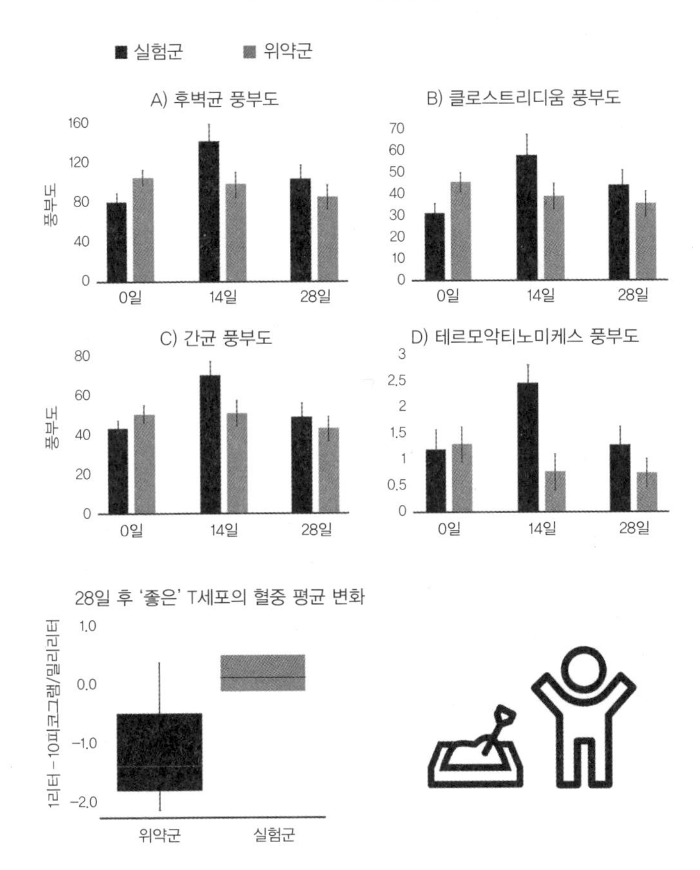

출처: M. I. Roslund, et al.

생물 다양성에서 유의미한 차이가 나타났다.[30] 참가자들은 14일 내내 하루에 세 번씩 토양과 식물성 성분으로 손을 문질렀다. 2주 후에는 참가자들의 피부와 장내 미생물 다양성이 토양에 크게 가까워졌을 뿐만 아니라, 악성 종양 초기 단계에 세포 증식을 억제하는 것으로 알려진 사이토카인 TGF-β(형질 전환 성장 인자 β)의 혈장 내 수치도 증가했다.

갑자기 정원 가꾸기와 실내 화분 돌보기의 이로움이 완전히 새롭게 다가온다. 농약을 많이 사용하지 않고 의도치 않게 사용된 항생제(이를테면 항생제를 투여한 가축의 배설물 등을 통한)도 없는 유기질 토양을 장갑을 끼지 않고 만진다면, 식물의 색과 형태와 냄새뿐만 아니라 토양과 식물의 숨겨진 감각인 미생물 다양성에 의해서도 직접적으로 건강을 증진시킬 수 있다.

이 분야가 과학계에서 새롭게 급부상 중인 것은 확실하다. 물론 아직은 보충해야 할 허점이 많고 후속 연구도 필요하다. 자연에서 유래한 미생물과의 상호작용이 이미 자가면역 질환이나 그 밖의 중증 질환에 걸린 사람에게도 효과가 있는지 알아내는 것이 급선무다. 장내 미생물과 관련된 중증 질환에는 자가면역질환뿐만 아니라 비만과 제2형 당뇨병, 알츠하이머병과 파킨슨병, 자폐성 장애, 우울증과 고혈압 등 여러 가지가 있다는 데 유념하자. 하지만 지금까지의 모든 실험은 건강한 참가자를 대상으로 이루어졌다. 이런 병에 걸린 사람들이 자연에서 유래한 미생물과 상호작용하여 장내 미생물군을 변화시키면 나아지거나 혹은 치유될 수 있을까? 실제로 이런 개입 방식이 유망하다고 믿는 사람들이 많아졌지만, 아직은 임상 검증이 남아 있다.[31]

환경 미생물이 인체로 이동하는 메커니즘도 후속 연구가 필요한 문제다. 앞에서 소개한 실험들을 통해 환경 미생물이 피부와 장기에 흡수된다는 점은 확인했다. 하지만 그런 다음에는 어떻게 될까? 우리의 미생물 군집이 환경 미생물 군집에 가깝게 변한다는 강력한 증거가 있긴 하지만, 왜 그것이 면역 반응 변화로까지 이어지는 걸까? 2차 대사산물을 비롯한 여러 화합물이 생성되어 인체 내 다른 생화학적 경로와의 상호작용까지 이루어진다는 것까지는 분명하나, 이런 작용이 어떻게 왜 일어나는지는 여전히 생물의학 분야에서 해결할 과제로 남아 있다.

마지막으로, 자연에서 유래한 미생물과 얼마나 오래 상호작용해야 건강 증진 효과를 유지할 수 있는지도 파악해야 한다. 토양과 식물에 접촉하는 단기적 상호작용이 적어도 실험 기간 동안 변화를 일으키는 것은 분명하다. 하지만 효과가 지속되려면 매일 이런 상호작용을 해야 할까? 핀란드 참가자들이 토양과 접촉한 실험 결과는 환경 미생물을 계속 '보충'해야 한다는 사실을 암시한다.[32] 참가자들의 피부와 장내 미생물 다양성, 혈장에 나타난 변화는 실험이 끝나고 14일 동안은 지속되었지만 35일 후에는 더 이상 관찰되지 않았다. 우리가 자연에서 유래한 미생물과의 상호작용을 중단하면 건강에 해로운 미생물이 되돌아온다고 이해할 수 있다.

이런 모든 한계에도 불구하고, 더 많은 증거를 확보하기 전까지는 그 어떤 실천도 부질없다는 식으로 이 장을 마무리하고 싶지는 않다. 실제로 그렇지 않으니까. 참가자 표본이 적은 만큼 기존 연구 대부분이 예비 연구로 분류되어야 하는 건 사실이지만, 이런 연구가 쌓이고 쌓여 무시할 수 없는 증거를 이루게 되었다. 우리가 자연의 미생물 다양성과 상호작용하면 우리 몸의 미생물 다양성도 개선된다. 이런 미생물 다양성 변화는 2차 대사산물과 기타 화합물을 생성시켜 자가면역반응과 생리적 반응에 여러모로 긍정적인 영향을 미칠 가능성이 크다. 따라서 이런 효과를 얻으려면 적어도 어느 정도는 자연환경과 상호작용을 해야 한다. 꼭 바깥에 나가지 않아도 된다. 책상에 접란 화분 놓기, 정원에 무기질 비료 대신 유기질 흙 사용하기, 나아가 이런 흙을 소분해두었다가 규칙적으로 뿌리는 것처럼 간단한 일이라도 좋다. 이처럼 사소해 보이는 행동 하나하나가 결국은 우리의 피부와 장에서 자연 미생물을 크게 증가시켜줄 것이며, 현재뿐만 아니라 먼 훗날에도 상당한 건강 증진 효과를 제공할 것이라고 장담할 수 있다. 비록 우리가 그 효과를 직접 보거나 듣거나 맛볼 수는 없겠지만 말이다.

그림 1-1

그림 1-2

그림 1-3

캐퍼빌리티 브라운이 조성한 영국의 정원 세 곳. 22쪽을 참조하라. **그림 1-1** 피크 디스트릭트의 채츠워스 하우스 정원. **그림 1-2** 옥스퍼드셔의 블레넘 궁전 정원. **그림 1-3** 버킹엄셔의 스토 하우스 정원.

그림 2-1

그림 2-2

그림 2-3

그림 2-1 모르포나비 날개의 미세한 비늘은 청색 광만 반사하고 나머지 색 파장은 투과시킨다. 56쪽을 참조하라. **그림 2-2** 베고니아 파보니나의 푸른빛 광택은 잎 내부의 미세 구조에서 비롯된다. 56쪽을 참조하라. **그림 2-3** 은백양나무 잎의 윗면과 밑면. 밑면은 털로 덮여 있어 흰색으로 보인다. 56쪽을 참조하라. **그림 2-4** 두 가지 색이 뒤섞인 다양한 양담쟁이 변종의 잎. 잎 색의 차이는 유전적 돌연변이로 발생하며 색 조합은 변종마다 제각기 다르다. 63쪽을 참조하라.

그림 2-4

그림 3-1

그림 3-2

켄트에 위치한 시싱허스트 성에서 비타 색빌웨스트는 꽃의 색을 활용하여 여러 개의 작지만 서로 연결된 독특한 정원을 디자인했다. 76쪽을 참조하라. 그림 3-1 '화이트' 정원. 그림 3-2 '레드' 정원.

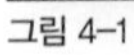

그림 4-1

그림 4-2

그림 4-3

그림 4-4

그림 4-5

그림 4-1 피튜니아 꽃이 트럼펫 모양인 것은 꽃잎 생장의 마지막 단계에 조직을 이루는 세포들의 분열 속도가 달라서다. 80쪽을 참조하라. **그림 4-2** 백합 꽃잎이 특징적인 곡선형을 이루는 것은 꽃잎 바깥쪽의 세포 분열 속도가 안쪽에 비해 빠르기 때문이다. 81쪽을 참조하라. **그림 4-3** 해바라기의 밝은 노란색은 꽃잎에 B-카로틴이라는 카로티노이드 색소가 들어 있기 때문이다. 82쪽을 참조하라. **그림 4-4** 부겐빌레아 변종은 베타레인 색소로 인해 적자색 꽃을 피운다. 82쪽을 참조하라. **그림 4-5** 크리스마스로즈가 녹색 꽃을 피우는 것은 꽃잎의 엽록소 때문이다. 82쪽을 참조하라.

그림 5-1

그림 5-2

그림 5-1 '밤의 여왕' 튤립의 무지갯빛 광택은 꽃잎 표면의 미세 구조적 특징에 따른 독특한 빛의 회절 때문이다. 83쪽을 참조하라. **그림 5-2** 미나리아재비 꽃잎은 이중 거울 효과로 인해 반짝이는 것처럼 보인다. 83쪽을 참조하라. **그림 5-3** 산성 토양에서 자란 산수국. **그림 5-4** 알칼리성 토양에서 자란 산수국. 83쪽을 참조하라.

그림 5-3

그림 5-4

그림 6 1736년에서 1737년 사이에 얀 판하위쉼이 그린 〈테라코타 꽃병 속의 꽃〉. 네덜란드의 많은 유명 화가들이 이국적인 수입산 꽃을 독특한 정물화 소재로 활용했다. 그림 오른쪽 상단에는 포티바이러스에 감염되어 줄무늬가 생긴 렘브란트 튤립이 보인다. 84쪽을 참조하라.

흔히 볼 수 있는 경재(그림 7-1, 7-2) 및 연재(그림 7-3, 7-4) 수종과 판재 단면. 각 수종의 기공 구조 배열과 크기 차이에 유의하라. 166~167쪽을 참조하 **그림 7-1** 루브라참나무. **그림 7-2** 가래나무. **그림 7-3** 스트로브잣나무. **그림 7-4** 테다소나무.

acetoſi onde nelle febbri calide ſi conuengono gli acetoſi & i mezzani & non dolci. Si chiamano aranci quaſi aurantia poma che uuol dir pomi aurei o d'oro.

LIMONI.

I LIMONI nella facultà loro non ſono molto diſcrepãti da i Cedri. Del ſugo loro ſe ne fa un ſiropo utile a ſpegner la caldezza della colera & nelle febbri contagioſe & peſtilentiali. L'acqua fatta di limoni per lambico di uetro, oltr'all'adoperarſi dalle donne a pulirſene il uiſo, guariſce le uolatiche, ouunque elle ſieno nella perſona & ſimilmẽte i pedicelli. Meſſa ne gli ſiropi gioua mirabilmente alle febbri colleriche acute & contagioſe. Data a bere a fanciulli ammazza i uermi del corpo, ilche fa anco il ſugo freſco, ſpremuto dal frutto alla quantità d'una oncia piu & mãco ſecõdo che ſon grãdi & piccioli i fanciullini.

LENTISCO.

NASCE il lentiſco abondantemente in Italia, & ſpecialmente nelle maremme di Siena, naſce nelle ſuperbe, & antiche rouine Romane, & ueggonſene nella coſta di tutto il mare Tirrheno andãdo uerſo Gaeta, & uerſo Napoli infinitißime piante. Tra lequali ue n'è aſſai di quello, che creſce, & s'ingroſſa in arboro, di quello, che ſenza fare altro tronco, manda dalle radici ſpeßißimi ſarmenti, nel modo che fanno i nocciuoli ſaluatichi. Ma è piu folto il lentiſco ne rami, & nelle frondi, & piu ſi piega con le cime de ſarmenti uerſo terra. Hanno l'uno & l'altro le frondi loro ſimili a quelle de i piſtacchi, graſſe, fragili, & uerdiſcure, come che nelle eſtremità loro, & in quella picciola uena, che per lungo le fende, roſſeggino aſſai. Il lentiſco è anchor egli di quelle piante, che non perdono mai le frondi, & però d'ogni tempo uerdeggia. E la ſua ſcorza in tutta la pianta roßigna, uencida, tenace, & arrendeuole. Produce oltre al frutto (come parimente ſi uede nel terebinto) certi baccelli, come cornetti, piani, ne iquali è dentro un liquore limpido, ilquale inuecchiandoſi ſi conuertiſce in piccioli animaletti uolatili, ſimili in tutto a quelli che ſi concreano nelle ueſciche de gli olmi, & de terebinthi. Hanno le fron=

그림 8–1

그림 8-2

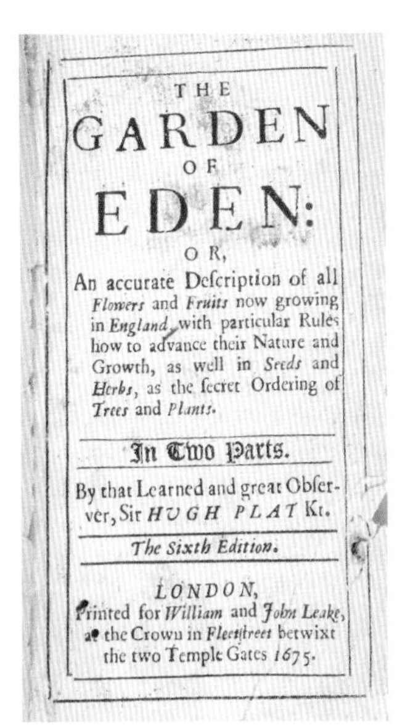

THE
GARDEN
OF
EDEN:
OR,
An accurate Defcription of all *Flowers* and *Fruits* now growing in *England*, with particular Rules how to advance their Nature and Growth, as well in *Seeds* and *Herbs*, as the fecret Ordering of *Trees* and *Plants*.

In Two Parts.

By that Learned and great Obfer-ver, Sir *HUGH PLAT* Kt.

The Sixth Edition.

LONDON,
Printed for *William* and *John Leake*, at the Crown in *Fleetftreet* betwixt the two Temple Gates *1675*.

그림 8-3

휴 플랫과 그의 저서와 관련해서는 210~211쪽을 참조하라. **그림 8-1** 휴 플랫의 《에덴동산》 중. 식물 재배에 관한 세밀화와 조언이 실려 있다. **그림 8-2** 휴 플랫(1552~1608)은 1608년 영국 최초의 원예 지침서 《식물 낙원》을 저술한 인물로 유명하다. 이 책은 그가 죽은 지 50년 후 《에덴동산》이라는 제목으로 재출간되었다. **그림 8-3** 《에덴동산》 표제지. **그림 8-4** 앤슈리엄과 **그림 8-5** 스파티필룸은 17세기 중반에 처음으로 열대 지방에서 수입된 대표적인 관엽 식물이다. 211쪽을 참조하라.

그림 8-4

그림 8-5

그림 9-1

그림 9-1 '응접실 야자수', 몬스테라, 식물에서 영감을 받은 패브릭과 가구로 꾸며진 빅토리아 시대의 거실. 그림 9-2 식물뿐만 아니라 식물에서 영감을 받은 패브릭도 사라지고 정사각형 가구와 격자무늬 커튼으로 꾸며진 1950년대 후반 거실. 212쪽을 참조하라.

그림 9-2

그림 10-1

그림 10-2

세계 곳곳의 그린월. **그림 10-1** 옥스퍼드 대학교의 세인트에드먼드 홀. **그림 10-2** 2013년 세계 최대의 수직 정원으로 기네스 세계 기록을 세운 서울 시청의 실내 그린월. 213쪽을 참조하라. **그림 10-3** 실내에서 지내는 사람의 생리적·심리적 스트레스 반응을 테스트하도록 설계된 네 가지 VR 룸. 227쪽을 참조하라.

그림 10-3

A. 자연 요소가 없음

B. 실내 그린월이 있음

C. 창밖에 자연이 보임

D. 다양한 자연 요소 조합

그림 11-1

그림 11-2

그림 11-1 레스터에 있는 빅토리아 파크. **그림 11-2** 포츠머스에 있는 빅토리아 파크. 두 곳 모두 1880년대 후반에 조성되었으며 가지런히 정돈된 화단 사이사이 잔디밭, 산책로, 음악당과 식수대 등의 장식 요소가 배치되었다. 이런 산책로와 시설 및 구조물 다수가 오늘날의 공원에도 그대로 남아 있다. 241쪽을 참조하라.

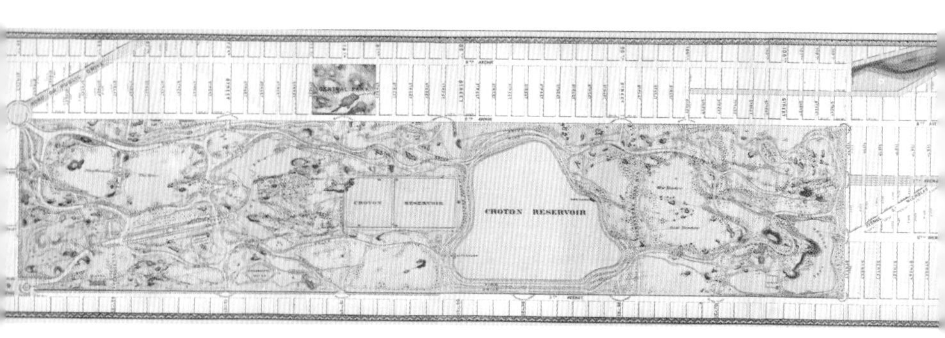

그림 12-1 뉴욕 센트럴 파크의 최초 식재 설계도. 1858년에 설계되어 1876년에 개장한 이 공원은 구불구불한 길과 호수 등 자연스러운 식재와 지형에 중점을 두고 조성되었다. 가지런한 화단은 보이지 않는다. 243쪽을 참조하라.

그림 13-1

그림 13-2

그림 13-1 1901년 센트럴 파크의 몰Mall('나무 그늘이 진 산책길'이라는 뜻이 있다—옮긴이). **그림 13-2** 오늘날 센트럴 파크의 몰. 여러 쇼핑몰Shopping Mall에도 이런 자연 공원과 비슷한 산책로가 남아 있다. 243쪽을 참조하라.

전 세계 여러 도시에서 흔히 볼 수 있는 가로수 종류와 잎 모양. 254쪽을 참조하라.
그림 14-1 은행나무. **그림 14-2** 플라타너스. **그림 14-3** 풍나무.

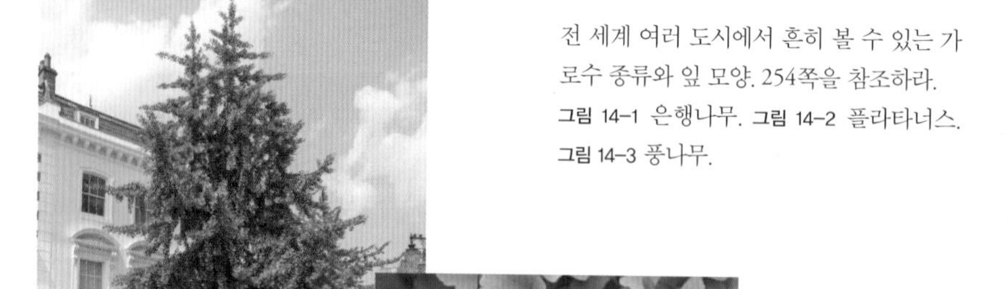

그림 14-1

그림 14-2

그림 14-3

그림 15-1

그림 15-1 싱가포르의 CDL 트리하우스에는 (기네스 세계 기록에 따르면) 세계 최대 규모의 수직 정원이 있다. 이 건물의 그린월 넓이는 약 2,290제곱미터다. 258쪽을 참조하라. **그림 15-2** 세계에서 가장 높은 그린월은 콜롬비아 메데인의 주거용 건물 측면에 92미터 높이로 조성되어 있다. 258쪽을 참조하라.

그림 15-2

그림 16-1

그림 16-2

그림 16-3

경계 없는 정원 가꾸기. 리처드 레이놀즈의 게릴라 가드닝 프로젝트 전후 사진. 273쪽을 참조하라.
그림 16-1 런던 헤른 힐의 덜위치 로드. **그림 16-2** 런던 엘리펀트 앤 캐슬의 페로넷 하우스. **그림 16-3** 데번 토트네스의 스테이션 로드.

실내 감각 풍경

생명 친화적 디자인

8

통계에 따르면 유감스럽게도 해마다 전 세계 사망자의 71퍼센트가 비전염성 질병(심혈관 질환, 심장마비, 뇌졸중, 천식과 같은 호흡기 질환, 암, 당뇨병, 정신질환 등)으로 사망하며, 이 비율은 계속 증가하는 추세다. 홍역, HIV, 결핵 등의 전염성 질병으로 인한 사망자는 최근 수십 년간 급격히 감소했지만, 비전염성 질병은 여전히 해마다 놀랍도록 증가하고 있다.

도시화 확산과 비전염성 질병 증가의 밀접한 연관성은 두 현상이 어떤 식으로든 연관되어 있음을 암시한다. 심각한 문제가 아닐 수 없다. 2050년이면 인류의 70퍼센트 이상이 도시환경에 거주할 것으로 예상되며 이 비율도 매년 증가하는 중이기 때문이다. 비전염성 및 기타 질병과 도시환경의 연관성이 명백해진 만큼 이제는 '새집증후군'이라는 명칭까지 생겼다.[1] 어떤 건축 환경에서 생활하거나 일하는 사람들이 아프거나 적어도 원래보다 쇠약해지는 모든 증상을 포괄하는 명칭이다. 현재 전 세계 신축 및 개축 건물의 최대 30퍼센트에서 새집증후군이 나타나는 것으로 추정된다.[2]

누구나 알듯이 도시화가 진행되는 지역에서는 자연의 존재감이 크게 감소한다. 그런데 앞에서 논의하고 확인한 것처럼 오감을 통한 자연과의 상호작용은 신체와 정신의 건강을 크게 증진시킬 수 있다.

때로는 지구상의 문제가 너무 많아서 감당하기 어렵게 느껴진다. 머릿속이 온통 암담해지고 도무지 어떡해야 할지 알 수 없다. 도시환경과 건강 문제의 연관성도 그런 경우다. 우리는 도시에서 생활하고 일해야 하는데 도시가 우리를 죽이고 있다니! 그렇다면 어떻게 해야 하지? 운동량 늘리기, 힘 빼고 긴장 풀기, 식생활 개선, 처방약 복용… 모두 충분히 검증된 건강관리법이지만, 사망률에는 별로 영향을 미치지 못하는 듯하다. 하지만 이상하게도 좀처럼 언급되지 않지만 실제로 사망률을 크게 줄일 수 있는 한 가지 권고사항이 있다. 바로 실외뿐만 아니라 **실내**에서도 자연과 더 많이 교류하는 것이다. 이 책의 첫머리부터 말해왔고 앞으로도 계속 말하겠지만, 자연은 우리를 치료한다.

우리가 자연을 실내에 들일 수 있을까?

나는 그럴 수 있다고 생각한다. 아니, 반드시 그래야 한다. 물리적으로 아름다운 환경에서 일상을 영위한다는 것은 옥스퍼드에서 근무하며 누리는 여러 특권 중 하나다. 많은 대학 건물과 나아가 도시의 상당 부분이 공원, 안뜰, 정원, 산책로와 강 사이에 멋지게 자리잡고 있기도 하지만, 이곳의 아름다움은 참나무를 주름진 천 모양으로 조각한 벽판, 거대한 나뭇가지처럼 펼쳐진 예배당 천장, 온갖 꽃과 짐승을 묘사한 조각상과 태피스트리 등으로 자연의 소재와 형태를 실내에 들여놓은 옛 학자들 덕분이기도 하다. 내가 일하는 세인트에드먼드 홀의 구내식당에는 제작 연도가 무려 17세기까지 거슬러 올라가는 멋진 벽판 장식이 있다. 나는 그 반들반들한 벽판을 가만히 손가락으로 쓰다듬으며 이들이 수백 년간 목격했을 학문적 토론과 논쟁을 생각해 보곤 한다. 오래된 벽판의 존재는 마음을 달래주고 집중에도 도움이 되는 것 같다. 최근에 지어진 대학 내 일부 건물의 콘크리트 벽과는 비교할 수도 없다. 그런 건물에서 회의를 하면 머리가 아프다.

왜 그럴까? 이 문제에 대해 우리가 할 수 있고 해야 할 일은 무엇일까?

이 장에서는 실내에서도 자연의 유익함을 포착하고 도시화와 새집증후군의 해로운 영향을 줄여줄 구체적인 친환경 디자인 방식을 알아보자.

물론 인간은 오래전부터 건축 자재와 장식 요소로 자연을 실내 환경에 접목해왔다.[3] 목재는 구하기 쉬운데다 강하고도 유연하여 다양한 형태와 크기의 건축물을 만들 수 있었기에 선사 시대부터 건축 자재로 사용되었다. 신석기 시대 건축물은 최대 30명이 살 수 있는 일자형 주택부터 한 가족을 위한 작은 움막집까지 다양했지만 그 소재는 항상 나무였다. 고대 근동에서는 기원전 7000년경에 이미 벽돌과 석재를 쓰기 시작했지만, 고고학적 증거에 따르면 목재는 이런 혁신 속에서도 중요한 건축 자재로 남아 있었으며 오늘날에도 여전히 그렇다.

수천 년을 건너뛰어 중세 시대로 넘어가보자. 지금까지 남아 있는 당대의 교회나 저택 본당, 홀에서 천장을 올려다보기만 해도 나무 창문과 벽판, 돌기둥과 지붕보에 새겨진 꽃과 잎을 볼 수 있다. 나무 자체를 사용하거나 돌로 나무를 모방한 장식들이다.

식물을 비롯한 자연물의 그림, 드로잉, 화분으로 실내를 꾸미는 관습은 식물학, 원예, 자연물 정물화가 유행한 17세기에야 본격적으로 시작되었다.[4] 사람들이 이처럼 장식용 화분에 열광하게 된 것은 무엇보다도 휴 플랫의 1608년 저서《식물 낙원Floraes Paradise》때문이었다.[5]

플랫은 현대로 치면 인테리어 디자이너에 해당하는 인물이었다(그림 8-2). 그는《아름다움, 연회, 향수와 물로 외모, 식탁, 찬장, 증류기를 가꾸는 숙녀들을 위한 즐거움》이라는 거창한 제목의 저서로 성공을 거둔 후 최초의 원예 안내서로 여겨지는《식물 낙원》집필에 착수했다. 이 책에서 특히 주목할 것은 '문 안의 정원'이라는 장인데, 실내 정원 가꾸기 관련 조언이 가득할 뿐만 아니라 집 안 구석구석에 어울리는 식물의 종류도 자세히 알려주고 있다. 캐서린 호우드의 저서《화분 심기의 역사》에 인용된 바에 따르면 플랫은 그늘진 방구석에 키울 식물로 "향인가목, 월계수, 곽향"을 추천했고, 카네이션과 장미가 일 년 내내 자라게 하는 요령을 귀띔해주는가 하면, 끈기 있고 오래가는 식물이라며 꿩의비름을 칭찬하기도 했다.[6]

많은 식물 역사가들은 플랫의 책이 식물을 가정에 관상용으로 들여오는 계기가 되었다고 생각한다.[7] 그때까지 적어도 서유럽에서는 식물의 가정 내 용도가 약재나 식재료에 그쳤다. 플랫의 책은 대성공을 거두어 그가 사망한 지 42년 후에도 제작되었으며, 1653년 이후로는 《에덴동산The Garden of Eden》이라는 영어 제목으로 여러 차례 재출간되었다(그림 8-1, 8-3). 하지만 플랫이 책에서 추천한 식물은 대부분 원래 영국에 자라던 야생 토종이었다. 17세기 중반 이후 '외래종' 관엽식물이 등장하면서 상황이 완전히 바뀌었다.

17세기 중반부터 항해와 탐험으로 신세계가 열리면서, 사람들은 이국적이고 화려한 열대의 꽃을 실내에서 가꾸는 데 열광하기 시작했다. 지금도 마찬가지다. 놀랍게도 내 거실과 사무실에 놓인 잎이 무성하고 알록달록한 관엽식물(앞에서 언급한 여러 식물도 포함해서)과 비슷한 식물들이 이미 400여 년 전 영국 항구에 도착하고 있었던 것이다. 당시 아메리카, 아프리카, 동남아시아 열대우림에서 수입된 여러 식물들이 아직도 꽃집과 슈퍼마켓, 종묘상에서 판매되고 있다. 아프리칸바이올렛, 필로덴드론, 넓고 반짝이는 잎을 가진 앤슈리엄, 스킨답서스, 몬스테라, 스파티필룸, 디펜바키아의 변종 등이 바로 그 식물들인데,[8] 대부분이 국적을 떠나 이 책을 읽는 독자들이라면 알 만한 식물이라는 것도 놀라운 점이다(그림 8-4, 8-5). 다른 나라나 대륙의 사무실과 집에도 영국과 동일한 관엽식물이 놓여 있다는 사실이 종종 신기하게 느껴진다. 아이러니하게도 우리의 화초 취향은 이국적이면서 동시에 보수적이다.

집과 온실에 이국적인 식물을 전시하는 취미는 조지 시대와 빅토리아 시대를 거쳐 20세기까지 대유행했다(그림 9-1). '응접실 야자수'는 많은 가정에서 가장 중요한 장식 요소로 떠올랐으며 남아메리카, 아시아, 아프리카에 서식하는 다양한 야자수나 양치류, 기타 튼튼한 식물을 총칭하는 용어가 되었다. 사람들의 열광은 식물 자체에만 그치지 않았다. 정물화가 벽을 장식하고, 아르누보 건축물이나 윌리엄 모리스와 같은 디자이너의 영향으로 벽지, 가구, 패브릭에도 자연 형태가 등장하기 시작했다. 중세에 인기 있었던 조각된 나무 벽판이나 창문 격자 장식과 마찬가지였다.

하지만 1950년대 후반부터 이 모든 것이 바뀌기 시작했다. 건축 자재나 실내 장식을 선택할 때 자연과 멀어졌다고 해도 과언이 아닐 것이다. 콘크리트, 석면, 강철, 플라스틱, 석고보드와 같은 소재가 등장했고, 깔끔하고 직선적이며 기능적인 디자인이 표준화되었다(그림 9-2). 집과 학교, 사무실에서 자연 소재와 자연에 착안한 곡선, 형태, 문양을 보기 어려워졌다. 실내 화분도 상당수 인조 플라스틱 식물로 바뀌었다. 전쟁으로 무너진 사회와 건축물을 재건하는 과정에서 도시 디자인에 새롭고 실용주의적인 감각이 도입되었다. 잿빛 미래가 태어난 것이다. 건축 분야에서 인간 심신의 건강이 끝장난 것은 바로 이 시기였다고 생각하는 사람들이 많다.

다행히도 모든 유행에는 반동이 따르게 마련이다. 1980년대에 와서 소위 생명 친화적 디자인이라는 형태로 자연을 실내에 되돌리려는 새로운 열망이 나타났다.[9]

생물학자 E. O. 윌슨은 1984년에 '생명 친화biophilia'라는 용어를 만들었다. 인간의 자연에 대한 선천적 애호, 심신 건강을 위해 자연 속에 머물려는 욕구를 가리키는 말이었다.[10] 이 개념은 누구나 알고 있었지만 미처 말로 표현되지 못했던 사실처럼 널리 받아들여졌다. 우리는 자연이 제공하는 물질적 혜택뿐만 아니라 신체와 정신의 웰빙에 미치는 이로운 영향을 위해서라도 자연을 보존하고 그 안에 머물러야 한다.

바로 여기서 생명 친화적 디자인이라는 개념이 나왔다. 우리가 일하고 생활하는 공간에 자연의 특징을 불어넣음으로써 자연과의 유대를 통한 웰빙을 추구한다는 것이다.[11]

2015년 스티븐 R. 켈러트와 엘리자베스 F. 캘러브리즈가 아름다운 삽화와 함께 발표한 논문에 따르면, 생명 친화적 디자인은 크게 세 가지 방식으로 구현될 수 있다. 첫째, 화분이나 그린월 등으로 자연을 직접 도입하는 것이다(그림 10-1, 10-2). 둘째, 그림이나 자연 소재, 자연의 색과 형태를 모방한 디자인 등 간접적 자연 체험을 활용하는 것이다. 셋째, 창문이 많은 개방형 사무실 설계에 탁 트인 전망이나 자연의 빛과 소리를 활용하는 식으로 실내에서도 실외의

자연에 접근할 수 있게 하는 것이다.[12]

하지만 이런 실내 자연 디자인이 확실히 건강을 증진시켜줄까? 이 책에서 쭉 설명한 시각과 청각과 촉각과 후각, 그리고 자연의 숨겨진 감각에 관한 지식을 떠올리니 제발 그러면 좋겠다. 하지만 위의 세 가지 중 어떤 방식이 가장 건강에 이로울까? 그리고 이를 어떻게 활용해야 최대의 효과를 얻을 수 있을까? 방 하나에 관상용 화분이 몇 개나 필요할까? 앞에서도 언급했듯이 마감재로서의 목재는 고도로 가공되고 시각적 웰빙 효과가 떨어지는 갈색인 경우가 많은데, 정말로 건축에 목재를 쓰는 것이 중요할까? 건강에 특별히 더 좋은 목재가 있을까? 아니면 차라리 모든 벽을 녹색으로 칠하는 편이 나을까? 자연 요소는 무조건 많을수록 좋을까, 아니면 자연 요소가 너무 많아서 오히려 방해가 되는 임계점이 있을까?

우선 세 가지 생명 친화적 디자인 방식을 차례대로 살펴보자. 자연을 직접 도입하는 실내 디자인부터 시작하겠다. 특정한 크기의 방에 화분을 몇 개나 두어야 할까? 그리고 이를 통해 어떤 건강 증진 효과를 기대할 수 있을까?

앞에서 여러 실험 결과를 통해 살펴보았듯이, 책상에 녹색 식물 몇 개만 놓아도 스트레스가 줄어들고 눈과 정신이 잠시나마 휴식을 취할 수 있다. 식물을 바라보면 인지 수행력이 향상된다. 식물은 실내 미생물 군집도 개선해줄 수 있다. 따라서 방에 화분 몇 개만 놓아도 이런 효과가 생길 가능성이 높다. 하지만 말 그대로 수백 개의 화분을 방에 들인다면, 그것도 실내 그린월 형태로 만든다면 어떨까?

실내 그린월은 지난 몇 년 동안 크게 유행한 디자인 방식이다. 그린월을 전혀 못 봤거나 실외에서만 본 독자들을 위해 설명하자면, 이 구조물은 기본적으로 살아 있는 녹색 식물과 이끼 화분으로 이루어지며 보통 바닥에서 천장까지의 벽에 수직으로 배치된다. 그린월에 쓰이는 식물은 앞서 언급했듯 실내에서 흔히 키우는 열대 식물이나 양치류와 비슷한 종류다. 일반적으로 식물을 배지에 심어 만들며 급수 시스템도 내장되어 있어서, 건물 안에도 충분히 살아 있는 그린월을 만들 수 있다. 그린월은 개인 침실부터 전 세계의 호텔 로비, 공항, 공공 및 민간 건물에 이르는 공간들에 다양한 크기와 형태로 조성되며 확실히 눈을 즐겁게 해준다.

그린월은 대체로 미적 동기에서 만들어진다. 하지만 그린월이 실내 공기 오염을 크게 개선하고 유익한 박테리아로 실내 미생물 군집을 재조성하며, 기분과 인지 수행력을 개선하기에, 이 세 가지 측면에서 건강에 큰 영향을 미칠 수 있다는 연구 결과들이 나오고 있다.

우선 실내 공기 오염부터 살펴보자. 처음에는 나도 어째서 실내 공기 오염을 걱정해야 하는지 의아했다. 공기 오염은 실외의 문제 아닌가? 꼭 그렇진 않은 듯하다. 실내의 공기 오염도는 일반적으로 실외의 2~5배에 육박한다. 이는 환기 부족으로 세제의 화학물질이나 패브릭과 건축 자재 등에서 비롯한 내부 오염원이 공기 중에 고농도로 축적되기 때문이다. 경우에 따라서는 실내 공기 오염도가 실외의 100배에 이르는 곳도 있었다.[13] 상당히 걱정스러운 수치다.

대기 오염은 인체 건강에 매우 해롭다고 알려져 있으며 다양한 질병의 원인이 된다. 심장병, 폐암, 폐기종이나 천식과 같은 호흡기 질환이 증가하는 이유이기도 하다. 게다가 이는 폐뿐만 아니라 신경, 뇌, 신장, 간 등을 장기적으로 손상시킬 수 있다. 특히 어린이와 노인이 대기 오염에 취약한 것으로 보인다. 최근의 추산에 따르면 대기 오염은 전 세계에서 매년 700만 명의 조기 사망 원인이자 공중 보건에 가장 해로운 환경 요인 중 하나로 꼽힌다.[14] 대기 오염 감축은 우리 모두가 집중해야 할 과제임이 분명하다.

실내 공기 오염도가 높은 것은 주로 두 가지 원인 때문이다. 가구, 카펫, 건축 자재에서 나오는 미세먼지와 기타 유기·무기 물질 그리고 페인트, 바니시, 청소 세제에서 기체 형태로 나오는 휘발성 유기화합물이다. 식물은 두 가지 방식으로 이런 오염을 크게 줄일 수 있다. 첫째로 잎에 난 미세한 털이 공기 중의 미세먼지를 가두는 필터 역할을 한다. 둘째로 잎 밑면의 작은 구멍, 즉 기공이 인공 휘발성 유기화합물을 흡수할 수 있다. 기공의 본래 역할은 광합성 과정에서 식물 내부와 외부의 기체 교환을 촉발하여 공기 중의 이산화탄소를 흡수하고 산소와 물을 내보내는 것이다. 그러나 기공이 공기 중의 다른 해로운(적어도 인간에게는) 화합물, 예를 들어 아산화질소, 이산화황, 포름알데히드, 벤젠, 톨루엔 등을 흡수할 수도 있다.[15] 이처럼 식물 잎에 흡수된 화합물은 생화학적 과정을 통해 효과적으로 분해 및 해독된다.[16]

따라서 실내 식물은, 나아가 실내 식물을 여럿 배치한 그린월은 건강에 미치는 영향에 앞서 공기 중의 유해한 미세먼지와 유기 휘발성 화합물을 제거하는 중요한 천연 공기 정화 시스템이 될 수 있다. 하지만 과연 그 효과가 어느 정도일까? 공기 정화 기능을 가장 효과적으로 활용할 방법은 무엇일까? 어떤 식물을 어디에 얼마나 많이 심어야 할까? 최근 들어 완전히 새로운 연구들이 나타나고 있으며, 그중에서도 오스트레일리아 시드니 공과대학교 연구원들의 실험은 주목할 만하다.[17] 해당 연구의 목표는 다양한 녹색 구조물의 실내 공기 오염 감축 효과를 알아보는 것이었다. 연구진은 오스트레일리아 시드니의 일반 주거용 건물과 중국 베이징의 교실을 실험 환경으로 선택했다. 시드니의 주택에서는 세 개의 방에 각각 다른 구조물을 설치하고 네 번째 방을 대조군으로 삼았다.

첫 번째 방에는 화분 세 개를 놓았다. 떡갈잎고무나무, 홍콩야자(쉐플레라), '레드 콩고'와 같은 전형적인 관엽식물 화분이었다. 두 번째 방에는 1.5제곱미터 너비의 수직형 독립 구조 그린월을 설치하고 테이블야자, 스킨답서스, 떡갈

잎고무나무, 학란(워킹아이리스), 페페로미아 오브투시폴리아, 스파티필룸, 싱고니움 등 이런 구조물에 가장 많이 쓰이는 식물을 96개 심었다. 세 번째 방에는 두 번째 방과 비슷한 그린월을 설치하되, 실내 공기를 빨아들이고 배지와 식물을 통과시켜 다시 실내에 퍼뜨리도록 설계된 환풍기 상자를 부착했다. 이런 구조물을 '액티브 리빙 그린월'이라고 한다. 마지막으로 네 번째 방은 아무것도 배치하지 않은 대조군이었다.

각각의 장치로 제거된 대기 오염 물질을 정량화하기 위해 먼저 방 안에 일정한 양의 오염 물질(휘발성 유기화합물 및 미세먼지)을 투입했다.[18] 다양한 친환경 디자인 구조물의 효과를 파악하기 위해 실험이 진행되는 동안 공기 중 두 가지 오염 물질 농도를 특수 장비로 계속 관찰했다.

그 결과 뚜렷한 차이가 나타났다. 실험 시간이 36분밖에 안 되었음에도 불구하고, 식물이 공기를 빨아들이는 액티브 그린월을 설치한 방은 대조군에 비해 공기 중 휘발성 유기화합물과 미세먼지 농도가 최대 75퍼센트까지 감소한 것으로 나타났다. 일반 그린월도 대조군에 비해 공기 중 두 가지 오염 물질의 수치가 낮아지긴 했지만 액티브 그린월만큼 극적인 변화는 아니었다. 유감스럽게도 화분 세 개를 놓은 방은 대조군과 사실상 거의 차이가 없었다. 하지만 그렇다고 엽란 화분을 내다 버릴 필요는 없다. 앞에서 설명했듯이 이런 식물은 다른 식으로 우리의 건강에 이로우니까!

위의 실험은 빈 방에서 진행되었다. 그렇다면 이제는 번잡한 일상 공간에서도 같은 효과가 나타나는지 확인할 차례다. 연구진은 베이징의 학교 교실에서 동일한 실험을 수행했다. 다시 한 번 일반적인 교실의 공기 오염도와 급수장치가 내장된 독립 구조 그린월을 설치한 교실의 공기 오염도를 비교했다. 이번에도 실험 시간 20분 만에 뚜렷한 변화가 나타났다. 그린월이 있는 교실에서는 공기 중 휘발성 유기화합물이 28퍼센트 감소하고 미세먼지가 43퍼센트 감소했다. 교실에 그린월을 설치하면 공기 질이 크게 개선되고 아이들의 건강이 증진될 것이라고 추정할 수 있다.

교실에 대형 그린월을 설치함으로써 아이들이 누릴 수 있는 또 다른 효과는 없을까? 앞에서 살펴봤듯이 교실 창문으로 초목을 내다볼 수 있는 아이들은 인지 수행력이 향상되는 경우가 많다.[19] 그렇다면 실내 그린월에도 이런 효과가 있을까? 실내 그린월의 이런 효과를 구체적으로 조사한 연구는 아직 몇 건에 불과하지만, 최근 적어도 아이들에게는 정말로 효과가 있다는 예비 연구 결과들이 나오고 있다.[20] 예를 들어 네덜란드의 두 학교에서 4개월 동안 아이들의 주의력과 정서적 웰빙을 측정한 연구가 있다. 그린월이 있는 교실에서 공부한 아이들은 그린월이 없는 교실에서 공부한 아이들보다 선택적 주의력•이 훨씬 뛰어났다. 선

• 여러 정보 중 중요한 것에 집중하는 능력.

택적 주의력은 학습 과정에 필수적인 것으로 알려진 만큼 이는 매우 중요한 연구 결과다. 이런 추세가 장기적으로 지속된다면 그린월이 있는 교실에서 공부한 아이들의 성적이 더 좋아질 것이다. 또한 그린월은 학습 및 학교와 관련하여 아이들의 행복감과 정신적 웰빙을 전반적으로 향상시키는 것으로 나타났는데, 최근의 정신건강과 청소년 문제를 고려하면 이 역시 주목할 지점이다.[21]

나의 마지막 의문은 그린월이 실내 환경 미생물 군집에 미치는 영향이었다. 7장에서 살펴본 것처럼 접란 화분 하나만으로도 실내 미생물 군집이 개선되는 효과가 있다. 그럼 벽 전체에 접란이나 다른 식물을 빽빽이 심으면, 혹은 여러 종류의 식물을 조합해 심으면 어떨까?

솔직히 이 의문을 해결해주는 연구가 있을 거라고 기대하진 않았다. 이 주제가 주목받기 시작한 것도 아주 최근의 일이니 말이다. 그런데 2022년에 핀란드 천연자원연구소 과학자들이 수행한 놀라운 실험이 있었다.[22] 이 실험은 20일에 걸쳐 진행되었다. 참가자들은 전형적인 도심 건물에서 액티브 그린월(실내 공기를 빨아들여 식물을 통해 도로 뿜어내는 벽)이 있는 사무실 혹은 그린월이 없는 사무실(대조군)에 앉아서 일했다. 그리고 실험 0일, 14일, 28일째에 참가자들의 피부와 혈액 샘플을 채취하여 유전자 분석으로 박테리아의 다양성을 확인했다.

연구진은 모든 사무실과 업무 공간에 그린월을 설치해야

그린월이 있는 사무실과 없는 사무실에서의 피부 젖산균 풍부도

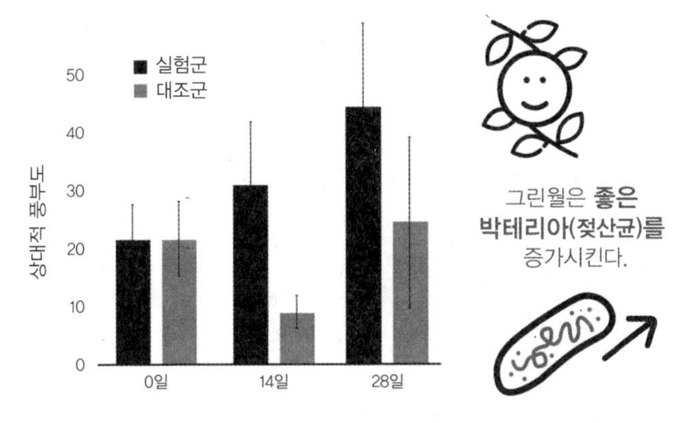

출처: L. Soininen et al.

한다는 결론을 내렸다. 그린월이 있는 방의 참가자들은 그린월이 없는 방의 참가자들과 비교했을 때 피부 미생물군이 크게 변했다. 그들에게는 피부 건강에 유익하다고 알려진 '좋은' 박테리아(젖산균)가 훨씬 더 많았다. 건강 증진이라는 면에서 더욱 중요한 것은 염증이나 염증성 질환을 유발한다고 알려진 혈중 표지자 수치가 현저히 낮아졌다는 사실이다. 이를 통해 그린월을 통과한 공기 중의 미생물을 섭취함으로써 참가자들의 장내 미생물이 바뀌고, 주요 염증 표지자를 감소시키는 생화학적 경로 변화가 일어났다고 추정할 수 있다.

이 주제에 관한 연구는 단 한 건뿐이지만, 이런 부수적 효과에 대한 증거는 매우 중요하다. 생명 친화적 디자인이 환경 미생물 군집을 크게 변화시켜 염증 반응에 영향을 미칠 수 있다는 의미니까. 많은 비전염성 질병이 염증 반응 강화와 연관된다는 점을 고려할 때, 이 분야의 후속 연구가 절실히 요구된다.

두 번째 생명 친화적 디자인은 나무와 같은 천연 소재나 자연의 색을 주로 사용하는 식으로 간접적인 자연 체험을 활용하는 것이다. 이런 디자인이 건강과 웰빙에 이롭다는 증거가 있을까?

실내 벽을 자연의 색, 특히 은은한 녹색으로 칠하면 정서적 안정 효과가 있다는 점은 이미 충분히 입증되었다. 그래서 많은 병원 대기실과 복도가 이런 색으로 칠해져 있다. 하지만 벽을 나무로 마감한 방은 어떨까? 지금까지 살펴본 연구들에 따르면 나무의 칙칙한 갈색과 거친 질감은 진정 효과가 떨어진다. 물론 6장에서 설명했듯이 나무를 만지면 진정 효과가 있다는 것은 사실이다. 하지만 방에 드나들 때 나무 벽을 쓰다듬는 사람이 얼마나 되겠는가? 그럼에도 이미 많은 연구를 통해 확인되었듯이 나무로 마감된 방은 다른 마감재를 쓴 방보다 마음을 더 차분하게 하고 눈의 피로를 줄여주며 인지 수행력을 향상시킨다.[23]

왜 그럴까? 색이 아니라면 나무의 어떤 특징 때문일까? 이에 대해서는 두 가지 흥미로운 설명이 있다. 나무의 냄새 때문일 수도 있고, 옹이나 반사율과 같은 다른 시각적 특징 때문일 수도 있다.

4장에서 살펴보았듯이, 식물 고유의 향은 꽃, 잎, 나무가 방출하는 다양한 휘발성 유기화합물로부터 나온다. 그리고 모든 식물에는 휘발성 유기화합물을 저장하고 방출하는 독특하고 다양한 구조가 있다. 예를 들어 로즈마리와 라벤더는 잎 표면의 섬모에서 기름 형태로 휘발성 휴기 화합물을 분비한다. 기름이 쌓이면 섬모가 풍선처럼 부풀어올라서 잎이 어딘가에 닿거나 바람에 흔들릴 때 향기를 발산한다. 반면 솔잎은 속이 빈 튜브 모양의 수지관을 통해 향기를 방출한다. 하지만 여기서 살펴볼 것은 잎이 아닌 줄기에 수직 형태의 수지관이 있는 식물들이다.

수지관은 특정한 종류의 나무에서만 발견되며 특히 소나무과, 아라우카리아과, 측백나무과, 나한송과를 비롯한 침엽수에 많다. 구주소나무, 유럽잎갈나무, 독일가문비나무, 은전나무, 삼나무 등 연재로 쓰이는 나무 대부분이 침엽수다. 중요한 것은 참나무, 밤나무, 너도밤나무와 같은 속씨식물군을 비롯해 경재에 속하는 나무에는 수지관이 없다는 점이다. 이는 매우 뚜렷한 차이로 이어진다. 연재가 경재보다 평균적으로 50배나 많은 휘발성 유기화합물을 배출하는 것이다.[24]

그렇다면 벽판에 쓰인 나무가 실내 공기에 방출되는 향의 종류와 농도를 결정하는 셈이다. 휘발성 유기화합물은 공사 이후로도 수년 동안 실내 공기 중에 존재할 것이다. 그 농도가 우리가 의식하기 어려울 만큼 낮다고는 해도 말이다.[25] 앞에서 살펴보았듯이 침엽수는 특히 생리적·심리적 안정을 유도한다고 알려진 테르펜(피넨과 리모넨)을 방출한다. 그렇다면 사무실과 기타 공간 마감에 쓰이는 목재도 건강에 이로운 휘발성 유기화합물을 방출할까?

일본 이바라키에 있는 임업 및 임산물 연구소의 두 과학자 마츠바라 에리와 가와이 슈이치는 이 질문에 대답하기 위해 교묘한 실험을 수행했다.[26] 삼나무로 마감한 방과 나무 이외의 소재로 마감한 방에서 시험을 본 사람들을 비교한 것이다. 실험 전에 양쪽 방의 실내 공기를 측정한 결과 뚜렷한 차이가 있었다. 삼나무로 마감한 방에서는 휘발성 유기화합물이 고농도로 검출되었다. 참가자들은 두 개의 방 중 하나에서 30분 동안 불안감을 높이기 위해 특별히 고안된 수학 시험을 치렀다. 연구진은 참가자들이 마감재를 볼 수 없게 벽 앞에 커튼을 쳤다. 흥미로운 결과가 나왔다. 대조군 방에서 시험을 본 참가자들은 스트레스 수준(타액 내 아밀라아제로 측정했다)이 급상승한 반면, 삼나무로 마감한 방에서 시험을 본 참가자들에게는 큰 변화가 없었다. 이 예비 실험에 따르면 기존 실험들에서 확인된, 나무로 마감된 방의 진정 효과는 특정한 종류의 목재가 방출하는 휘발성 유기화합물 때문일 수 있다.

하지만 목재를 눈으로 보기만 한다면 어떨까? 일부 연구에 따르면 특정한 목재의 냄새뿐 아니라 시각적 특징도 건강에 긍정적인 영향을 미치는 듯하다. 실내 마감용 목재는 옹이와 같은 자연적 원인으로 인해 표면에 미세한 요철이 많다. 요철은 목재의 외관에 영향을 줄 뿐만 아니라 표면에 닿는 광파를 굴절시킨다. 따라서 목재는 광택이 있고 매끄러운 인공 소재 마감재에 비해 자외선이나 컴퓨터 화면의 깜박임을 훨씬 적게 반사한다.[27]

몇몇 예비 연구들은 마감재로서 목재의 이런 구조적 특징이 스트레스 완화와 회복 및 눈의 피로 감소에 중요하다고 암시한다. 한 연구에서는 참가자들이 세 가지 컴퓨터 그래픽을 각각 90초 동안 바라보게 했다. 그중 두 가지는 목재를 수직 또는 수평으로 배열하여 마감한 벽 이미지였고 다른 하나는 단순한 회색 이미지(대조군)였다. 실험 참가자들에게선 나무 벽 이미지를 볼 때 생리적·심리적으로 안정되는 징후가 뚜렷했으며, 그들 자신도 나무 이미지를 '편안하고' '느긋하고' '자연스럽게' 느꼈다고 보고했다.[28] 실제로 나무를 보면 녹색 식물을 볼 때와 비슷하게 마음이 차분해진다. 주의력 회복 이론(2장을 참조하라)에서 제시된 가설처럼, 나무 인테리어의 자연스러운 느낌이 주의력을 회복시켜준다는 주장도 있다. 옹이와 같은 세부사항에 주목하게 되면서 의도적 주의 집중력이 회복될 여지가 생긴다는 것이다.[29] 목재 표면이 컴퓨터 화면과 중파장 자외선의 눈부심이나 반사를 줄여준다는 것도 나무로 마감한 방에서 작업할 때 눈의 피로가 덜한 이유로 여겨진다.[30]

인테리어 소재로서 목재의 장점이 벽에만 국한되지는

않는 듯하다. 나는 이 주제와 관련하여 놀라운 연구 결과를 발견했다. 단풍나무나 플라스틱 가구를 놓은 사무실보다 참나무 가구를 놓은 사무실에서 어려운 시험을 치른 참가자들의 스트레스가 더 빨리 감소했다는 것이다.[31] 그렇다고 가구부터 바꾸고 볼 게 아니라 후속 연구를 통해 이런 현상의 이유를 파악해야겠지만, 흥미로운 결과임에는 분명하다.

한마디로, 최근 들어 직간접적 생명 친화적 디자인이 단순한 디자인 방식 이상일 수 있다는 증거가 나타나고 있다. 생활환경에 자연 요소를 도입하면 실제 자연 풍경과 거의 비슷한 웰빙 효과를 볼 수 있다는 것이다.

여기서 스티븐 켈러트가 추천하는 실내 자연 디자인의 세 번째이자 마지막 요소로 넘어가보자.[32] 바로 인테리어 디자인을 하나의 '생태계'로 간주하는 것이다. 이런 관점에서 켈러트는 공간과 빛, 전망, 나아가 자연의 소리까지도 분리된 개별 요소가 아니라 하나의 총체로서 볼 것을 권한다.[33,34] 하지만 이 말이 구체적으로 무슨 뜻일까? 자연에서 영감을 받은 요소가 한 건물에 몇 개나 있어야 실질적인 차이가 생겨날까? 아마도 많으면 많을수록 좋겠지만 필요한 최소 개수나 혹은 다른 것보다 더 효과적인 요소가 있지 않을까? 이런 정량적 증거 자료가 있어야 신축 건물 설계 시에 유의미한 연구 결과를 권고하고 일상에서 그 효과를 누릴 수 있다.

흥미롭게도 최근 하버드 의과대학 연구진이 이런 종류의 데이터를 적절히 세분화된 데이터로 가공하기 위한 연구를 수행했다. 이들은 가상현실VR 헤드셋을 혁신적으로 활용하여 여러 개의 사무실 이미지를 만들었다.[35,36] 실제 자연 요소(식물과 그린월), 자연을 모방한 요소(식물 그림과 사진), 나무 벽 혹은 나무 형태의 조형물과 같은 '자연스러운' 형태의 가구 등을 조합하여 배치한 공간도 있었고 이런 요소가 전혀 없는 공간도 있었다(그림 10-3). 하지만 전반적으로 좁고 폐쇄적인 사무실과 개방적인 사무실의 두 종류로 나누어졌다. 참가자들은 VR 헤드셋으로 다양한 사무실을 5분씩 '방문'했다. 자유롭게 돌아다니며 가상공간을 관찰한 다음 책상 앞에 앉아서 반응 시간과 창의력을 측정하는 인지 테스트를 치러야 했다. 실험이 진행되는 동안 불안 수준을 확인하기 위한 생리적 측정도 이루어졌다.

실험 결과는 명백했다.[37] 참가자들은 개방적이고 실제 자연 요소가 있는 가상공간을 방문했을 때 가장 침착해졌다. 자연을 모방한 요소가 있는 사무실은 그다음이었다. 자연 요소가 전혀 없고 폐쇄적인 사무실에서의 테스트 성적이 최악이었다.

앞에서 설명한 모든 증거를 고려할 때 그리 놀라운 결과는 아니었다. 하지만 인지 수행력 측면에서는 다소 의외의 결과가 나타났다. 참가자들의 창의력은 개방적이고 자연 요소가 있는 공간에서 가장 크게 향상되었지만, 반응 시간을 통해 주의력을 조사하는 인지 테스트에서는 정반대 결과가 나타났다. 대조군보다 자연 요소가 있는 공간에서의 반응 시간이 길었던 것이다. 이에 관해 연구진은 세심한 집중을 요구하는 작업에는 자연 요소가 오히려 방해될 수 있을 것이라고 설명했다. 이들이 측정한 생리적 지표 중 하나인 안구 움직임 추적은 확실히 이런 설명과 부합했다. 실제 자연이나 자연을 모방한 요소가 있는 공간에서 참가자들은 이런 요소들을 바라보면서 많은 시간을 보냈다.

이 실험은 의학자, 건축가, 환경 지속가능성 연구자로 구성된 미네소타 대학교 연구진에 의해 재현되었다. 이들은 사무실 환경에 식물, 자연 풍경 사진, 새 노래 음원을 도입하고 8주 동안 참가자들의 인지 수행력, 스트레스, 생산성, 기분을 평가했다.[38] 이번에도 미묘하지만 확연한 차이가 나타났다. 참가자들은 실내에서 자연의 소리를 들으며 일할 때 하나 이상의 작업을 병행할 수 있는 인지력이 향상되었지만, 실내에 자연 요소가 너무 많으면 오히려 인지력이 떨어졌다. 연구진은 실내의 다양한 자연 디자인이 도리어 정신을 산만하게 할 수 있다는 것을 재확인했다.

이런 예비 결과에 따르면 실내의 자연 요소는 분명히 심리적 안정에 중요하지만, 실내에서 하는 일의 종류와 그것이 창의적 작업(예: 이 책 표지를 만드는 디자이너)인지 주의력이 필요한 작업(예: 오탈자를 놓칠까 봐 이 책 본문을 꼼꼼히 정독하는 담당 편집자)인지를 세심하게 고려하여 적용해야 할 것이다. 하지만 방 안에 식물을 두면 생산성이 떨어질까 봐 걱정하기 에 앞서 우리가 생명 친화적 디자인을 통해 무엇을 얻고자 하는지 파악할 필요가 있다. 점점 더 많은 연구 결과가 보여주듯이, 일상적 스트레스를 줄임으로써 건강을 여러모로 증진시킬 수 있다면 직장에서 집중력이 조금 떨어지는 것은 비교적 사소하고 감수할 만한 대가가 아닐까. 어쩌면 앞에서 언급한 정신적 '미니 휴식'의 필요성과 연결되는 이야기인지도 모른다.

마지막으로, 자연에서 영감을 받은 디자인의 잠재적 진정 효과와 관련하여 최근의 또 다른 연구를 살펴보자. 이런 연구는 평소에 스트레스가 심하지 않은 사람들을 대상으로 한다고 비판받곤 한다. 충분히 납득할 만한 비판이고, 그렇다면 기존 연구에서는 자연 디자인의 진정 효과가 제대로 파악되지 않았을 수 있다. 이 문제를 해결하기 위해 하버드 연구진은 VR 헤드셋에서 한 걸음 더 나아갔다. 이들의 두 번째 실험은 생명 친화적 실내 디자인이 스트레스가 심한 상황에서 개인의 회복에 유익한지 알아보기 위한 것이었다.[39] 연구진은 자연 요소가 있는 방에서 스트레스가 더 빨리 감소할 것이라는 가설을 세우고 실제로 그런지 확인하기로 했다.

하버드의 교수진, 교직원, 학생 등 상당한 대규모 표본(총 100명)이 실험에 참가했다. 실험을 시작하기 전에 심박수와 변이, 피부 전도도, 혈압 등 일반적인 지표를 통해 참가자들의 생리적 스트레스 수준을 측정했다. 참가자의 주관적 인 불안감을 측정하기 위해 설문지도 작성하게 했다. 참가자들은 2분간의 기억력 시험과 5분간의 수학 시험 등 스트레스를 유발하는 두 가지 과제를 완수해야 했다. 질문은 점점 더 빠르게 제시되었고 오답이 나올 때마다 버저가 울렸다. 참가자들은 분명히 스트레스를 받았을 것이다. 시험이 끝난 후 그들은 네 가지 가상공간 중 한 곳에 무작위로 배정되었다. 첫 번째 방은 자연 요소가 없었고, 두 번째 방은 푸르른 시골 풍경이 내다보이는 커다란 통유리창이 있었으며, 세 번째 방은 나무로 마감했고 그린월과 식물, 어항이 있었다. 마지막 네 번째 방은 야외 전망과 실내 자연을 모두 갖추고 있었다. 참가자들이 배정된 방에서 머무르는 6분 내내 생리적·심리적 변수가 측정되었다.

하버드의 연구자들은 자연 요소가 없는 공간보다 있는 공간에 배정된 참가자들이 하나같이 더 빨리 회복되었음을 발견했다. 흥미롭게도 세 가지 실내 환경의 효과가 뚜렷이 다르다는 사실도 관찰했다. 생리적 스트레스가 감소하는 속도는 실내 자연 요소가 있는 방에서 가장 빨랐지만, 참가자가 불안감을 가장 적게 느낀 곳은 야외 전망이 있는 방이었다.

의심의 여지가 없다. 집, 사무실, 학교에 나무나 식물 등의 실제 자연 요소를 도입하면 심신의 웰빙에 이로울 것이다. 실내에 자연을 들이기가 불가능하더라도, 자연을 모방한 이미지, 구조, 소리와 색을 업무공간과 생활공간 디자인의 필수 요소로 도입하면 거의 비슷한 효과를 얻을 수 있으니 포기하지 말자. 이런 방법도 불가능하다면 가상현실에서 이런 디자인을 보기만 해도 어느 정도 효과가 있는 듯하다.

이런 아이디어에서 한 걸음 더 나아가, 생명 친화적 VR 헤드셋을 구입하여 직장에서 스트레스를 받을 때 착용할 수도 있다. 동료들의 의아한 눈빛은 감수해야겠지만 말이다.

아직 한 가지 의문이 남았다. 이런 효과는 얼마나 오래갈까? 위의 실험들은 대부분 단기적으로, 대략 최대 8주 동안 진행되었다. 그런데 과연 장기적 효과도 있을까? 다시 말해 생명 친화적으로 디자인된 사무실, 가정, 학교에서 지내는 사람은 몇 년이 지나도 계속 건강하고 높은 성과를 낼까? 많은 사람들이 오랫동안 같은 학교, 가정 또는 업무 공간에서 살아가는 만큼 이런 요소들을 제대로 파악할 필요가 있다. 내가 아는 한 이 주제는 아직 더 많은 연구가 필요하며 바로 지금이 절호의 기회다. 생명 친화적 디자인이 일부 건물에 적용된 지 20년이 지났고, 이제는 인구 바이오뱅크를 통해 모든 개인의 의료 정보 기록을 확인할 수 있다. 이 모든 자료는 공개되어 있어서 누구든 자유롭게 통합할 수 있다.

물론 생명 친화적 디자인이 불가능한 사무실이나 일터도 있다. 공간이 부족하거나, 그린월을 조성할 만한 벽이 없거나, 창밖에 볼 만한 자연이 없거나, 식물에 물을 줄 사람이 없거나, 식물을 구입할 예산 자체가 없을 수도 있다. 그렇다면 어떻게 해야 할까? 직장을 바꾸거나 학교를 그만두어야 할까?

그보다 덜 과격한 방법도 있다. 점심시간에 가까운 곳으로 산책을 나가서 자연을 만끽하는 것이다. 하지만 어떤 종류의 자연을 얼마나 오래 만끽해야 할까? 바로 이것이 다음 장의 주제다.

실외 감각 풍경

짧은 산책의 힘

9

걷기만큼 유익한 운동도 드물다. 우리 가족에게도 걷기는 매우 중요한 일과다. 주말이면 우리는 점점 너덜너덜해져 가는, 육지 측량부에서 발행한 지도를 테이블 위에 펼치곤 한다. 개들과 한두 시간 산책할 새롭고 멋진 길을 찾기 위해서다. 녀석들에게 즐거운 산책길이란 진흙탕을 얼마나 밟을 수 있는지, 조류가 무성한 오리 연못에 얼마나 자주 뛰어들 수 있는지에 달려 있는 것 같지만 말이다. 주중에는 비교적 편하게 공원을 후다닥 한 바퀴 돌거나 버스 정류장까지 갔다 오는 것으로 산책을 끝내는 편이다.

어떤 식이든 걷기는 이롭다. 무엇보다도 기분이 좋아진다. 실제로 걷기의 효과는 강력한 임상적 증거로 뒷받침된다. 걷기는 조깅만큼 무릎 관절을 손상시키지 않으면서도 심혈관 및 폐 건강 개선, 뼈와 근육 강화, 체중 유지 등 여러 건강상의 이점이 있다고 밝혀졌다. 그뿐만 아니라 정신 건강도 개선시켜준다.

하지만 이런 건강 증진 효과도 걷는 방식에 따라 달라질 수 있다는 데 유의하자.

보통 걷기라고 하면 두 종류로 나뉜다. 첫째, 집 근처 야외에서의 규칙적인 여가 활동이나 교외로 나가 즐기는 체계적이고 본격적인 하이킹이다. 이런 걷기가 건강에 좋다는 것은 쉽게 이해할 수 있다. 둘째, 학교나 직장에 다니고 상점에 들르는 등 일과에 따르는 부수적 활동으로서의 걷기가 있다. 이런 걷기는 대부분 동네나 도심에서 이루어진다. 대체로 소음, 교통, 공해 등의 방해 요소가 따르며, 여유로운 산책처럼 이루어진다기보다는 회의를 위해 A 지점에서 B 지점으로 이동하거나, 가게 폐점 시간 전에 도착하려 하거나, 급한 전화 통화를 할 때처럼 서둘러 움직이는 경우가 많다.

두 번째 범주인 동네나 도심에서의 걷기는 건강에 좋다고 단언하기 어렵다. 도심에서의 걷기(또는 조깅)는 뼈와 근육 강화 같은 건강의 특정 측면에 이롭지만 폐 건강(공해와 관련된 호흡기 질환), 불안 수준(스트레스와 관련된 심혈관 질환), 정신건강에는 악영향을 미칠 수 있다. 도시에서의 걷기는 우리의 건강에 해로울 수 있다.

지금까지 이 책에서는 자연환경을 보고, 듣고, 냄새 맡는 상호작용만으로도 건강에 유익하다는 여러 증거를 제시했다. 따라서 더 길고 돌아가는 길이더라도 자연을 최대한 많이 접할 수 있는 산책로를 선택하여 도시환경에서 걷기의 해로운 측면을 완화해야 한다고 추측할 수 있다. 하지만 어떤 종류의 자연을 얼마나 오래 접해야 할까?

도시에는 조금만 더 계획적으로 경로를 선택하면 쉽게 접할 수 있는 이런저런 녹지 인프라가 있다. 도시 녹지는 크게 세 가지로 분류할 수 있다. 온전히 녹지로 이루어진 도시 공원, 가로수가 있는 길거리, 그리고 화단이나 창문 화분이나 외부 그린월과 같은 소규모 녹색 공간이다. 이런 녹지에는 각각 어떤 이점이 있을까? 그리고 이런 녹지에 얼마나 오랫동안 머물러야 건강에 이로울까? 이 장에서는 도시 녹지의 세 가지 종류를 살펴보겠다.

가장 먼저 짚고 갈 것은 점심시간에 길거리보다는 가까운 공원을 산책하는 습관의 장점이다. 과학적 증거는 우리가 무조건 공원으로 가야 한다고 지시한다. 같은 날씨에 같은 속도로 걷더라도 길거리보다 공원을 걸어야 생리적·심리적으로 더욱 안정되며, 그 밖에도 다양한 건강 증진 효과를 누릴 수 있다.[1] 내가 좋아하는 사례로 일본 지바 대학교의 송초롱 교수가 주도한 실험을 소개하겠다.[2]

일본 가시와 시에서 진행된 이 실험은 나이(22세 전후), 키, 체중, 건강 상태가 비슷한 남성들이 단풍나무, 목련, 벚나무, 밤나무 등 활엽수가 많은 대규모 공원 혹은 인근 길거리에서 15분간 정해진 경로를 따라 걷는 식으로 진행되었다. 길거리를 먼저 걷고 나서 공원을 걸은 사람도 있었고, 그 반대의 경우도 있었다. 참가자들은 줄곧 비슷한 보행 속도를 유지했으며, 실험 기간에 흡연이나 음주는 허용되지 않았다. 실험이 진행된 사흘간은 날씨도 동일했기 때문에 모든 참가자의 활동량이 최대한 비슷하게 유지되었다. 참가자들은 휴대용 심전계를 착용하고 걸으면서 심박수를 측정했고, 걷고 나서는 매번 기분과 불안 수준을 측정하기 위한 두 가지 설문지를 작성했다.

비교적 간단한 연구였음에도 불구하고 모든 측정 항목에서 뚜렷한 차이가 나타났다. 참가자들은 길거리보다 공원을 걸을 때 훨씬 더 차분해졌으며 부정적인 감정과 불안도 현저히 줄었다.

이 결과는 내게 전혀 놀랍지 않았다. 이 책을 여기까지 읽은 독자들도 놀라지 않았으리라고 생각한다. 지금까지 검토한 증거에 따르면 참가자들이 느낀 생리적·심리적 안정감은 공원에서 자연의 색, 모양, 냄새, 소리와 상호작용한 결과라고 추측할 수 있다. 또 다른 유망한 연구 분야는 자연 속을 거닐 때 반추를 덜 하게 되는 인간의 성향과 관련이 있다. 반추라는 단어에는 전혀 다른 두 가지 의미가 있다. 어느 사전을 인용해보겠다.

- 어떤 것에 관한 깊고 심오한 생각. '삶과 인간에 관한 철학적 반추'.
- 씹어서 새김질하는 행위.

두 번째는 소에게 맡기면 되지만, 첫 번째는 나무가 있거나 없는 도시 공간을 걸을 때 우리의 생각이 어떻게 달라지는지 이해하기 위한 흥미로운 연구의 초점이 되었다. 이 주제가 주목받은 것은 자기 성찰이 부정적이고 파괴적인 사고로 이어져 급기야 자기혐오에 이를 수 있기 때문이다. 이런 종류의 반추는 종종 우울증이나 기타 정신질환의 위험을 증가시킨다. 폭음 등의 행위는 반추를 막아주지만 그 나름대로 해롭긴 마찬가지다. 자연에 눈길을 돌리는 것이 훨씬 더 나은 해결책이다. 그렇다면 도시 산책에도 이런 효과가 있을까?

스탠퍼드 대학의 그레고리 브래트먼과 동료들은 이 질문에 답하기 위한 실험을 수행했다. 이들은 도시에 거주하고 정신질환 이력이 없는 참가자들을 무작위로 배정하여 90분간 걷게 했다. 장소는 참나무와 관목이 드문드문 자라는 대학 근처 녹지, 혹은 차량이 끊임없이 오가는 팔로알토의 4차선 도로변 거리였다.[3] 참가자들은 산책을 시작하기 전에 '반성과 반추' 설문지를 작성했고, 신경영상 촬영으로 뇌의 슬하전전두피질 혈류량을 측정했다(슬픔이나 반추에 잠기면 이 부위의 혈류량이 증가하는 것으로 나타났다). 그런 다음 참가자들이 산책에서 돌아왔을 때 동일한 검사를 실시했다.

검사 결과는 명확했다. 공원을 90분간 산책한 참가자들은 반추가 크게 줄었다고 보고했으며 뇌의 슬하전전두피질 활동도 감소한 반면, 도심을 산책한 참가자들은 이런 효과가 나타나지 않았다.

브래트먼과 동료들은 반추와 우울증 및 기타 정신질환 위험의 입증된 연관성을 고려할 때, 나무가 있는 공원을 산책한 사람들의 반추 감소를 근거로 도시화와 그에 따른 자연 체험 상실이 정신질환을 유발할 수 있다는 결론을 내렸다. 따라서 도심에서 나무와 기타 자연 요소가 있는 지역을 산책하면 신경생물학적으로 정신질환을 예방하는 중요한 부수적 효과를 얻을 수 있다.[4]

여기서 다음 질문으로 넘어가보자. 공원에서 산책에 특별히 유익한 구역이나 조경 방식이 있을까? 앞에서 설명했듯이 자연과의 상호작용에 따르는 혜택은 상당 부분 감각을 통해 발생한다. 자연 요소는 불균일하게 분포되어 있으며, 1장에서 살펴보았듯이 특별히 건강에 이로운 자연 풍경이 있다는 것도 주지의 사실이다. 그렇다면 이런 사실이 도시 경관, 특히 공원을 설계할 때 어떻게 적용될 수 있을까?

도시 공원이라는 개념은 17세기에 탄생했다. 산업혁명이 일어나면서 점점 더 많은 노동 인구가 일과 사색의 기회가 한정된 도시로 유입되었다. 시간이 흐름에 따라 도시 공원은 빈곤한 노동자 계층이 운동과 사색을 위해 도시 녹지를 이용할 수 있어야 한다는 요구와 연결되었다.[5]

영국에서는 1833년부터 제철소나 면화 공장이 있는 도시에 공원이 조성되기 시작했다. 많은 공원이 공공 기부금으로 조성되었다. 기부금을 낸 사람은 공원 주변 땅을 사서 공원이 내려다보이는 주택을 지을 수 있었고, 이에 많은 사람들이 기꺼이 지갑을 열었다.[6] 영국과 서유럽의 많은 도시에서는 이렇게 지어진 빅토리아 시대와 에드워드 시대의 대저택 상당수가 공원 옆에 우아하게 늘어서 있으며, 지금까지도 인기 있는(그리고 종종 매우 비싼) 거주지로 남아 있다.

사람들은 자연과 가까워지고 싶어하며 그 특권에 따르는 비용을 기꺼이 지불한다.

이런 공공 정원의 구조와 형태도 당시로부터 그대로 이어져온 유산이다. 그 시대의 일반적인 취향에 따라, 도시 공원은 깔끔하게 다듬어진 잔디밭 군데군데 알록달록한 화단이 가지런히 배치된 기하학적 형식으로 설계되었다. 때로는 호수, 테니스 코트, 연주회를 위한 음악당 같은 시설도 추가되었다(그림 11-1, 11-2). 영국과 유럽의 많은 공원에서 아직도 이런 시설을 종종 볼 수 있다. 초창기 도시 공원의 핵심은 규칙과 질서, 조직적이고 통제된 자연이다. 이런 곳들은 여러모로 고전주의 및 르네상스 시대 정원의 균형감과 장식성을 재현하고 있다.

그러나 여기서 유념할 것이 있다. 이와 다른 관점을 취하여 도시 외곽의 넓은 삼림과 야생지대를 보존하려 한 저명 사회운동가들도 있었다는 것이다. 예를 들어 옥타비아 힐(1838~1912)은 런던 북부의 햄스테드 히스와 팔리아먼트 힐 필즈의 개발을 막아내는 데 성공했으며, 이 두 곳은 지금까지도 런던의 주요 녹지로 남아 있다. 힐은 '그린벨트'라는 용어를 처음 사용한 사람이었으며, 도시 빈민을 위해 공공주택과 녹지 접근성을 개선하여 그들이 "삶의 질을 높이는 깨끗한 땅, 맑은 공기, 푸른 하늘의 가치"를 누리는 데 크게 기여했다. 또한 캐넌 하드윅 론즐리, 로버트 헌터 경과 함께 역사 유적과 자연 유산 보전을 목적으로 하는 단체인 내

셔널 트러스트를 공동 설립하기도 했다. 내셔널 트러스트 설립에는 동화 작가 비어트릭스 포터를 비롯한 자연주의자들의 공헌이 컸는데, 이들 역시 누구나 이용할 수 있는 녹지를 보호하고 보존하는 데 관심이 많았다.

미국 최초의 도시 공원은 좀 더 야생지에 가까웠다. 미국의 대도시가 영국이나 유럽의 대도시보다 훨씬 더 최근에, 그리고 종종 주변 공간이 훨씬 여유로운 장소에 세워졌다는 이유도 있을 것이다. 반면 영국이나 유럽의 많은 도시들은 산업 혁명기나 중세 시대 또는 고대 로마의 정착지라는 지리적으로 제한된 위치에서 유기적으로 형성되었다.[7] 하지만 미국의 공원도 영국의 공원과 마찬가지로 도시에 휴식, 사색, 레크리에이션 공간을 제공해야 한다는 문제에 대응하여 만들어졌다. 미국의 공원은 미국 자연주의의 선구자인 랠프 월도 에머슨이나 헨리 데이비드 소로의 초기 철학과 같은 맥락에 있다. 이들은 자연에서 온전한 휴식을 취하고 정신의 활용되지 않은 부분을 자극하여 움직이게 하려면 우리 자신을 자연의 야생적 측면에 맞추어야 한다고 믿었다. 따라서 도시 공원은 "상쾌한 공기와 초원, 호수가 있는 시골의 일부"로서 반드시 도심 한가운데 지어야 한다고 생각했다.

미국의 초기 도시 조경 정원사들은 이런 도시 공원 개념을 열광적으로 받아들였다. 1858년부터 뉴욕 센트럴 파크와 샌프란시스코 골든게이트 파크 등을 설계한 프레더릭로 옴스테드가 대표적인 경우다. 옴스테드는 낭만적이고 불규칙한 관목 군락으로 야생적 분위기를 자아내고 군데군데 녹지와 구불구불한 오솔길을 배치했다(그림 12-1, 13-1). 야구와 아이스 스케이트 등의 스포츠를 즐길 공간과 음악을 연주하고 들을 공간도 조성했지만, 알록달록한 화단이나 기하학적 형태에는 거의 관심이 없었다. 옴스테드의 두 공원은 오늘날에도 런던의 리젠트 파크나 빅토리아 파크와는 전혀 다른 공원으로 남아 있다.

흥미롭게도 미국식 공원과 영국식 공원 모두 본고장에서 먼 지역까지 확산되어 인기를 끌고 있다. 많은 유럽 도시에 미국의 야생적 공원을 모방한 사례가 있으며, 미국에도 보다 형식적인 유럽풍 정원이 있다(1919년 캘리포니아에 조성된 헌팅턴 식물원이 유명하다). 오늘날 세계 대부분의 대도시와 근교에서 두 가지 공원 모두를 찾아볼 수 있다.

그렇다면 어떤 도시 공원이 걷기에 더 좋을까? 야생에 가깝고 좀 더 자유로운 형태의 공원일까, 아니면 잔디밭 사이에 화단이 단정하게 배치되어 있으며 3장에서 언급했듯 건강에도 유익한 빅토리아 시대 양식의 공원일까?

딱 잘라 대답하기는 어렵다. 예를 들어 자연 풍경을 보면서 생리적 진정 효과를 느끼고 싶다면 야생적 도시 정원이 더 편안할 수 있다(그림 13-2). 적어도 미국 서부 오리건주 포틀랜드의 국립 자연의학대학교 연구진에 따르면 그렇다. 연구진은 참가자들이 야생적 공원과 정돈된 공원, 가로수

길, 고도로 도시화된 대로변 등 '자연'의 비중이 다양한 도심 네 곳을 20분씩 걷게 하고 그동안 생리적·심리적 변화를 측정했다.[8] 실험 결과 인간의 영향을 최소화하고 나무와 관목 등 자연 요소가 산재한 야생적 도시 공원에서 산책했을 때 스트레스가 가장 크게 감소했다. 두 번째로 스트레스가 감소한 장소는 산책로와 레크리에이션 시설이 있는 도시 공원이었다. 세 번째는 풍경이 대체로 인공적이지만 가로수 등 일부 자연 요소가 있는 길거리였다. 빽빽이 밀집된 인공물밖에 보이지 않는 지역에서는 산책을 해도 스트레스 감소 효과가 거의 없었다.

야생적 도시 공원의 또 다른 장점으로 새소리가 있다. 우리는 새소리를 들으면 생리적으로 안정된다. 일반적으로 야생적 공간일수록 새가 많다는 것도 알고 있다.[9] 새가 둥지를 틀고 먹이를 구할 서식지가 더 많기 때문이다. 반면 도시 공원에서 흔히 볼 수 있는 넓고 탁 트인 풀밭은 포식자를 피하기가 어려워서 작은 새들이 서식하지 않는다. 따라서 도시에서 새소리를 들으려면 산울타리와 나무가 우거진 야생적 장소까지 찾아가야(그리고 헤드폰을 벗어야) 한다.

하지만 야생적 도시 공원에 항상 스트레스 감소 효과가 있다고 가정해서는 안 된다. 나무와 관목이 너무 많으면 역효과를 내어 스트레스 수치가 높아진다는 증거도 있기 때문이다. 예를 들어 영국 서리 대학교의 버지타 가터슬레벤과 매슈 앤드루스는 연구 참가자들에게 단계적으로 점점 더 숲이 울창해지는 도시 공원 사진을 보여주었다.[10] 이들은 사진 속 숲이 울창해질수록 참가자들의 생리적·심리적 스트레스가 증가한다는 사실을 발견했고, 이런 감정 반응이 실생활에 유의미한 영향을 미치는지 확인하기 위해 후속 실험을 진행했다. 참가자들은 나무가 빽빽이 들어서서 앞이 잘 보이지 않는 환경과 나무가 드문드문하고 탁 트인 환경을 산책했다. 이번에도 분명한 차이가 나타났다. 나무가 빽빽한 환경보다 시야가 확보될 만큼 드문드문한 환경을 거닐 때 참가자들의 심박수가 현저히 줄어들고 기분과 주의력도 나아졌다.

이런 현상은 왜 일어날까? 1975년 존 애플턴은 '전망과 피신처'라는 환경심리학 이론을 제시했다.[11] 애플턴은 사람들이 특정한 환경에서 안정감을 느끼는 이유를 설명하고자 했다. 사람들은 눈에 띄지 않고 외부를 관찰(전망)할 수 있는(즉 잠재적 공격을 피할 수 있는) 환경에서 더 안전하다고 느끼며, 따라서 전망이 좋고 숨을 곳이 많은 환경을 선호한다는 것이다.

그러나 애플턴의 가설에 이의를 제기하는 사람들도 나타났다. 숨을 곳이 많은 환경은 잠재적 피해자만큼 잠재적 공격자에게도 편리할 수 있다는 것이다. 가터슬레벤과 앤드루스의 연구는 바로 이 지점에서 출발했다.[12] 이들의 연구 결과는 애플턴과 또 다른 관점을 보여주기에 매우 중요하다. 적어도 이 실험이 진행된 야생적 도시 공원의 경우, 참가자들은 전망이 좋지만 숨을 곳은 **적은**(다시 말해 공격자가 매복할 곳도 적은) 풍경에서 스트레스가 줄어들고 마음이 안정된다고 느꼈다. 대부분의 도시 거주자가 이 결과에 공감할 것이며, 여성이라면 더욱 그럴 만하다. 나 역시 도시 공원에서 나무가 우거지고 그늘진 곳은 꺼림칙해서 피하려 한다. 도시계획가들은 공원에 나무가 많다고 반드시 정신건강에 이롭지는 않다는 점에 주목해야 한다.

한편 형식적인 공원의 경우 알록달록한 화단을 보는 것에도 긍정적 효과가 있음을 유념해야 한다. 3장에서 설명했듯이 꽃의 색과 종류가 다양한 화단을 보면 행복감이 높아지고 스트레스가 크게 줄어든다는 연구 결과가 많다.[13]

하지만 내게 있어 화단의 가장 큰 장점은 바로 향기다(4장을 참조하라). 공원 화단에서는 라벤더, 로즈마리, 민트, 장미 등 인체에 생리적·심리적으로 이로운 휘발성 유기화합물이 방출된다고 알려진 식물들을 흔히 접할 수 있다. 나는 이 책을 쓰기 위해 휘발성 유기화합물의 건강 증진 가능성을 연구하면서 꽃향기에 주목하게 되었다. 내 생각에 후각은 자연을 통한 건강 유지 방법 중 가장 유익하면서도 아직 연구가 미흡한 주제다. 우리는 특정한 식물 화합물의 냄새를 맡음으로써 면역계를 강화하고 염증과 알레르기 반응도 줄일 수 있다.[14]

꽃가루 알레르기를 일으키는 것은 식물의 향이 아니라 꽃가루 알갱이라는 점도 기억하자. 이 두 가지는 종종 헷갈

리기 쉽다(양쪽 다 코를 자극하는 만큼 충분히 혼동할 만하다). 식물의 향은 전반적으로 우리의 건강에 매우 유익하다. 따라서 야생적이든 정돈되었든 도시 공원에서 식물 냄새의 중요성이 간과되는 현실은 놀랍다. 설사 좋은 향기가 나는 구역이 있더라도 장애인을 위한 감각 정원 정도로 여겨지는 것이 보통이다. 후각이 시각이나 청각이 결핍된 사람들에게만 흥미롭고 중요하다고 생각하는 듯하다. 후각은 거의 항상 무시당해온 감각이다. 앞으로 도시 공원의 자연에서 우리의 건강을 최대한 증진하려면 가장 알록달록한 화단의 위치를 상세히 설명한 지도와 함께, 어느 달에 어느 곳에서 어떤 냄새를 맡아야 하는지 상세히 설명하는 냄새 풍경 지도도 만들어야 한다. 지금으로서는 삼나무, 편백나무, 소나무와 같은 침엽수나 향기로운 여름 화초가 자라는 공원을 산책하는 것부터 시작할 수 있다. 앞서 살펴보았듯이 이런 식물은 건강에 이로운 중요한 휘발성 유기화합물을 대량 방출한다는 게 확인되었으니 말이다.

따라서 야생적 도시 공원이든 정돈된 도시 공원이든 자연을 보고 듣고 냄새 맡는 데 따르는 이로움은 마찬가지다. 하지만 자연의 숨겨진 감각인 환경 미생물 군집은 어떨까? 우리의 피부와 장내 미생물군을 조사한 초기 실험들은 도시 지역별로 미생물의 차이가 뚜렷하며 생물다양성이 높은 지역일수록 미생물 군집도 다양하고 유익하다는 것을 분명히 드러냈다. 하지만 이 발견을 도시 공원의 설계와 활용에 적용할 수 있을까? 그리고 이런 관점에서 보면 어떤 종류의 공원이 더 유익할까?

이에 관한 연구는 지금까지도 드물지만, 2021년 오스트레일리아 애들레이드의 도시 공원에서 이루어진 연구에 따르면 생물다양성이 풍부한 환경 미생물 군집과 접촉하려면 공원에서도 야생적인 구역으로 가고 탁 트인 풀밭은 피해야 한다고 한다. 이 예비 연구에서는 풀밭, 맨땅, 유칼립투스 나무와 관목이 있는 덤불숲 등 세 가지 서식지를 평가했다.[15] 이 연구에서 참신한 부분은 환경 미생물 군집의 수직적 계층화 측정이다. 연구진은 박테리아 군집을 포착하는 아가로스 겔이 담긴 페트리 접시를 각각 0.5미터, 2미터, 5미터 높이(앞의 두 수치는 유아차를 탄 아이와 건장한 성인의 키에 해당한다)에 고정할 수 있는 목재 구조물을 제작했다. 이런 방식으로 지면과 초목 위쪽의 환경 생물상生物相을 모두 측정할 수 있었다. 이런 수직적 계층화를 파악해야 하는 이유는, 박테리아가 피부와 호흡기에 가까울수록 인체에 흡수되어 장내 미생물 군집의 일부가 될 가능성이 높기 때문이다.

이 연구를 통해 서식지 유형과 지면에서의 높이에 따라 미생물군 구성이 크게 달라진다는 것이 밝혀졌다. 가장 다양하고 수직적으로 계층화된 군집은 유칼립투스 나무와 관목 서식지에서 발견되었다. 또한 나무가 빽빽하여 수관이 밀집될수록 미생물 다양성이 높다는 상관관계도 발견되었다. 반면 미생물 다양성이 가장 낮은 서식지는 풀밭에 있었다. 풀밭의 미생물 다양성은 최하 수준이었으며, '좋은' 박테리아가 다양하고 풍부한 관목 서식지와 달리 질병을 일으키는, 즉 식별 가능한 병원성 박테리아가 많은 것으로 밝혀졌다. 풀밭에서는 공기 중 미생물 군집의 수직적 계층화도 발견되지 않았다(어차피 병원성 박테리아라서 다양하다고 좋을 것도 없겠지만 말이다).

나는 앞에서 도시 공원의 냄새 풍경 지도를 만들어야 한다고 주장했다. 이 예비 연구를 보면 그와 더불어 유익한 환경 생물상이 풍부하게 존재하는 영역을 나타낸 지도를 만드는 것도 고려할 필요가 있다. 뒤집어 말하면 도시 공원의 환경 생물상을 개선할 길을 찾아야 한다는 뜻이기도 하다. 다소 억지스럽게 들릴 수도 있겠지만 이미 미생물 군집 재조성 가설에서 제안한 내용이다.[16] 미생물 군집 재조성 가설은 도시 녹지에 다양한 생물 서식지를 복원하면 환경 미생물 군집도 다시 야생화되어 인간의 질병을 직접적으로 예방할 수 있다는 주장이다. 꽤나 과감하지만 내가 보기에는 진지하게 받아들일 만한 이론이다. 8장에서 설명했듯이 환경 미생물 군집과의 접촉에 따른 건강 증진 가능성을 고려하면 더욱 그렇다.

하지만 미생물 군집 재조성이 실제로 가능할까? 이 가설을 제시한 애들레이드 대학교의 제이컵 밀스와 동료들은 그렇다고 확신한다. 연구진은 토착 식생으로 과거의 풍경을 복원한 결과 토양 미생물도 되돌아왔다고 밝혔다. 불과

8년 만에 미생물 군집이 훨씬 다양하고 풍부해진 것이다.

야생적이든 정돈되었든 간에 도시 녹지를 거닐면 오감을 통해 반응이 일어나고 이로운 효과가 생겨나는 것으로 보인다. 도시계획가와 조경사는 도시 녹지를 설계할 때 이런 측면과 함께 공기 질, 레크리에이션과 사회적 교류 공간, 야생 동식물 연결성 등의 요소를 적극 고려할 필요가 있다.

또 다른 중요한 질문이 있다. 도시 공원을 얼마나 오래 거닐어야 할까? 일주일에 한 번 10분간 공원을 한 바퀴 도는 걸로 충분할까, 아니면 그 정도로는 부족할까? 그렇다면 얼마나 오래, 얼마나 자주 걷는 게 좋을까? 최근의 연구들은 놀랍도록 명확한 권고사항을 제시한다. 건강과 웰빙 효과를 극대화하려면 한 번에 20분 이상 자연 속을 걷고 일주일에 최소 120분 자연을 만끽해야 한다는 것이다.[17]

위의 20분이라는 수치는 미시간 대학교의 메리 캐럴 헌터와 동료들의 연구에서 비롯되었다.[18] 연구 목표는 자연 속에서 산책하는 거리에 따른 스트레스 감소 정도를 확인하는 것이었다. 참가자들은 모두 비슷한 연령대(50세 전후)의 교직원이었으며, 8주 동안 일주일에 세 번씩 자연 체험(앉거나 걷거나 두 가지 자세를 혼합하여)을 해야 했다. 이 연구는 가능한 한 평소 생활과 비슷해야 했기에 참가자들은 8주 동안 산책할 시각과 시간을 스스로 결정했다(낮 동안에 10분 이상 산책하기만 하면 되었다). 다양한 산책 시간에 따른 스트레스 감소를 측정하기 위해 산책 전후에 참가자들의 타액을 면봉으로 채취하여 코르티솔과 아밀라아제를 측정했다. 앞서 언급했듯이 두 가지 모두 스트레스를 측정하는 임상 척도로 알려져 있다. 실험 결과는 흥미로웠다. 참가자들의 산책 시간은 네 가지 시간대(7~14분, 15~20분, 21~30분, 30분 초과)에 비교적 고르게 분포되어 있었지만, 타액 내 코르티솔과 아밀라아제 수치는 시간대에 따라 뚜렷이 달라졌다. 연구진의 예상과 달리 자연 속에서 보내는 최적의 시간은 20~30분 사이였다. 산책 시간이 이보다 짧으면 스트레스 감소 정도가 확연히 줄어들었다. 반대로 더 오래 산책하면 스트레스가 감소하긴 했지만 감소 속도가 크게 떨어졌다.

또 다른 흥미로운 발견은 참가자들이 앉아 있거나 앉았다 걸었다 할 때 스트레스 척도인 타액 내 아밀라아제가 가장 많이 감소했다는 것이다. 오히려 걷거나 뛰기만 했을 때보다 스트레스가 더 많이 감소한 것이 확인되었다. 일회성 연구임을 감안할 때 이런 결과는 어디까지나 예비적인 것으로 받아들여야 한다. 나 역시 달리기를 즐기는 사람에게 가만히 앉아 있는 편이 스트레스 해소에 더 좋을 거라며 참견할 생각은 없다. 달리기는 그 외에도 여러모로 건강에 이로우니 말이다. 그렇다 해도 달리기나 시골 산책 중에 가끔씩 앉아서 쉬고 싶은 사람에게는 희소식일 것이다. 이 예비 연구는 누구든 20분 정도 자연을 만끽하는 것만으로 건강을 증진시킬 수 있다고 암시하며, 삼림욕에 관한 최근의 여러 연구와도 대체로 일치한다.[19] 즉 도시에서의 '공원욕'도

삼림욕과 비슷한 효과가 있는 것으로 보인다.

자연을 한 번에 20분 이상 만끽해야 한다고 치자. 그렇다면 이런 시간을 일주일에 몇 번이나 가져야 할까? 영국 엑서터 대학교의 매슈 화이트와 동료들은 '일주일에 120분'이라는 연구 결과를 내놓았다.[20] 이들은 '자연환경 참여 모니터Monitor of Engagement with the Natural Environment Survey'라는 대규모 설문조사 데이터를 교묘하게 활용했다. 이 설문조사는 영국 정부가 매년 국가 통계의 일환으로 실시하며, 52주 동안 전국에서 매주 4,000여 명을 대상으로 진행된다. 지난 일주일 동안 자연 속에서 얼마나 자주, 그리고 얼마나 오랜 시간을 보냈느냐는 질문이 있으며, 건강 상태 자체평가(좋다/나쁘다)와 주관적 행복도(높다/낮다)에 관한 질문도 있다. 2014년부터 2016년까지 약 20,260명의 설문조사 데이터를 바탕으로, 연구진은 이들의 건강 및 웰빙 관련 응답을 일주일 동안 자연 속에서 보낸 시간(60분 단위로 반올림), 빈도, 기간과 비교할 수 있었다. 그 결과 일주일 동안 자연 속에서 120분 이상을 보낸 사람은 건강 상태가 좋고 행복도가 높다고 응답한 비율이 확연히 높았다. 자연 속에서 보낸 시간이 120분 미만인 사람은 이런 상관관계가 없는 것으로 나타났다. 긍정적인 상관관계는 120분을 넘어서도 계속되었고 200~300분에서 최고조에 달했는데, 다시 말해 자연 속에서 보낸 시간이 200~300분을 넘어서면 긍정적 효과가 점점 감소한다는 것이다.

이 연구에서 흥미로운 점이 또 하나 있다. 120분 이상의 자연 체험은 한꺼번에 길게 이루어지든 짧게 여러 번 이루어지든 상관없는 것으로 보였으며, 이런 추세가 연령과 건강 상태를 막론하고 노인과 만성 질환자를 포함한 모든 사람들에게 일관적으로 나타났다는 것이다. 주거지 근처에 녹지가 거의 없는 사람의 임계점도 120분 이상으로 동일했는데, 아마도 이런 사람들은 녹지에 접근하기 위해 먼 길을 가야 했을 것이다.

이제 도시에서 종종 접할 수 있는 마지막 자연 요소인 가로수와 수직형 그린월로 넘어가자. 이런 디자인에는 어떤 건강상의 이점이 있을까?

인류는 초기 문명 시대부터 도시에 가로수를 심어왔다. 가로수를 공공정책으로 보호했다는 명확한 증거는 기원전 1755년까지 거슬러 올라간다.[21] 고대 근동에서 가장 길고 체계적이며 잘 보존된 법전인 바빌로니아의 함무라비 법전에는 나무를 베지 말라는 조항을 포함해 여러 관행과 금지 사항이 언급되어 있다. 이 주제를 연구하면서 조상들이 자연의 중요성을 얼마나 잘 알았는지 몇 번이나 실감했다.

가로수가 여러모로 유익하다는 것은 충분히 입증된 사실이다. 가로수는 지속 가능한 거리 장식이자 친환경 디자인일 뿐만 아니라 그늘을 제공하고 도시 열섬을 감소시키며 대기 오염을 줄이는 천연 환경 솔루션이기도 하다.[22] 가로수로 쓰이는 수종은 세계적으로도 얼마 되지 않으며, 잎 모양이 예쁘거나(은행나무) 대기 오염에 강하거나(플라타너스) 열과 바람을 잘 견디거나(돌배나무) 가을 단풍이 아름답거나(단풍나무) 한여름에 좋은 향기가 나는(피나무) 것과 같은 유용한 특징이 있다(그림 14-1, 14-2, 14-3).

그러나 가로수는 도시계획가에게 골치 아픈 존재가 될 수도 있다. 자동차 창문에 달라붙는 끈끈한 수액, 도로 포장을 뚫고 나오거나 담장을 훼손하는 뿌리, 알레르기를 유발하는 꽃가루 때문이다. 대기 오염 관리에 있어서도 가로수의 역할을 과대평가해서는 안 된다. 중앙 분리대와 같은 곳에 가로수를 심으면 오염 물질을 가두어 농축시킴으로써 도로 환기를 방해하는 역효과가 발생할 수 있기 때문이다(이를 협곡 효과라고 한다).

가로수가 많을수록 호흡기 질환, 특히 소아 천식이 줄어든다는 주장을 받아들이는 것에도 신중을 기해야 한다. 알레르기 반응을 유발하는 가로수도 있기 때문이다. 실제로 지금까지의 연구들을 체계적으로 검토한 결과 '가로수가 많을수록 소아 천식 발병률이 낮아진다'는 고정관념이 뒤집혔다. 많은 연구에서 이런 연관성이 확인되지 않았기 때문이다.[23] 놀랍게도 현재로서는 도시의 나무가 대기질을 개선하여 천식을 감소시킨다는 과학적 합의는 없는 것으로 보인다. 따라서 적재적소에 적당한 수의 나무를 심는 것이 중요하다.

이는 건강에 있어서 당연해 보이는 결론에 너무 쉽게 안

주하면 안 된다는 경고라고 하겠다. 또 한편으로 가로수의 호흡기 건강과의 연관성에만 주목하지 않도록 유의해야 한다. 가로수와 다른 건강 분과의 긍정적 상관관계를 뚜렷이 보여주는 연구도 여럿 나오고 있으니 말이다. 예를 들어 캐나다의 호숫가 도시 토론토처럼 가로수가 많은 지역에서는 심혈관 질환과 정신질환 발병률이 현저히 낮다는 대규모 표본 연구가 수차례 발표되었다.[24]

토론토는 여러 면에서 모범적인 도시지만, 이 책에서 주목할 지점은 가로수에 대한 이해도다. 토론토에는 시내 공유지에 자라는 530,000여 그루 각각의 위치와 수종을 정리한 '토론토 가로수 데이터 세트'가 존재한다. 무려 31,109명의 건강 기록을 아우르는 탁월한 개인 건강 및 인구 데이터 세트 '온타리오 건강 연구'도 있다. 시카고 대학교 연구진이 이 두 가지 데이터 세트로 가로수 밀도와 해당 지역 거주자들의 건강 상태를 비교하자 몇 가지 명확한 결과가 드러났다.[25] 심혈관 건강과 가로수 밀도는 긍정적 상관관계가 있었는데, 다시 말해 어떤 지역의 가로수가 많을수록 거주자들의 심혈관 대사질환 발병률이 낮다는 것이다. 주관적 건강과 안정감도 가로수 밀도와 긍정적인 상관관계를 보였다. 이런 결과는 다른 사회경제적·인구학적 요인을 감안해도 통계적으로 유의미하게 유지되었다.

토론토 연구가 발표된 2015년 전후로 런던의 정신건강과 가로수를 조사한 또 다른 연구가 공개되었다. 연구진은 여기서도 긍정적 상관관계를 발견했다. 이들은 도시의 가로수 밀도와 항우울제 처방의 연관성을 조사했다.[26] 런던은 33개 자치구로 나뉘는데, 영국 국민건강보험공단에서 공개하는 각 자치구의 데이터를 통해 한 해 동안의 항우울제 처방 건수를 상세히 확인할 수 있다. 또한 자치구별 가로수 위치와 수량 데이터도 있어서 모든 거리의 가로수 밀도를 계산할 수 있다. 실업률, 각 자치구의 인구 평균 연령, 흡연자 비율 등 다른 요인을 고려해도 여전히 강력한 역관계가 나타났다. 가로수 밀도가 높은 자치구에서 항우울제 처방률이 더 낮았다는 것이다.

관련 논문을 검색해보면 이것이 특정 도시에 국한된 일회성 연구 결과가 아님을 알 수 있다. 전 세계 다른 도시에서도 유사한 결과가 다수 발표되었으며, 가로수가 많은 지역에서 살거나 산책하는 사람들의 심혈관 질환 발생률이 낮고 정신건강도 양호하다는 사실이 밝혀졌다.[27]

하지만 왜 그럴까? 이런 연구들은 건강 상태와 가로수 밀도의 연관성을 보여주지만, 건강을 개선시키는 인체 변화는 보여주지 않는다. 이 책에서 계속 살펴보았듯 우리 주변의 자연을 보고 듣고 냄새 맡는 것이 생리적·심리적 건강에 이롭다는 수많은 증거를 생각해보면, 이런 연관성은 자연과의 다양한 상호작용에서 나온다고 말해도 될 것이다. 하지만 어떤 상호작용이 필요한지, 가로수가 많은 지역에서 얼마나 오래 살거나 산책해야 하는지는 아직 불명확하다. 이는 분명 후속 연구가 필요한 주제다. 일단 이 장 첫머리에 소개한 것처럼 공원과 길거리에서의 산책을 비교하는 연구가 더 나왔으면 한다. 예를 들어 가로수가 있는 거리와 없는 거리를 걸을 때 어떤 생리적·심리적 차이가 나타날까? 내가 아는 한 아직 이 문제를 상세히 파헤친 연구는 없지만 하루 빨리 조사해야 할 문제임은 분명하다.

그래도 비슷한 주제의 흥미로운 연구가 하나 있긴 하다. 집 주변의 나무 및 관목(이 연구에서는 높이 0.7미터 이상인 개체로 제한했다) 수와 우울증, 불안 및 스트레스 수준의 연관성을 조사한 연구다. 대니얼 콕스와 동료 연구원들은 개인 주택 주변의 나무와 관목 비율을 높이면 스트레스가 감소하는지, 감소한다면 그 정도는 얼마나 되는지 조사했다. 이 연구는 영국 남부의 세 인접 도시 밀턴킨스, 루턴, 베드퍼드를 아우르는 일명 '크랜필드 삼각지대'에서 이루어졌다. 해당 지역 거주자 263명이 정신건강(우울증, 불안, 스트레스) 자체평가 설문지를 작성했고, 응답 내용을 이들의 집 반경 250미터에서 높이 0.7미터 이상의 나무와 관목이 자라는 면적의 비율과 비교했다.

조사 결과는 명백했다. 빈곤과 소득 등의 다른 변수를 고려하더라도, 집 주변 토지 면적의 최소 20~35퍼센트에 나무와 관목이 자라는 경우 우울증, 불안, 스트레스를 겪는 비율이 현저히 낮았다.

콕스와 동료들은 이 데이터를 근거로 모든 참가자의 집

주변 토지 20퍼센트에 나무와 관목이 자란다면 크랜필드 삼각지대의 우울증, 불안, 스트레스 증상이 최대 4분의 1까지 줄어들 것이며, 따라서 영국의 연간 우울증 의료비도 0.5억 파운드에서 26억 파운드까지 절감될 것으로 추정했다.[28] 도시에서 자연의 가치를 무시하기 쉬운 정책 입안자들도 솔깃할 놀라운 절감 효과다. 나무는 주민들을 덜 아프게 하여 비용을 절약해준다. 이 두 마리 토끼를 모두 잡을 기회를 외면할 정치인이나 도시계획가가 있을까?

건강 증진 효과와 관련하여 분석할 마지막 도시 자연 인프라는 세계적으로 급증하고 있는 그린월이다. 그린월은 앞장에서 설명했듯 수직 벽에 식물을 재배하는 구조물이며 크게 두 종류로 나뉜다. 벽 아래 흙에 덩굴 식물을 심어 격자를 타고 올라가게 하거나, 화분 상자에 심은 식물을 벽 틀에 끼워 넣는 것이다. 두 종류 모두 일반적으로 수직 그린월이라고 불린다. 아직 그린월이 드문 도시도 많지만, 세계적으로는 그린월의 수와 점유 공간이 빠르게 증가하는 추세다. 싱가포르는 현재 그린월 유행을 선도하는 국가로, 2030년까지 건물의 80퍼센트를 그린월로 덮는다는 목표를 달성할 것으로 보인다(그림 15-1). 하지만 세계 최대 규모의 단일 그린월은 카타르의 칼리파 애비뉴에 있으며 무려 7,000제곱미터에 달한다. 한편 세계에서 가장 높은 그린월은 콜롬비아 메데인의 주거용 건물 측면에 92미터 높이로 조성되어 있다(그림 15-2).

수직형 그린월은 최근에 생겨난 것처럼 여겨지지만 사실 1930년대 미국에서 발명되었다. 최초의 수직형 그린월은 일리노이 대학교 조경학과 교수였던 스탠리 하트 화이트가 개발했다. 그는 일리노이의 자기 집 뒷마당에서 일명 '식물 벽돌'이라는 시제품을 만들었다. 그러나 최초의 수직형 그린월은 훨씬 오래전 고대 바빌론(현재의 이라크)에 세워졌다고 주장하는 사람들도 있다. 기원전 600년경 바빌로니아 왕 네부카드네자르 2세가 고국의 다양한 식물과 야생동물을 그리워하는 왕비를 위해 벽돌 테라스에 식물을 엮어 대형 공중정원을 만들었다는 전설이 있기 때문이다. 아마도 이것이 최초의 수직형 그린월이었을 것이다. 적어도 나는 그렇게 믿고 싶다. 어떤 이야기에서든 로맨스가 빠지면 섭섭하니까.

그린월에 어떤 식물을 심어야 할지는 내부 급수 시스템 유무와 해당 지역의 기후에 따라 달라진다. 기후가 따뜻하고 온화하며 그린월에 내부 급수 시스템이 있다면 토종 꽃식물, 튼튼한 열대 관엽식물, 파인애플 등이 적합하다. 하지만 그린월에 내부 급수 시스템이 없거나 기후가 혹독한 지역이라면 풀, 담쟁이, 양치류, 다육식물, 이끼 등 가뭄과 서리와 더위에 강하다고 알려진 식물을 심는 게 좋다.

수직형 그린월은 주로 수평 녹지를 만들 공간이 부족한 도심에 조성된다. 따라서 조밀하게 건설된 지역일수록 흔히 볼 수 있다. 전 세계 여러 대도시에 수직형 그린월이 들어서고 있으며 요즘은 런던에도 내가 찾아갈 때마다 새로운 그린월이 나타나는 것 같다. 하지만 앞서 언급했듯이 수직형 그린월의 수도는 단연코 싱가포르다. 싱가포르는 무수한 녹색 잎으로 뒤덮인 초고층 건물들이 만들어내는 경관으로 유명하며 종종 '가든 시티'라고 불린다. 2009년 이후 싱가포르 정부의 강력한 지원과 재정적 인센티브로 여러 상징적인 고층 건물들이 녹지화되고 그린월 설치가 급증했다. 최근까지 수직형 그린월의 장점에 대한 연구는 온실가스 제거와 대기 오염 감소라는 기능에 집중되었다.[29] 이제는 수직형 그린월이 이런 기능을 할 뿐만 아니라 주변 대기의 미세먼지 농도를 크게 감소시킨다는 점도 거의 확실해졌다. 또 하나 흥미로운 점은, 식물의 종류가 다양할수록 더 많은 미세먼지를 포집하는 경향이 있는 듯하다는 것이다.[30]

그렇다면 대기 오염 감소 말고도 그린월에 따르는 건강 증진 효과가 있을까? 이 주제를 다룬 연구는 아직 드물지만 그럼에도 흥미로운 사실들이 드러나고 있다.[31] 수직형 그린월을 바라보면 녹색 지평선을 바라볼 때와 동일한 생리적·심리적 안정 효과가 있다고 한다(1장을 참조하라). 중국 통지 대학교에서 모하메드 엘사덱과 동료들이 1.5미터 떨어진 수직형 그린월과 평범한 벽돌담을 5분씩 바라본 참가자들의 뇌 활동, 심박 변이, 피부 전도도, 기분과 불안 수준 자체평가를 비교했을 때 확연한 차이가 드러났다.[32] 벽돌담을 볼 때는 나타나지 않았던 생리적·심리적 안정감이 수직형 그린월을 볼 때는 모든 지표를 통해 뚜렷이 확인되었다.

물론 이런 상관관계를 제대로 이해하려면 더 많은 연구가 필요할 것이다. 특히 그린월에 심은 식물의 종류에 따라 건강 증진 효과가 달라지는지, 또한 그린월에 환경 미생물 군집 개선과 같은 부수적 효과가 있는지도 조사해야 한다. 그러나 이런 예비 결과도 충분히 희망적으로 보인다. 점점 더 조밀해지는 도시에서 수직형 녹지로도 기존 녹지의 긍정적 효과와 생물다양성을 어느 정도 대체할 수 있다는 의미니까. 1950년대와 1960년대 도시계획가들이 주택의 개념을 90도로 돌려 건물을 하늘 높이 세우기로 결정했듯이(그 결과가 항상 긍정적이지는 않았지만), 이제는 도시 공원에 있어서도 같은 방식을 고려해야 한다.

지금까지 살펴본 연구들 덕분에 나는 도시 생활을 훨씬 더 긍정적으로 생각하게 되었다. 이런 연구들에 따르면 도시에 산다고 해서 비전염성 질병에 걸리거나 정신건강이 나빠질 이유는 없다. 우리는 도시화에 따르는 최악의 영향을 피하기 위해 실내에서나 가까운 야외에서 자연의 혜택을 누릴 수 있다. 하지만 그러려면 자연을 시간이 있고 피곤하지 않을 때(도시인은 거의 항상 피곤하다) 짬을 내어 찾아가는 존재, '있으면 좋은' 존재로 여겨서는 안 된다. 매일의 일상에서, 나아가 중요하고 분주하고 경쟁적인 일과 중에도 습관적으로 자연과 상호작용해야 한다고 의식적으로 생각할 필요가 있다.

게다가 이제는 충분한 데이터를 통해 평소 산책에서 자연의 어떤 면모와 접촉해야 하는지, 일주일에 몇 시간을 걸으면 좋은지도 밝혀졌다. 이런 다양한 요소를 모두 충족하기가 어렵다면 자연의 좋은 냄새와 풍경, 소리, 숨겨진 감각은 식생이 다양한 장소일수록 찾기 쉽고 대체로 한데 모여 있다는 점에 유념하자. 우리는 이런 장소를 찾아 나서야 한다. 축구 경기장처럼 평평한 잔디밭은 건강에 이로운 효과도 없고 따분하니까 말이다.

당신이 거니는 장소의 풍경, 소리, 냄새가 직관적으로 마음에 든다면 아마도 그곳이 당신에게 좋은 영향을 미치고 있을 것이다. 시간을 내어 그런 장소를 더 많이 거닐자. 출퇴근길의 일부라도 걸어 다니자. 아이와 함께 학교까지 걸어가면서 자연을 가장 많이 접할 수 있는 경로를 찾아보자. 아이가 평생 간직할 좋은 가르침, 좋은 건강, 좋은 습관의 씨앗이 될 것이다.

정원과 텃밭에서 행복 찾기

10

식물과 감각에 관한 책에 원예 이야기가 빠질 수는 없다. 원예는 연령과 계층을 떠나 많은 사람들이 두루 즐기는 취미다. 현재 영국인의 약 42퍼센트가 원예를 즐긴다고 말한다. 미국에서도 약 55퍼센트의 가구가 원예를 한다고 응답했는데, 숫자로는 7150만 가구에 해당한다. 원예의 세계적인 인기를 가늠하는 또 다른 방법은 사람들이 이 분야에 지출하는 비용을 살펴보는 것이다. 다시 말하지만 그 액수는 놀라울 정도로 크다. 예를 들어 2020년 전 세계 원예 시장 규모는 약 1040억 달러였으며 아직도 매년 증가하고 있다.[1] 이에 비해 골프 장비 및 의류의 연간 전 세계 시장 규모는 200억~250억 달러로 추정된다.

하지만 흥미롭게도 원예의 인기는 문화권에 따라 크게 달라진다. 2017년 17개국 23,000명의 소비자에게 얼마나 자주 원예를 하는지 질문한 온라인 글로벌 설문조사에서 그 뚜렷한 차이가 드러났다.[2] 설문조사 결과 매일 또는 매주 원예를 하는 사람의 비율이 가장 높은 나라는 오스트레일리아였고 중국, 멕시코, 미국, 독일이 그 뒤를 이었다. 반면 한국은 원예 인구의 비율이 가장 낮았으며 응답자의 절반 이상은 원예를 해본 경험이 없다고 했다. 그 밖에 일본, 스페인, 러시아, 아르헨티나도 원예를 해보지 않은 사람의 비율이 높았다. 하지만 이런 수치도 2017년 이후 코로나 팬데믹으로 변화했을 가능성이 높다는 데 유의해야 한다. 많은 나라에서 봉쇄 기간에 원예를 시작한 사람이 많다는 연구가 속출했다. 영국에서도 첫 번째 봉쇄 기간에 700만 명 이상이 원예에 취미를 붙였으며, 이 수치는 지금까지 유지되고 있다.

우리는 왜 원예를 할까? 원예를 하지 않는 사람들에게는 흙을 주무르고 손톱에 진흙이 끼고 벌레를 만질 수도 있다는 것이 비위생적으로 보일 것이며, 원예를 피하는 이유로 충분할 수 있다. 하지만 영국에서 6,000명에게 왜 원예를 하는지 질문한 결과 즐겁기 때문이라는 답변이 가장 많았고[3] 전 세계 다른 여러 지역에서도 비슷한 응답이 나왔다. 다른 야외 취미 활동과 마찬가지로, 우리는 단지 즐겁기 때문에 원예를 하는 것으로 보인다.

다시 말해서, 우리는 건강에 이롭기 때문에 의식적으로 원예를 선택하진 않는 것 같다. 지금까지 원예와 건강의 관계에 주목한 수많은 연구가 이루어져왔음에도 말이다.

그렇다면 원예는 어떤 면에서 건강에 이로울까? 도쿄 대학교의 소가 마사시와 동료들이 2017년에 발표한 논문은 비슷하게 설계된 76개 연구 데이터를 표준화하여 결과를 비교하고(이런 방식을 소위 '메타분석'이라 한다) 참가자들이 경험한 다양한 건강 증진 효과를 종류와 양에 따라 평가함으로써 이 질문에 대답하려 했다.[4] 참가자들은 미국, 유럽, 아시아, 중동 출신으로 사회경제적 배경과 연령대가 다양했지만, 모든 연구 결과는 명확하고 일관적이었다. 규칙적으로 원예를 하는 사람들에게는 전반적으로 비슷한 건강 증진 효과가 있었다. 우울증, 불안, 스트레스 빈도와 기분 장애가 줄었고 인지 기능이 향상되었으며 고혈압과 체질량 지수도 개선되었다.

이런 효과가 '건강한' 사람에게만 나타나는 것이 아니라는 사실도 흥미로웠다. 많은 경우 원예에 따르는 건강 증진 효과는 기존 질환자에게서 더욱 뚜렷하며, 원예 치료를 받는 환자라면 더욱 그렇다.[5] 원예 치료란 보통 자격을 갖춘 치료사가 원예 활동을 체계적 치료법으로서 처방하는 것이다. 영국, 미국, 브라질, 한국, 대만, 일본, 중국, 네덜란드의 많은 연구 결과에서 원예 치료의 효과가 확인되었다.[6] 모든 연구에서 원예 치료 처방이 인지증[7]이나 정신분열증[8] 관련 행동을 포함하여 많은 질환에 효과적일 수 있다는 사실이 발견되었다.

내가 특별히 호기심을 느낀 것은 '치료'로서의 원예였다. 많은 나라의 공공 의료에서 '친환경 요법'이 점점 더 부각되고 있지만, 이 용어는 애매모호하게 쓰이기 쉽다. 예외라면 삼림욕 정도다. 일본에서는 거의 40년 전부터 의료인들이 자연 기반 치료로서 삼림욕을 처방해왔고[9] 이제는 전국에 공인 삼림욕 산책로가 60개도 넘는다.

일본에서 삼림욕이 자리잡고 널리 받아들여진 것은 수십

년간의 연구를 통해 의료진이 삼림욕을 처방할 수 있는 과학적 정보가 확보되었기 때문이다.[10] 의사는 다른 치료와 마찬가지로 삼림욕에 대해서도 필요한 종류와 용량, 빈도, 기간을 분석해야 한다. 삼림욕이 다른 약물이나 치료에 비해 얼마나 더 성공적인지도 처방에 중요한 정보다. 모든 치료와 마찬가지로 삼림욕도 사람에 따라서 효능이 없을 수 있으며 이런 경우 다른 치료가 필요하기 때문이다. 그리고 좋든 싫든 자연 기반 치료와 기존 약물 중 무엇을 처방할지 결정하려면 비용 문제도 고려해야 한다. 당연하게도 요양급여 적정성을 평가하는 기관에서는 특히 이런 측면을 파악하고자 한다. 동일한 효과를 더 저렴하게 얻으려면 어떤 약물이나 치료가 적합할까? 기존의 치료와 달리 삼림욕의 효과와 비용은 이제야 밝혀지고 있는 상황이다.

원예가 건강에 미치는 긍정적 영향은 이미 널리 알려져 있다. 그래서 나는 삼림욕처럼 원예에 대해서도 적정 용량, 효과, 비용 등의 데이터가 존재하는지 알고 싶었다.[11] 조사해보니 원예와 관련하여 이런 데이터를 수집하는 과정은 최근에야 시작되었으며 주로 원예 치료의 맥락에서 이루어지고 있다고 한다. 하지만 벌써부터 몇 가지 중요한 사실이 드러나고 있다.

원예 치료는 잘 알려져 있듯 다양한 신체 및 정신 건강 문제에 원예 활동을 처방하는 것이다.[12] 숙련된 치료사가 이끄는 경우도 있고, 환자가 혼자서나 자원봉사 안내자와 함께 정해진 산책로를 따라 정원을 돌아다니기도 한다.[13] 실내 원예 치료에는 화분 가꾸기나 열린 창문으로 정원을 내다보며 새소리를 듣는 수동적인 활동도 포함된다.

치료용 정원의 종류도 다양하다. 런던 큐 왕립식물원, 뉴욕 식물원 등 많은 공공 식물원에서는 운영 목적에 원예 치료를 포함시키고 원예 치료 지도 프로그램도 개발했다. 그뿐만 아니라 영국, 미국, 싱가포르, 오스트레일리아, 인도, 스칸디나비아 등의 여러 도시에 특별히 설계된 치료용 정원이 있다. 그중 일부는 의료 시설이나 공원과 연계되어 있지만 전부 그런 것은 아니다. 예를 들어 코펜하겐 대학교의 자연 기반 치료용 정원 나카디아Nacadia는 규모가 14,000제곱미터에 달하며 야생화 정원과 숲을 갖추고 있다.[14]

그렇다면 원예 치료는 기존의 약물이나 치료에 비해 얼마나 효과가 있을까? 그리고 비용 대비 더 효과적일까? 임상의와 의료 행정가는 원예 활동을 대안 치료로서 공식화하기 전에 이 질문들에 대답할 수 있어야 한다.

조경학 교수이자 건강 관련 전문가인 울리카 스티그스도터는 원예 치료의 효험과 비용을 최초로 조사한 연구자 중 하나다.[15] 스티그스도터는 '(일할 수 없을 정도로) 심한 스트레스 진단을 받은 환자에게 원예 치료가 기존의 인지행동치료CBT보다 얼마나 더 효과적일까?'라는 주제로 연구를 시작하여 중요한 발견에 이르렀다. 스티그스도터의 연구는 환자 84명을 무작위로 자연 기반 치료 혹은 인지행동치료 모임에 배정하여 10주 동안 이루어졌다. 자연 기반 치료는 코펜하겐 대학교의 치료용 정원 나카디아에서 정원사와 함께 원예 활동에 참여하는 방식으로 진행되었다. 인지행동치료는 임상 환경에서 숙련된 심리학자가 매주 두 번 한 시간 동안 진행했으며, 잘 알려진 인지 행동 스트레스 요법인 STreSS(중증 신체 스트레스 증후군에 대한 전문 치료)를 따랐다.

두 가지 치료의 효과를 측정하기 위해 참가자들은 10주 동안 심리적 안정감을 자체평가하고 신체 피로, 인지 피로, 긴장감, 무기력 정도를 확인할 수 있는 시롬-멜라메드 번아웃 설문지SMBQ를 작성했다.

실험 결과, 두 가지 치료 모두 효과적이었으며 환자 대다수가 10주 후에는 상당히 호전되어 업무에 복귀할 수 있었다. 사실상 양쪽 환자 모두 적어도 10주 내로 효과를 보았지만, 원예 치료가 비용 면에서 훨씬 저렴했다.

그러나 어느 치료든 긍정적 효과가 꾸준히 유지되어야 비용효율적이라고 말할 수 있다. 그렇다면 두 가지 치료 중 어느 쪽이 장기적으로 더 효과적일까? 나는 인지행동치료가 더 효과적일 거라고 짐작했다. 참가자들의 사고와 행동 방식을 바꾸어 문제 처리 방법을 더 명확히 훈련시킬 수 있기 때문이다. 하지만 적어도 이 연구에서는 내 짐작이 틀렸음이 확인되었다.

치료 후 12개월 동안 환자들을 추적 조사한 결과 양쪽 모두 병원을 찾는 횟수가 현저히 줄었지만, 자연 기반 치료를 받은 환자의 77퍼센트가 계속 직장에 다닌 반면 인지행동 치료를 받은 환자는 60퍼센트만이 그런 것으로 나타났다.[16] 표본 규모가 작은 일회성 연구이긴 하지만 덴마크에서만 스트레스 관련 질병 치료비가 연간 약 140억 크로네(약 3조 원)로 추정된다는 점을 고려할 때, 자연 기반 치료가 저렴할 뿐만 아니라 장기적으로 스트레스에 더 효과적일 수 있다고 암시하는 흥미로운 결과가 아닐까?[17]

하지만 비용에 초점을 맞추어 자연 기반 치료의 경제적 가치를 확인한 다른 연구들은 어떨까? 이는 매우 중요한 문제임에도 아직까지 소수의 연구자만이 다루어온 듯하다. 그러나 이 문제에 관한 연구는 거의 모두 자연 기반 치료가 기존 약물 및 치료에 비해 비용 절감 효과가 상당하다는 결론에 도달했다.[18]

예를 들어 영국 에식스 대학교의 공공 및 정책 참여 센터 소장이자 친환경 운동 연구팀장인 줄스 프리티 교수와 조 바턴 박사는 삼림욕, 원예 치료, 에코 테라피/그린 케어, 태극권의 네 가지 자연 기반 치료 중 하나에 50시간 이상 참여한 영국인 642명의 비용 대비 효과를 계산해보았다.[19] 연구진은 네 가지 활동 모두가 참가자들의 생활 만족 및 행복 점수를 크게 향상시켰다는 것을 발견했다. 프리티와 바턴은 이 점수를 활용하여 두 가지 항목을 더 계산해보았다. 첫째는 병원 진료 감소에 따른 비용 절감액(대체로 높은 행복 점수와 인과관계에 있다), 둘째는 병가 감소에 따른 소득 증가액(높은 행복 점수의 또 다른 확실한 원인이다)이었다. 여기에 자연 기반 치료를 제공하는 비용도 계산에 넣으면 자연 기반 치료를 처방하는 데 따르는 순경제 이익은 1인당 연간 최대 31,500파운드에 달한다.[20] 이는 개인 복지와 공공의료 예산 모두에 중요한 문제다.

이런 식의 비용 편익 분석은 많은 부분이 가설로 이루어져 있지만, 평소 정책 결정에 쓰이는 것과 동일한 계산법과 세부 항목과 가설에 기초하고 있다. 따라서 이 연구를 비롯해 원예 치료의 명백한 비용 편익을 드러낸 여러 연구를 보면 마음이 든든하고 묘하게 흐뭇해진다. 자연과의 상호작용이 특정한 질병에 대해서는 기존의 약물이나 치료만큼 효과적일 뿐만 아니라 비용 면에서도 효율적임이 증명되었으니까. 의료인이라면 누구나 반가워할 해결책이다.

의료로서의 원예 치료를 떠나서, 자신의 정원을 돌보는 일이 건강에 어떻게 이로운지도 살펴보자. 여기서 더 정교한 용어가 필요할 듯하다. 공원이나 치료용 정원을 찾아가는 것과 별도로 자신의 정원을 돌보는 활동을 '정원 가꾸기'라고 부르자. 우리에게 특별히 더 유익한 정원의 종류나 정원 가꾸기 방식이 있을까?

이런 질문에는 이유가 있다. 우리가 정원에 나서는 동기는 다양하며, 정원 가꾸기에는 매우 다양한 활동이 포함되기 때문이다. 우리는 아름다움을 즐기거나(관상용) 먹기 위해(식용) 식물을 키우지만, 봄에 꽃을 피우고 가을에 열매를 맺는 사과나무처럼 두 목적에 모두 부합하는 식물도 있다.

정원의 종류도 다양하다. 작게는 창가에 두는 화분부터 가정집 뒤뜰과 앞뜰, 주말농장allotment gardens(보통 집에서 떨어진 농작물 재배지), 커뮤니티 가든(보통 방치된 소규모 재개발 부지를 지역에서 인수하여 식재료나 꽃을 가꾸는 정원) 등을 떠올려볼 수 있다. 특히 커뮤니티 가든은 최근 몇 년간 세계 여러 도시에서 각광받고 있다. 이런 공간 '점유'는 지역 당국이나 토지의 법적 권리를 가진 여타 기관과의 합의하에 이루어질 수 있는데, 이를 커뮤니티 가드닝이라고 한다. 반면 당국이나 법적 권리를 무시하고 그냥 식물을 심으면 게릴라 가드닝이 된다.

리처드 레이놀즈는 게릴라 가드닝 운동의 핵심 인물이다. 그의 책은 여전히 이 분야의 주요 텍스트로 남아 있으며, 그것은 원칙적으로 해선 안 될 일을 어떻게 해야 하는지 알려주는 안내서다.[21] 레이놀즈는 자신의 웹사이트에서 "어쩌다 보니 활동가"가 되었다고 말한다. "나는 항상 공적 공간에서의 정원 가꾸기를 정상화하고, 그 긍정적 영향을 증명함으로써 궁극적으로 게릴라 가드닝이 필요 없어지는 것을 목표로 해왔다." 그는 확실히 성공했다. 레이놀즈가 최초로 게릴라 가드닝 커뮤니티를 시도한 것은 21세기 초의 "소셜 미디어가 없던 세계"로 거슬러 올라간다. 그는 다양한 프로젝트를 진행해왔으며, 그중에서도 창문이 판자로 막힌 채 철거되기만을 기다리던 리버풀 톡스테스의 케언스

스트리트 연립주택 단지에서 화분과 쓰레기통에 꽃과 나무를 심은 것으로 유명하다. 레이놀즈가 모종삽을 휘두르며 그 황폐한 거리에 들어선 지 10년이 넘었지만, 그가 만든 정원은 여전히 거기 남아 있다(그림 16-1, 16-2, 16-3).

레이놀즈의 열정에는 전염성이 있다. 그는 자신의 아이디어가 이룰 수 있고 실제로 이루어낸 효과를 명확히 인식하고 있으며, 당연하게도 자신이 성취한 바를 자랑스러워한다. 레이놀즈는 런던에서 진행한 여러 프로젝트의 이전과 이후 사진들을 내게 보내주었다. 런던 로드의 엘리펀트 앤 캐슬 지하철역 베이컬루선 출구 맞은편에 있는 잿빛 콘크리트 아파트 '페로넷 하우스' 현관, 그 근처의 향기로운 '로즈마리 아일랜드', 램버스 노스 지하철역 근처의 웨스트민스터 브리지 로드에 있는 '라벤더 필즈', 소공원과 가로수 주변과 방치된 어린이 놀이터 가장자리. 이 모든 공간이 환골탈태한 모습이었다. 심지어 당시 콘월 공작부인이던 카밀라 영국 왕비가 미소 띤 레이놀즈 앞에서 조심스럽게 가지치기를 하는 사진도 있다. 타블로이드지 〈더 선〉에 실렸던 사진이다. 그야말로 모두가 할 수 있고 모두를 위한 정원 가꾸기다. 커뮤니티 가드닝과 게릴라 가드닝 모두 전 세계 도시에서 점점 더 늘어나고 있다.

물론 모든 정원은 상호작용을 통해 우리의 건강을 증진시킨다. 이 책에서 쭉 살펴보았듯이 우리의 감각을 통해 의식적으로, 또한 우리 몸의 미생물 군집을 강화하는 숨겨진 효과를 통해 무의식적으로 말이다. 하지만 나는 우리의 건강에 더 유익한 원예와 정원의 종류가 있는지, 만약 그렇다면 그 이유는 무엇인지 알고 싶었다.

이 주제에 관심이 생긴 것은 뜬금없게도 앞뜰에 관한 연구 때문이었다. 앞뜰은 가정집 정원에서 대체로 가장 홀대받는 영역이라고 해도 과언이 아니다. 실제로 도심의 많은 앞뜰은 포장되어 정원이 아닌 주차 공간으로 쓰이는 경우가 많다. 내가 사는 동네뿐만 아니라 전 세계 모든 도시에 그런 집이 많다. 콘크리트로 포장되는 것은 앞뜰의 주차 공간만이 아니다. 아파트 단지, 병원, 양로원, 사무실, 학교 밖에서도 원래 식물이 자라던 땅을 포장용 돌과 콘크리트로 덮어 '정리'하고 있다. 이는 도시계획가에게 심각한 문제가 될 수 있다. 투수성 토양과 식생이 불투수성 콘크리트로 바뀌면 비가 올 때 훨씬 더 많은 지표수가 유입되어 국지적 홍수가 발생할 수 있기 때문이다.

이상하게 들릴지 모르지만, 앞뜰은 우리와 이웃의 건강에도 중요하다. 앞뜰을 정원으로 유지하고, 이미 포장한 주차 공간이라면 되돌리는 것이 이상적이라는 증거가 나타나고 있다. 적어도 포장된 앞뜰을 다시 정원으로 바꾸면 주변 거주자들에게 어떤 영향을 미칠지 조사한 셰필드 대학교의 조경 건축가 팀의 연구에 따르면 그렇다.[22] 그들은 영국 북부의 경제적으로 빈곤한 동네에서 헐벗은 앞뜰(약 10제곱미터) 38곳에 관상용 식물 화분을 놓고 3개월 동안 주민들의 생리적·심리적 스트레스 지표를 측정했다.[23] 또한 화분을 놓지 않은 다른 집 주민들(대조군)과의 전후 결과도 비교했다. 그 결과 앞뜰에 화분이 생긴 주민들은 대조군에 비해 스트레스가 감소하고 행복도가 높아진 것으로 나타났다. 이들은 집에 드나들면서 화분을 보면 기분이 좋아지고 활기가 생긴다고 언급했다.

앞뜰에 화분을 놓고 나서 긍정적인 관점 변화가 가장 뚜렷이 나타난 집단은 정신건강에 문제가 있는 사람들이었다는 점도 흥미롭다. 이는 도시계획에 중요한 함의를 지닌다. 건물 전면의 작은 공간에나마 식물이 있으면, 하다못해 창가에 화분이라도 놓아두면 정신적 문제가 있는 사람들의 스트레스를 쉽고도 확실하게 줄일 뿐만 아니라 전반적 행복감도 높여줄 수 있다.

그런데 왜 뒤뜰이 아니라 앞뜰일까? 내 생각에 그 해답은 연구 참가자와의 인터뷰에 잘 나타나 있다. 사람들은 앞뜰의 식물을 보고 기분이 어땠느냐는 질문에 "집에서 나갔다가 돌아올 때 기분이 좋아졌다"라고 대답했다. 앞뜰이 중요한 것은 집, 학교, 사무실, 심지어 병원에서도 출입할 때 항상 지나게 되는 공간이기 때문이다. 보통 뒤뜰을 가꾸는 데 더 많은 시간을 할애하곤 하지만 실제로는 앞뜰을 더 자주 본다는 것이다. 이웃을 비롯한 다른 사람들도 앞뜰을 더 자주 본다는 점은 말할 것도 없다. 이 연구 결과를 읽고 나면 많은 사람들이 앞뜰의 목적을 다시 생각하게 될 것이다.

사실 나도 느낀 바가 있어서 이미 우리 집 앞뜰에 새로운 화분을 잔뜩 가져다 놓았다.

하지만 우리 모두가 집에서 정원을 가꿀 수 있거나 가꾸고 싶은 것은 아니다. 그래서 도시 거주자에게는 주말농장이 필요하다.

주말농장이란 보통 도시나 다른 기관이 소유하지만 여러 사람에게 임대하여 각자 마음대로 경작할 수 있는 토지를 말한다. 주말농장의 기원은 적어도 유럽의 많은 지역에서 중세 시대까지 거슬러 올라간다. 당시에는 봉건 영주가 소유한 넓은 땅을 띠 형태로 나누어 개인과 가족이 농작물을 심을 수 있게 했고, 이런 땅은 '개방 경작지'라고 불렸다. 오늘날에도 유럽 일부 지역에서는 이런 땅을 볼 수 있다. 1990년대에 헝가리와 루마니아 북동부를 차로 지나면서 길고 가는 세로줄로 나누어진 구릉지를 보고 깜짝 놀랐다. 학부 시절 잠시 고고학을 공부하면서 개방 경작지에 관해 배웠지만 먼 옛날 얘기라고 생각했는데, 그곳에는 여전히 그런 땅이 그대로 남아 있었으니까.

오늘날 우리가 아는 주말농장은 19세기에 등장했으며, 이는 개발도상국이 산업화되면서 시골 사람들이 도시로 이주하게 된 현상과 밀접한 관련이 있다. 이주자들 상당수는 주거지가 형편없었고 가난했으며 영양실조로 고통 받았다. 따라서 빈곤과 영양실조에 대처하기 위해 주말농장이 도입되었다. 시 당국, 교회, 고용주들은 '땅 없는 빈민'과 그 가족이 직접 식량을 재배할 땅뙈기를 제공했다.

20세기 초 유럽의 많은 도시에서는 주말농장을 제공하고 개발되지 않게 보호하는 것이 법적 의무사항으로 정해졌다. 특히 1, 2차 세계대전 이후에는 귀환한 군인들로 인해 주말농장 이용이 급증했다. 오늘날에도 세계 곳곳에서 많은 사람들이 주말농장을 가꾸고 있다. 현재 영국에만 33만 개의 주말농장이 있으며(1918년에는 약 150만 개였다) 유럽 전역에는 300만 개가 넘는 것으로 추산된다.

주말농장의 규모는 다양하지만 보통 100제곱미터에서 250제곱미터 정도다. 농작물 외에 관상용 식물과 꽃을 재배할 수 있는 경우도 많다. 하지만 개인 소비를 위한 식량 외의 다른 식물 재배는 주말농장의 애초 목적과 거리가 멀다며 여전히 금지하는 나라도 있다. 최근의 또 다른 변화는 임대 자격이다. 원래 주말농장은 저소득층이나 집에 뒤뜰이 없는 사람들에게만 임대되었으나, 이제는 연령과 세대, 사회적·경제적 지위에 관계없이 누구나 주말농장을 가꿀 수 있고 실제로 그렇게 하는 사람이 많다.

내가 사는 옥스퍼드에는 주말농장이 많다. 나 자신은 주말농장을 가꾸지 않지만 그런 친구들은 많다. 텃밭 가꾸기는 시간을 상당히 많이 잡아먹는 취미다. 하지만 물론 이 책에서는 텃밭이 주는 정신적·육체적 웰빙과 건강 증진 효과가 가장 중요하다. 그래서 나는 (완전히 비과학적인) 1인 설문조사에 나섰다. 친한 친구의 친척에게 텃밭을 가꾸면 어떤 기분이 드는지 물어본 것이다. 그분의 놀라운 대답을 이 자리에 고스란히 인용해보겠다.

딱히 힘든 시기가 아니라도 텃밭 가꾸기는 치유가 돼요. 텃밭을 처음 분양받았을 때부터 활력이 생겼죠. 이 땅에 농작물이 쑥쑥 자라도록 잘 돌봐줘야 한다는 목표가 생겼으니까요. 생명을 키워내는 것만큼 경이로운 일은 없어요. 씨앗을 심고, 땅을 손으로 토닥이고, 싹이 돋아 자라나는 광경을 지켜보면 놀랍고 뿌듯하기 그지없죠. 텅 비고 헐벗었던 땅뙈기가 내 손을 거쳐 오아시스처럼 변해가는 거예요. 설사 뭔가 잘못되어 자라지 않더라도 언제나 다음 해에 다시 시도할 수 있고요. 상추나 당근이 시들어 죽는 해도 있지만 다음 해에는 또 괜찮아지거든요. 첫해 여름에 실수로 호박을 열 개씩 심었다가 수백 개를 따야 할 수도 있지만, 다 그러면서 배우는 거죠! 텃밭 가꾸기는 절대 질리지 않아요. 끊임없이 새로운 것을 발견하고 시도해야 하니까요. 꺾꽂이 하는 법을 익히면 자신감이 솟구치고, 텃밭 이웃들과 재배 요령을 나누면서 사교 생활도 즐길 수 있죠. 혼자 있더라도 잡초를 뽑고 땅을 파다 보면 항상 새와 벌레가 함께해서 외로울 일이 없고요. 아장아장 걷는 아이를 데려오면 진흙탕에서 뒹굴고 채소 나르는 걸 도와주며 알아서 잘 놀아요. 이런 식으로 자라면서 자연스럽게 텃밭 가꾸기를 좋아하는 어른이 되길 바라요. 텃밭은 춥든 덥든 날씨와 상관없이 일 년 내내 돌봐야 하니 심신에 정말 유익하죠. 비타민 D도 충분히 흡수할 수 있고요. 텃밭 일을 마치고 떠날 때면 푹 쉬고 난 것처럼 기운이 나지만, 때로는 일을 해도 해도 끝나지 않아서 낭패감이 들기도 해요. 하지만 그런 게 보람이죠.

내가 하고 싶은 말은 이 인용문에 전부 담겨 있다. 정원이나 텃밭을 가꿀 때 과학적으로 인체에 어떤 일이 일어나는지는 불확실해도, 정원 일을 하면 기분이 좋아진다는 것은 확실하다. 식물을 돌보는 동안뿐만 아니라 이후로도 몇 시간, 때로는 며칠씩 말이다. 이 책을 쓰기 위한 조사 과정에서 가장 반가웠던 발견은 우리가 자연과의 상호작용에서 본능적으로 느끼는 것을 과학이 뒷받침해준다는 점이다. 자연이 우리에게 정신적·육체적으로 이롭다고 **느껴질** 뿐만 아니라 **실제로 이롭다**는 것을 확인할 수 있었다.

지금까지는 다양한 종류의 도시 정원을 개별적으로 살펴보았다. 심기, 김매기, 가지치기 등의 원예 활동 중 무엇이 더 유익한지 따지는 것은 불가능하고 무의미한 일인데, 이 모두가 서로 연결되어 있기 때문이다. 하지만 어떤 원예 장소가 건강에 더 유익한지는 이미 연구된 바 있다.[24]

스위스 취리히에 위치한 연방 산림·눈·경관 연구소의 크리스토퍼 영과 동료들은 개인 정원과 주말농장을 가꿀 때의 건강 증진 효과를 비교 연구하기 위해 300명 이상의 참가자를 인터뷰했다. 이들은 자기 집과 연결된 부지(개인 정원)를 돌보는 집단과 텃밭을 분양받은 집단으로 나뉘었다.

인터뷰는 대면 면담 혹은 온라인 설문조사로 진행되었으며, 정원이나 분양 텃밭이 심리적 웰빙에 미치는 영향을 평가하는 문항들로 이루어졌다. 연구진은 특히 환경심리학의 두 가지 가설과 관련된 문항들을 통해 참가자들의 스트레스와 주의력 회복을 측정했다. 첫 번째 가설은 자연환경에서 스트레스가 더 빨리 해소된다는 것이었고, 두 번째 가설은 자연환경이 우리의 불수의적 주의를 끌어 소진된 주의력이 회복된다는 것이었다.[25] 참가자들은 "내 정원에서는 일상을 잊고 푹 쉴 수 있다"나 "내 정원에 있으면 흥미로운 것들을 보고 듣고 느끼게 된다"와 같은 문항에 '매우 동의한다'부터 '전혀 동의하지 않는다'까지 단계적으로 동의하는 정도를 표시해야 했다.

정원 일이 주는 스트레스에 관한 문항도 있었다. 참가자들은 "내 정원에서 해야 할 일을 생각하면 압박감을 느끼곤 한다"는 진술에 얼마나 동의하거나 동의하지 않는지 대답해야 했다. 연구진은 참가자들의 설문조사 응답을 설명할 수 있는 변수도 수집했다. 예를 들어 참가자의 집에서 텃밭까지의 거리, 각자 정원 및 텃밭에 가꾸는 식물의 가짓수 등이었다. 그런 다음 이런 잠재적 변수를 모델링에 활용하여 그중 무엇이 정원이나 텃밭에 대한 선호에 영향을 미치는지 알아내려고 했다.

조사 결과는 내 예상 밖이었다. 나는 집에서 멀고 알록달록한 꽃도 없이 칙칙한 텃밭이 정신건강에 덜 유익할 것이며, 개인 정원을 가꾸는 참가자들의 응답이 훨씬 더 긍정적일 거라고 생각했다. 실제로는 정반대였다. 연령, 성별, 고용 상태, 직급 등 사회경제적 변수를 통제해도 텃밭을 가꾸는 사람들이 스트레스를 덜 받았고 집중력이 더 회복되었다고 느꼈다. 왜일까?

두 번째로 놀라운 사실은 정원보다 텃밭의 식물 가짓수가 다양하다는 것이었다. 아마도 이것이 텃밭에 대한 응답이 더 긍정적인 이유를 가장 잘 설명하는 변수 같았다. 높은 식물 다양성과 더 나은 정신건강의 관계는 이 책의 앞에서, 그중에서도 3장에서 공원과 알록달록한 화단과 관련하여 살펴본 바 있다.[26] 놀랍게도 텃밭도 공원과 마찬가지였다. 생각해보니 텃밭에서는 보통 식용과 관상용 식물을 고루 재배하는 만큼 생물다양성이 높아져 다양한 모양과 색을 보게 되는 이점이 있었다.

세 번째이자 마지막으로, 정원 가꾸기에 관해 부정적으로 느낄 수 있다는 사실 또한 놀라웠다. 참가자의 약 16퍼센트(대부분 개인 정원을 가꾸는 사람들이었다)가 정원을 깔끔하게 유지하는 데 필요한 작업량 때문에 스트레스를 받는다고 응답했다.

이 연구는 도시 정책에 있어서 고려해야 할 여러 중요한 지점들을 보여준다(후속 연구에서도 비슷한 결과가 재현된다면 더욱 그럴 것이다). 연구자들이 인정했듯이 도시에서 텃밭을 더 많이 분양한다면 소득과 건강에 따른 불평등을 줄이는 데 크게 기여할 것이다.[27] 취리히뿐만 아니라 다른 여러 도시에서도 마찬가지겠지만, 텃밭을 분양받는 사람들은 대체로 소득 수준이 낮거나 공동주택에 거주한다. 그럼에도 텃밭은 이들에게 개인 정원과 비슷하거나 더욱 큰 정신적 안정 효과를 준다. 소유자에게 스트레스를 주는 개인 정원을 어떻게 해야 할지도 고민해볼 문제다. 이제는 개인 정원을 공유하여 소유자의 부담을 덜어주는 동시에 다른 여러 사람들이 혜택을 볼 수 있게 장려할 방법을 강구해야 하지 않을까.

물론 정원이나 원예 활동을 공유하자는 것이 새로운 아이디어는 아니다. 지난 40여 년에 걸쳐, 특히 최근 몇 년 동안 세계 여러 도시에서 커뮤니티 가든이 생겨났다. 커뮤니티 가든은 원예 활동과 생산물을 공유한다는 점에서 주말농장과 다르다. 사람들은 커뮤니티를 이루어 함께 정원을 가꾸고 수확한 채소와 과일, 꽃을 나눈다. 커뮤니티 가드닝은 현재 많은 학교에서 학생과 교직원이 함께 가꾸는 동아리 형식으로 운영되거나 수업에 포함되어 있다. 토지는 일반적으로 공공기관이 소유하며, 공동주택이나 지역 회관 또는 학교 외부 공유지에 있어서 누구나 접근할 수 있다.

그렇다면 커뮤니티 가든에도 텃밭이나 개인 정원과 비슷

한 효과가 있을까? 지금까지 커뮤니티 가드닝과 기타 원예 활동을 비교한 소수의 연구에 따르면 커뮤니티 가드닝이 다음과 같은 이유로 더욱 건강에 이롭다고 한다.[28,29] 첫째, 사회적 상호작용을 증진시켜 외로움과 고립감을 줄이고 정신을 안정시킨다.[30] 둘째, 커뮤니티 가드닝에 적극 참여하는 사람은 원예나 기타 야외에서의 사회 활동을 하지 않는 사람보다 낙관적이고 스트레스에 대한 정신적 회복력이 높은 것으로 나타났다. 셋째, 커뮤니티 가든에서 일하면 과일과 채소 섭취가 늘고 영양 상태가 개선될 수 있다.[31] 이 연구 결과는 장기적·단기적 건강 증진에 있어 장내 미생물 군집의 중요성을 고려할 때 특히 의미 있는 시사점을 제공한다. 장내 미생물 군집은 유기농 과일이나 채소를 더 많이 섭취하는 식단과 자연을 만끽하는 행위 모두에 큰 영향을 받는다(7장을 참조하라). 농작물을 직접 재배하면 이런 효과를 모두 누릴 수 있다.

지금까지 이 책을 읽어왔다면, 특히 앞장에 이어 이 장을 읽다 보면 다소 혼란스러워질 수 있다. 그래서 무엇이 가장 유익한 야외 활동이란 말인가? 야외 활동의 사소한 차이도 건강에 상당한 변화를 초래할 수 있는 것처럼 보인다. 하지만 구체적 방법에 있어서는 여전히 많은 의문이 남아 있다. 어디에서 얼마나 오래 걷거나 앉거나 뛰어야 하는가? 무엇을 보고 듣고 만지고 냄새 맡아야 하는가? 앞뜰과 뒤뜰, 텃밭과 커뮤니티 가든 중 어느 곳을 가꾸어야 하는가? 이렇게 줄줄이 나열하는 것만으로도 스트레스를 받을 듯싶다.

이렇게 다양한 맥락의 자료를 취합하기란 쉽지 않다. 다행히 요크 대학교 보건과학과의 피터 코번트리 박사가 이끄는 연구진이 2021년에 나온 여러 연구를 종합적으로 분석한 바 있다.[32] 이 논문은 내가 묻고 싶었던 질문에 구체적으로 대답하고 있다. 자연과 상호작용하는 야외 활동 중 무엇이 가장 건강에 이로울까?

코번트리와 동료들은 야외 녹지에서 이루어진 개인 및 집단 활동의 건강 효과에 관한 학술 논문 14,321편을 선별했다. 그중에서 비슷하게 설계되어 메타분석으로 결과를 비교 대조할 수 있는 연구 50개를 추려냈다. 이들이 비교 대조한 활동은 집단 원예 치료, 농업 경관과 농사일을 통한 농업 치료, 환경 보존 활동, 녹지에서의 신체 운동, 삼림욕과 마음챙김 등 스트레스 해소를 위한 자연 기반 치료, 자연 속에서 자연 재료로 인공물을 만드는 예술 및 공예 작업 등이었다.

메타분석 결과 모든 연구에서 자연 기반 야외 활동이 정신 건강을 개선시킨다는 결과가 나왔다. 건강한 성인뿐만 아니라 만성 질환자 노인, 정신장애인, 조현병이나 양극성 장애와 같은 중증 정신질환자 등 연구 대상이었던 모든 집단에서 마찬가지였다.

이 연구 결과는 의료 정책에 중대한 의미를 가질 수 있다. 이에 따르면 모든 자연 기반 야외 활동은 정신건강에 긍정적인 영향을 미치며, 자연 기반 치료는 기존의 정신건강 문제를 관리하거나 정신건강을 유지하는 예방 조치가 될 수 있다.[33] 특히 삼림욕과 집단 원예 치료를 12주 이상 실시할 때 최대의 효과를 얻을 수 있었다. 또한 녹지에서의 운동은 우울증 증상을 완화시켜주었다. 실내 운동도 비슷한 효과가 있긴 하지만, 이 연구로 입증된 것처럼 자연 속에서 운동하면 더 큰 효과를 볼 수 있다고 한다.[34]

연구진은 어떤 활동이든 효과를 극대화하려면 적어도 8주에서 12주(가능하면 그 이상) 동안 매주 90분에서 120분씩, 그리고 한 번에 최소 20분은 수행해야 한다는 사실도 발견했다.

앞에서 살펴보았듯이 많은 연구에서 계속 비슷한 수치가 발견되고 있다. 나 역시 이런 원칙이 학문적 추상성을 일상에 도입하는 데 큰 도움이 된다는 것을 깨달았다. 원래 내가 개를 산책시키거나 출퇴근길에 자전거를 타는 시간은 20분도 안 되었다. 이제 나는 이런 활동 시간을 늘리기 위해 공원을 한 바퀴 더 돌거나(처음에는 개들이 어리둥절해하긴 했다), 더 돌아가지만 더 멋진 다른 길로 출퇴근한다. 산책 경로도 바꾸어 마지막에 공원을 지날 수 있게 한다. 그래서 기분이 나아졌느냐고? 그럴 수도 있겠지만, 이 경우 표본이 나 한 명이고 실험의 잠재적 결과를 이미 알고 있으니 확언하기는 어렵다. 그렇다 보니 이 책에서 수차례 인용한 메타분석 자료가 특히 든든하다. 말 그대로 수천 명이 참여한 수백 건의 연구를 평가한 결과니까.[35] 그럼에도 불구하고 결론은 하나같이 동일했다. 일주일에 서너 번 최소 20분 이상 자연 속에서 야외 활동을 하면 연령과 성별, 건강 상태를 떠나 누구나 장기적·단기적으로 다양한 건강 증진 효과를 누릴 수 있다.

더 이상 변명하지 말자. 우리는 아무리 바쁘더라도 반드시 정원을 가꿀 시간을 낼 수 있어야 한다.

맺음말: 개인과 사회를 위한 자연 처방

이 책을 쓰려고 조사를 시작했을 때는 나 자신이 이렇게 큰 영향을 받을 줄 몰랐다. 지금까지는 책이나 논문을 쓰면서 내 습관이 이만큼 변한 적이 없었다. 이제 우리 집에는 다양한 향을 뿜는 디퓨저가 네 개나 있다. 침실에는 라벤더, 서재에는 로즈마리, 다른 두 방에는 삼나무 향이다. 실내 화분은 세 배로 늘어났고, 구석구석에 노란색과 초록색 절화를 담은 화병이 놓여 있다. 초록색 꽃잎의 크리스마스로즈는 각양각색의 다른 식물들과 함께 자랑스럽게 정원에 피어 있다. 나는 정원을 깔끔하게 관리하기보다 최대한 다채로운 형태와 음영, 색이 보이게 만들려고 한다. 이렇게 다양한 식물을 심었더니 지저귀는 새도 많아져서 아침마다 시간을 내어 새들의 노랫소리를 듣는다. 이제는 잔디밭을 정원의 중심이 아닌 '부산물'로 여기고 잔디밭이 가지런하지 않아도 나나 남편이나 신경 쓰지 않으려고 노력한다. 다양성을 높이고 화학 비료를 사용하지 않으려는 만큼 환경 미생물 군집도 증가했으면 좋겠다. 나는 더 이상 원예용 장갑을 끼지 않고 손톱 밑에 흙이 끼어도 아랑곳하지 않는다.

그리고 우리 집 앞뜰은 각양각색의 꽃이 핀 화분으로 가득하다.

그렇다면 내가 통제할 수 없는 주변의 도시환경은 어떨까?

학자, 정책 입안자, 의료인, 비정부기구 종사자 등의 기고문과 연설에는 "더 많은 녹지가 필요하다"는 말이 끊임없이 등장한다. 하지만 이 말이 정확히 무슨 의미일까?

녹지란 사람에 따라 다양한 의미를 지닐 수 있는 용어다. 심지어 2022년 몬트리올에서 189개국이 서명한 유엔 생물다양성 프레임워크에서는 녹지를 목표로 내걸고 모든 서명국가가 "도시 및 인구 밀집 지역에서 녹지의 면적과 질, 접근성, 혜택을 크게 늘려 인간의 건강과 웰빙, 자연과의 유대를 개선"하겠다고 선서했다. 바로 여기에 함정이 있다. 나는 더 많은 녹지를 확보하려는 노력을 강력히 지지하지만, 모든 녹지가 똑같진 않다는 점에 유의할 필요가 있다고 생각한다. 적절한 위치에 적절한 종류의 녹지가 배치되어야 하며, 부적절한 위치의 녹지를 다른 곳으로 옮긴다고 문제가 해결되진 않는다.

세계 여러 나라에서 주목받고 있는 '생물다양성 상쇄biodiversity offsetting'라는 개념을 예로 들어보자. 이는 택지 개발자가 도시 내 다른 곳이나 (더 많은 경우) 외곽에 생물다양성 가치가 더 높은 동일한 면적의 녹지를 조성한다는 전제로 녹지에 사무실과 주택을 짓도록 허용하는 정책이다. 많은 돈과 노력을 투입하여 새로운 서식지를 조성하면 특정한 희귀 및 멸종 위기 야생 동식물에게는 이로울 수도 있겠지만, 이 정책의 문제는 다른 지점에 있다. 주민의 건강과 웰빙을 위해서는 적절한 형태의 도시 녹지가 적절한 장소에 있어야 한다는 것이다. 여기서 적절한 장소란 집에서 도보로 최대 15분 거리다. 이보다 더 오래 걷거나 버스나 차를 타야 녹지에 접근할 수 있다면 사람들은 녹지에 가지 않을 것이다.

도시 녹지가 주민의 건강에 적합한 자연환경을 제공하지 못한다면, 그곳을 개선하고 새로운 수종을 추가로 심어 야생 동식물이 번성하는 데 필요한 생태적 과정을 만들어야 한다. 단순히 기존의 녹지를 콘크리트로 덮어버리고 다른 곳에서 똑같은 자연의 효과를 얻길 바랄 수는 없다. 그런 건 불가능하다. 전 세계 도시에서 인간의 웰빙을 뒷받침하는 인프라로서의 자연을 고민해야 한다.

하지만 내가 이 책을 쓰면서 가장 실감한 점은 따로 있다. 도시계획가와 정치인들이 이상적인 녹지를 만들고 우리에게 거기서 시간을 보내라고 지시하기만 기다릴 필요는 없다는 것이다. 이제 우리도 집, 업무 공간, 정원, 텃밭이나 산책길에서 스스로 자연을 처방하기에 충분한 지식을 가지고 있다. 이런 개인의 행동은 사소할지라도 한데 모이면 크나큰 건강 증진 효과를 창출할 잠재력이 있다. 그리고 우리는 다른 사람들도 똑같이 행동하도록 권유해야 한다.

영국의 학교에서는 이미 이런 분위기가 확산되고 있다. 많은 학교에서 텃밭 가꾸기를 수업의 일부로 채택하고 있으며 이를 정규 교육 과정에 포함시켜야 한다고 주장하는 단체도 많다. 특히 아이들에게 먹을거리가 어디서 오는지 가르칠 수 있다는 이유에서다. 하지만 나는 개인적으로 이 문제에 있어서는 신중해야 한다고 생각한다. 일부 어린이, 특히 청소년의 경우 원예를 공식적인 '학습'으로 인식하게 되면 우리가 기대하는 건강 증진 효과가 나타나지 않거나 장기적으로 자연과의 상호작용을 기피하는 역효과가 발생할 수 있다.

내가 이렇게 말하는 것은 10장 초반에 언급한 연구 결과 때문이다. 사람들은 왜 정원을 가꾸는가 하는 질문에 즐겁기 때문이라고 대답했지 건강에 이로워서라고 대답하지 않았다. 어린이에게 정원 가꾸기는 연말에 시험을 치르고 성적을 매기는 활동이 아니라 편안하고 즐거운 놀이로 남아야 한다. 나아가 청소년에게는 자연 속에서 일하고 시간을 보내는 것이 '쿨한' 일로 여겨져야 한다. 이것이 내가 런던을 포함한 세계 여러 도시에서의 게릴라 가드닝 운동을 좋아하고 적극 지지하는 이유다.[1] 이런 단체들은 청소년이 식물과 상호작용하도록 격려하고 흉물스러운 콘크리트 공터를 살아 숨 쉬는 자연 공간으로 바꾼다. 이런 활동은 종종 도시에서도 가장 경제적으로 빈곤한 지역에서, 교과서나 교사가 주도하는 활동 계획 없이도 활발히 일어나고 있다.

어린이 이야기가 나왔으니 말이지만, 이 책을 쓰려고 조사하면서 주목하게 된 또 다른 사실이 있다. 자연과의 상호작용이 아이들의 건강과 인지 수행력에 매우 이롭다는 점이다. 현재 이런 효과를 과학적으로 분명히 입증하는 연구가 여럿 진행되고 있다. 2021년에는 그중 300여 건의 자료를 수집하여 그 결과를 종합한 메타분석이 이루어졌는데, 아이들이 녹지를 접하면 건강과 인지 기능이 전반적으로 147퍼센트나 향상된다고 한다.[2] 이런 정량적 증거는 야외교실과 숲속 학교에 완전히 새로운 의미를 부여하지만, 이런 활동은 많은 사람들이 오랫동안 그 효과를 주장해왔음에도 여전히 대안교육 정도로 치부된다. 이제 우리는 새로운 증거에 주목하고 모든 학교의 담장, 운동장, 교실을 적극적으로 녹지화해야 한다. 그러지 않는다면 아이들에게 안 좋은 영향을 주고, 불필요한 건강 및 교육 문제를 쌓아두는 셈이다.

이미 건강 문제를 진단받은 사람에게 의료진이 자연을 '약'으로서 처방하는 보다 공적인 행위는 어떨까? 우리는 기존의 약물과 치료 대신 자연을 처방할 수 있는 지점에 도달했는가? 안타깝게도 아직은 아닌 것 같다. 10장에서 설명했듯이 자연을 처방하려면 그 효과와 용량을 입증할 자료가 있어야 하고, 기존의 약물이나 치료와 직접 비교할 수 있는 적절한 임상 실험도 필요하다. 이 부분에서 여전히 큰 과학적 공백이 존재한다. 물론 삼림욕이나 특정한 종류의 원예 치료는 이미 충분한 과학적 정보에 힘입어 처방되고 있다. 하지만 후자의 경우 여전히 필요한 공간과 활동을 제공하기 위해 자원봉사자나 정원사에 의존해야 하며 의료인은 개입하지 않는 경우가 많다. 원예 치료의 효과에 대한 인식이 아직 의료계 전반에 퍼지지 않은 것도 사실이다.

대부분의 임상의에게 자연은 여전히 부수적인 존재로 여겨진다. 자연이 중요하다고 생각은 하지만 건강을 개선시킬 수 있는 자연의 잠재력은 거의 활용하지 못하고 있다. 자연을 통해 흔하고도 심각한 질병의 발생률과 심각성을 낮춘다면, 점점 더 까다로워지는 요구와 갈수록 치열해지는 자원 문제로 난관에 빠진 전 세계 의료인들에게 큰 도움이 될 것이다.

이에 따라 국민건강보험, NGO, 자선 단체 등 여러 조직에서 의료진이 환자에게 자연과 상호작용할 경로와 활동을 '처방'할 수 있도록 특별히 고안한 안내서, 입문서, 산책로와 공간 지도를 배포하고 있다. 여기에는 인근 공원에서의 운동, 산책과 더불어 다양한 공식 야외 활동 프로그램이 제안된다.[3] 현재 영국, 미국, 캐나다 등에서 여러 의료인 지침서와 자연 처방 웹사이트를 이용할 수 있다.[4]

이들 상당수가 내용은 좋지만 여전히 막연한 조언들로 채워져 있다. 게다가 식물의 향이나 다양한 환경 미생물군과 같은 특정한 자연 요소는 다루지 않은 경우가 많다. 이런 분야의 과학적 연구가 아직은 생소하기 때문일 수도 있지만, 자연의 시각적 측면에만 주목하고 청각이나 후각은 뒷전으로 미루는 건 아닌지 우려된다. 이 책에서 내가 살펴본 새로운 자료들이 옳다면, 건강에 이로운 자연 감각과 경로는 거꾸로 후각, 청각, 시각 순서대로 논의되어야 할 것이다.

실내 환경에 생명 친화적 디자인을 적용하고 집, 학교, 사무실에서 건강을 증진하며 새집증후군의 영향을 줄이려면 자연을 어떻게 활용해야 하는지 알려주는 웹사이트나 실용적 안내서도 드물다. 따라서 앞으로 특정한 질병에 가장 효과적인 실외 및 실내 자연 요소에 관한 과학적 자료와 자연 처방의 종류 및 용량 사이의 상관관계를 더욱 명확히 규명할 필요가 있다.

그러면 이제 어떻게 해야 할까? 자연과 환경 미생물 군집을 보고 듣고 만지고 냄새 맡을 때 일어나는 현상에 관한 현재까지의 모든 과학적 증거를 의학적 '처방' 경로에 맞추어 특정 증상에 자연과의 특정한 상호작용을 추천할 방법은 무엇일까? 나는 이 책을 쓰면서 이 지점을 거듭 고민했다. 그러다 일군의 과학자들이 녹지의 기능에 관해 똑같은 질문을 던진 2016년의 워크숍 보고서를 발견했다.[5] 이들은 녹지가 인간의 건강을 어떻게 개선하는지에 대해 개략적으로 세 가지 항목을 제시했다. 피해 절감(예: 대기 오염, 소음, 열 차단), **역량 회복**(예: 주의력 회복과 생리적 스트레스 해소), 그리고 **역량 강화**(예: 신체 활동 장려와 사회적 결속 촉진)다.

나는 이런 항목 제시가 매우 유용하다고 생각한다. 이를 통해 자연의 효과를 명료하게 정리하고 어떤 조건에 어떤 감각적 상호작용을 활용할 것인지 조율하여 처방 경로를 구축할 수 있다.

예를 들어 첫 번째 항목에 관해서는 새소리를 들으면 수술 후 통증이 줄어든다는 연구 결과가 있다. 또한 석고나 콘크리트보다 목판으로 마감한 벽을 바라볼 때 눈의 피로가 덜하다는 연구 결과에 따르면 이런 상호작용이 해로운 영향을 줄여준다고 할 수 있다. 자연의 특정한 색과 형태를 바라볼 때 혈압이 낮아지고 아드레날린 호르몬 분비와 심박 변이가 감소하는 것도 생리적·심리적 안정을 정량적으로 입증해준다. 이런 상호작용은 고도의 스트레스와 불안에 따른 피해를 완화한다.

두 번째 항목의 경우 녹지의 입증된 역량 회복 효과는 여러 다른 자연 감각의 효과와 비슷하지만(주의력 회복과 생리적 스트레스 해소), 여기서 차이점은 야외뿐만 아니라 실내에서 특정한 자연 요소를 보고 듣고 냄새 맡아도 비슷한 회복 효과가 있다는 것이다. 책상 위에 놓인 식물을 보기만 해도 정신적 휴식이 되며 실내에서 침엽수 마감재의 향을 맡아도 비슷한 효과가 있다는 점은 이미 앞에서 확인했다. 또한 로즈마리와 민트 향을 맡으면 어려운 작업을 할 때 정신이 맑아지고 주의력이 높아지는 것으로 나타났다.

하지만 세 번째 항목인 역량 강화야말로 자연과의 상호

작용과 관련하여 잠재된 건강 증진 효과가 가장 클 것으로 보인다. 메타분석 연구자들은 '신체 활동 장려와 사회적 결속 촉진'을 녹지의 역량 강화 효과로 꼽았다. 이는 정확하고 적절한 설명이지만, 자연은 우리에게 보다 더 많은 것을 줄 수 있다. 역량 강화 항목에는 앞으로 새로운 내용이 추가되어야 할 것이다. 특히 냄새 맡기와 환경 미생물 군집 접촉이라는 두 가지 감각적 상호작용을 더욱 자세히 연구할 필요가 있다.

4장에서 설명했듯이 편백나무 향을 맡으면 암과 바이러스를 공격하는 자연살해세포의 혈중 수치가 크게 높아질 수 있다. 이는 우리가 아직 완전히 이해하거나 실현하지 못한 자연 활용과 장기적인 건강 역량 강화의 가능성을 보여주는 한 예다. 호흡기 염증을 줄여주는 리모넨 향의 잠재력도 마찬가지다. 4장에서 살펴본 것처럼 리모넨은 혈중 항알레르기 및 항염증 화합물을 늘리고 폐의 염증 세포와 경로를 억제하여 천식과 기관지염, 만성 폐쇄성 폐질환의 특징인 기도 과민 반응을 감소시킨다고 한다. 이런 사례는 자연과의 구체적인 상호작용을 통해 장기적으로 건강 역량을 강화할 가능성을 증명한다. 우리는 이런 통찰에 더 주목할 필요가 있다.

마찬가지로 다양한 환경 미생물 군집과의 상호작용은 우리의 피부와 장내 미생물 군집을 크게 개선시킬 뿐만 아니라 혈중 2차 대사산물과 기타 화합물을 생성시켜 여러 자가면역 및 항염증 반응을 개선시킬 수 있다.

따라서 특정한 식물의 냄새를 맡고 다양한 환경 미생물 군집과 접촉함으로써 우리의 면역계를 강화하고 전 세계에서 가장 큰 사망 원인인 비전염성 질병에 대한 역량과 회복력을 개발할 수 있다. 거대하지만 아직 제대로 밝혀지지 않은 가능성이다.

자연의 여러 측면을 감각하는 데 따른 건강 증진 효과는 과학적으로 초기 단계지만 매우 빠르게 규명되고 있다. 자연과의 상호작용을 다양한 질환에 대한 기존 약물과 치료의 대안으로 내세우려면 바로 지금 필요한 임상 및 인체 실험에 착수해야 한다. 또한 공중보건을 위한 공간 계획 과정에 이런 관점을 도입하여 도시 주민의 건강을 위한 자연 보호 구역을 지정하고, 흔히 그러듯 사후에 다급히 추가하는 일이 없도록 해야 한다.[6]

지금부터 20년 후에는 굳이 이런 내용을 언급할 필요도 없기를 바란다. 그때쯤에는 우리 건강에 이로운 자연과의 특정한 상호작용이 여러 신체 및 정신 질환과 사회 문제에 공식적·비공식적 처방으로서 당연하게 받아들여질 것이다. 이는 기존의 치료보다 더 저렴할 것이며 국가 인구 전반의 건강 상태를 개선해줄 수도 있다.

여기서 마지막으로 제시할 주제가 있다. 자연 처방의 경제적 효과다. 자연을 활용해 피해를 절감하고 역량을 회복하거나 강화한다면, 지금까지 이 책에서 추정한 내용의 아주 일부만 맞아떨어져도 전 세계 보건 예산을 수십억 파운드까지 절약할 가능성이 있다. 보건경제학자들은 이미 자연에 관해 시의적절한 질문을 제기하고 있지만, 10장에서 설명했듯이 자연과의 상호작용을 기존의 약물과 비교하는 일종의 비용 편익 시험이 필요하다. 이런 식의 임상 시험은 아직 매우 드물지만, 비용을 근거로 제시할 경우 반드시 필요한 절차다.

하지만 자연에 이런 식으로 값어치를 매기기가 불편한 사람이 나만은 아닐 것이다. 왜 그럴까? 자연은 단순히 우리의 건강에 유용한 존재 이상이기 때문이다. 자연은 없어도 그만인 소모품이 아니다. 자연은 우리의 본질적 일부이며 생태계에 알게 모르게 여러모로 기여한다.[7] 우리는 주변의 다양한 자연 없이는 살아갈 수 없다. 신선한 공기, 깨끗한 물, 교육과 교통과 의료에 대한 권리와 마찬가지로 자연과 그것의 다양한 혜택을 누릴 권리 또한 보편적 인권이라고 나는 확신한다. 모든 사람은 생물다양성이 풍부한 자연에 접근할 권리가 있어야 한다. 가난하든 부자든, 나이가 많든 적든, 아프든 건강하든 말이다.

이제 자연을 '있으면 좋은 것' 정도로, 도시 인프라 우선순위에서 최하위로 치부하는 일을 멈춰야 한다. 자연은 신규 개발 지역에서 살고 노동하고 교육받을 사람들이 건강과 웰빙을 누리기 위한 필수 요소로 인식되어야 한다. 2050년까지는 인류의 70퍼센트가 도시환경에 거주하게 된다는 점을 기억하자. 자연은 우리에게 값을 매길 수 없는 막대한 부를 제공한다. 우리는 이런 자연을 보호하고 더욱 번성시켜야 한다. 자연이 우리를 필요로 하는 것보다 우리가 자연을 더 필요로 한다.

감사의 말

어떤 책에 대해서든 감사의 말을 쓴다는 것은 위태롭게 느껴지는 면이 있다. 주의하지 않으면 종강 연설처럼 지루하고 기나긴 목록이 되어버릴 수 있고, 정말로 감사해야 할 사람을 깜박 잊고 빠뜨릴 수도 있다. 하지만 이번 감사의 말이 유난히 어렵게 느껴지는 이유가 있다. 이 책에서 이토록 많은 과학 분야를 아우르고 내 전공을 훌쩍 벗어나 여러 주제를 다룰 수 있었던 것은 동료, 친구, 때로는 이름만 들었고 지금까지 한 번도 만난 적이 없는 사람들에게 많은 부탁을 했기 때문이다.

나는 "이 부분 사실 확인 좀 해주시겠어요?"로 시작되는 메일을 수없이 보내야 했다. 끝없는 인내심과 관용으로 이런 메일에 답해준 모든 과학자들에게 감사의 말씀을 드리고 싶다. 일일이 언급하기에는 너무 많지만, 특히 옥스퍼드 대학교 의과대학 의생명과학 과정 책임자이자 세인트에드먼드 홀 동료이고 친구인 로버트 윌킨스 박사에게 감사하고 싶다. 그는 자신과 의학계 동료들의 지식을 활용해 의학 분야의 여러 사실관계를 확인해주었다. 옥스퍼드 생물학과장을 역임한 저명한 생태학자 폴 하비 교수에게도 감사 드린다. 그는 놀랍도록 두뇌가 예리할 뿐만 아니라 솔직하고 신랄한 비판을 서슴지 않는 사람으로, 이 책 초고의 모든 장을 꼼꼼히 점검해주었다. 나는 이 책 집필 초기에 그가 쏟아준 시간과 인내심, 과학적 검토와 확인에 여전히 빚을 지고 있다.

옥스퍼드의 내 연구실 연구원들, 특히 초고를 읽고 정말로 유익하고 통찰력 있는 의견을 제시해 준 에바 에레로스-모야에게도 감사의 말을 전한다.

퇴고 과정에서는 나와 같은 작가이자 현재 옥스퍼드 생물학과장인 팀 콜슨 교수가 바통을 이어받았고, 많은 과학 작가들에게 전설적인 존재인 앤드루 서그든 박사가 마지막 교정을 맡았다. 오랜 친구이자 동료 앤드루는 〈사이언스〉에서 수년간 부편집장 겸 국제 편집주간을 지냈다. 앤드루의 교정용 빨간 연필은 〈사이언스〉에 논문을 게재한 과학자라면 누구나 잘 알 것이다. 이미 은퇴했음에도 다시 한 번 빨간 연필을 휘둘러준 그에게 깊은 감사를 표한다.

학술적이지 않은 문체로 글을 쓰는 것은 대부분의 과학자에게 어려운 일이다. 그것도 모자라 개인적인 경험과 성찰까지 집어넣어야 한다면 그야말로 엄청난 도전이 된다! 따라서 나의 엄살과 푸념과 저항을 무릅쓰고 내가 과학자를 위한 글을 넘어 모든 독자를 위한 글로 나아가도록 이끌어준 사람들에게도 깊이 감사드려야 마땅하다. 이 여정의 첫 주자는 내 뛰어난 에이전트 리베카 카터였고, 훌륭한 정치 저술가인 사촌 매리언 도드슨-폴과 신문기자였던 오랜 단짝 친구 조애나 기번이 그 뒤를 이었다. 이들 모두 내게 큰 도움이 되었다. 조애나는 심지어 이 책에 포함된 일부 인터뷰를 직접 맡겠다고 나서기도 했다. 결국에는 내가 해야 할 일이었지만, 조애나가 대신하는 것이 모두에게 더 빠르고 수월할 것처럼 보였기 때문이다.

초고가 완성된 후에는 블룸즈버리 출판사의 내 담당 편집자 알렉시스 커시바움과 논픽션 출판팀장 이안 마셜의 기량과 인내, 탁월한 문체가 빛을 발했다. 그들과 함께 일하게 되어 영광이며 그들의 훌륭한 수하 직원들에게도 감사하고 싶다.

이 책의 주제를 고려할 때 사진과 최소한 몇 개의 도표가 포함되어야 한다고 생각했지만, 과학 교과서에 나올 법한 도표를 그대로 넣기는 무리였다. 이런 면에서 블룸즈버리의 편집장 로렌 와이브로와의 협업은 정말로 즐거웠다. 이 책의 도표와 관련해 로렌의 조언은 타의 귀감이 될 만했으며, 나도 개인적으로 로렌과 함께 일하며 많은 것을 배웠음을 강조하고 싶다. 하지만 도표 작업을 누구에게 의뢰할지 결정하기는 쉬웠다. 내가 큐 왕립식물원에서 일하면서 알게 된 많은 것 중 하나는 그곳에 뛰어난 디자이너 제프 이든이 있다는 것이었으니까. 가장 지루한 과학 그래프도 누구나 바로 이해할 수 있게 만들어주는 그는 이 책에서도 다시 한 번 마법을 부렸다. 그럼에도 이 책의 도표가 아직 너무 '과학적'으로 보인다면 전적으로 내 잘못이다. 제프에게 깊은 감사를 표한다.

위의 범주에 넣기는 어렵지만 감사해야 할 사람이 두 명 더 있다. 리처드 데버럴 박사와 로지 보이콧 여남작이다. 두 사람 모두 문체와 내용에 관해 조언해주었지만(리처드는 책의 초고를 두 번이나 읽어주었다) 무엇보다도 나의 지식과 전달 능력을 믿어주었다는 점에서 도움이 되었다. 리처드와 나는 큐에서 근무할 때 긴밀하게 협력했다. 리처드는 내 상사였고 여전히 여러 면에서 든든한 지원군으로 남아 있다. 로지와는 2년 전에 그가 상원의원이 되면서 알게 된 사이지만, 내게 그는 이미 뛰어난 동료이자 좋은 친구다.

마지막으로 지극히 개인적인 이야기를 하겠다. 이 책은 처음부터 끝까지 우리 가족의 사랑과 지원이 없었다면 나오지 못했을 것이다. 내 남편 앤드루와 우리 아이들 앨리스, 제임스, 해리는 문자 그대로 이 책의 내용을 "살아왔으며", 이 책의 발상과 여기서 설명한 주제의 일부는 우리가 영국과 해외의 들판과 시골을 돌아다니며 보낸 많은 휴일과 주말에서 비롯되었다. 아이들이 어렸을 때 앤드루는 토요일마다 녹지로 산책하러 가자고 우겼다. 비가 쏟아지고 다들 시무룩한 날에도 예외는 아니었는데, 일단 야외에서 20분만 지나면 모두의 기분이 훨씬 나아진다는 것을 알았기 때문이다. 그가 옳았다. 야외에서 우리 가족은 영화관이나 다른 실내 공간에서는 불가능했을 즐거운 시간을 보냈다. 이 사실을 깨닫고 나서는 텐트를 사서 휴일이면 유럽 여기저기를 드라이브하며 가장 아름다운 풍경 속에 머물렀고, 나중에는 미국과 캐나다의 멋진 국립공원을 탐험하기에 이르렀다. 당시에는 단지 온 가족이 함께했기에 신나고 즐거운 것이라고 생각했지만, 희한하게도 수영장이 딸린 별장에 놀러갔을 때는(딱 한 번이었지만) 그만큼 즐겁지 않았다.

이 책을 쓰기 위한 조사 과정에서 비로소 그 이유를 이해할 수 있었다. 하지만 애초에 내가 야외의 행복을 느낄 수 있었던 것은 멋진 가족과 함께 녹지에서 보낸 시간 덕분이다. 이 책을 우리 가족에게 바치고 싶다.

그래프 보충 설명

각 그래프에 대해 상세한 과학적 설명을 보충하고 출처 연구를 밝혀 둔다. 그래프가 1개 이상 있는 경우 순서대로 (a), (b), (c)로 표기하였다.

31쪽 학교 주변 녹지 비율이 가장 낮은 학생들 3분의 1과 가장 높은 학생들 3분의 1의 12개월에 걸친 작업기억 발달 비교 그래프. '방문 횟수'는 2012~2013학년도에 3개월마다 실시된 평가 횟수를 나타낸다. 음영은 데이터의 95퍼센트 신뢰 구간(오차 막대 또는 추정값 범위)를 나타낸다. Dadvand, P. et al., 'Green spaces and cognitive development in primary schoolchildren', *Proceedings of the National Academy of Sciences* 112, pp. 7937–42 (2015).

36쪽 다양한 나무 형태와 그에 따른 수관 모양.

42쪽 다양한 풍경의 지평선 프랙털 차원. (a) 캐나다의 침엽수림. (b) 케냐의 사바나. (c) 시카고 도심의 스카이라인.

105쪽 (a) 기체 크로마토그래피로 일본 홋카이도 쓰베쓰 침엽수림(가문비나무, 사할린전나무) 공기 중의 다양한 모노테르펜을 측정한 결과. 각 그래프의 피크는 주변 공기 중 다양한 휘발성 유기화합물의 상대적 강도를 나타낸다. 침엽수림에서 고농도의 α-피넨(피크 2)을 나타내는 표시에 주목하라. (b) 산책 전 참가자의 혈중 α-피넨 농도의 상대적 비중이 (c) 숲에서 60분 동안 산책 후 크게 증가했음을 알 수 있다. Sumitomo, K. et al., 'Conifer-derived monoterpenes and forest walking', *Mass Spectrometry* 4, A0042-A0042 (2015).

112쪽 고농도 α-피넨과 리모넨의 냄새가 생리적 진정 효과의 두 가지 척도인 알파파 활동 및 심박 변이에 미치는 영향을 이해하기 위한 실험이다. 두 가지 모두 강한 상관관계를 보였다. α-피넨과 리모넨의 농도가 높아짐에 따라 성별을 떠나 모든 참가자의 진정 효과도 증가했다. Ikei, H., C. Song, and Y. Miyazaki, *Effects of olfactory stimulation by α-pinene on autonomic nervous activity*. Journal of Wood Science, 2016. 62(6): p. 568-572.

116쪽 편백나무의 휘발성 유기화합물을 주입한 방에서 사흘 밤 연박한 전후 참가자의 아드레날린 호르몬(소변 중)과 자연살해세포(혈중) 측정 수치. 사흘 만에 (a) 스트레스 호르몬인 아드레날린이 감소하고 (b) 자연살해세포의 활동과 비율이 증가하는 등 통계적으로 강력한 효과가 나타났다. Li, Q. et al., 'Effect of phytoncide from trees on human natural killer cell function', *International Journal of Immunopathology and Pharmacology* 22, pp. 951-9 (2009).

138쪽 자연의 소리가 건강과 긍정적 감정에 미치는 영향 및 다양한 자연의 소리가 스트레스와 불쾌감에 미치는 영향의 평균 효과 크기를 나타낸 표. 양의 평균값(점선 0의 오른쪽)은 자연의 소리에 노출된 집단에서 건강과 긍정적 감정이 증진되었음을 나타내고, 음의 평균값(점선 0의 왼쪽)은 자연의 소리에 노출된 집단에서 스트레스와 불쾌감 지표가 감소했음을 나타낸다. Buxton, R. T., Pearson, A. L., Allou, C., Fristrup, K. & Wittemyer, G., 'A synthesis of health benefits of natural sounds and their distribution in national parks', *Proceedings of the National Academy of Sciences* 118, e2013097118 (2021).

141쪽 (a) 꼬까울새*Erithacus rubecula*과 (b) 송장까마귀*Corvus corone*의 노랫소리에 나타난 음향학적 특징. 두 소리의 배음 패턴과 복잡성 차이에 주목하라.

146쪽 수술 후 회복 중인 환자 60명을 대상으로 90분 동안 이루어진 평균 통증 평가. 대조군이 쓴 헤드폰에서는 아무 소리도 나오지 않았지만 실험군이 쓴 헤드폰에서는 자연의 소리가 나왔다. Saadatmand, V. et al., 'Effects of natural sounds on pain: A randomized controlled trial with patients receiving mechanical ventilation support', *Pain*

Management Nursing 16, pp. 483–92 (2015).

192쪽 생물다양성과 공중보건이라는 두 가지 세계적 메가트렌드의 명백한 연관성을 보여준다. (a) 세 가지 지표로 측정한 1970년 이후 생물다양성 감소 추세. LPI, 지구생명지표; WBI, 야생조류지표; WPSI, 물새개체수현황지표(Butchart et al, 2010); (b) 염증성 질환 유병률 증가 추세. 1966년부터 2003년까지 핀란드군 징집 신병의 천식 및 알레르기 비염(Latvala et al, 2005)을 표본으로 사용하였다. Von Hertzen, L., Hanski, I. & Haahtela, T., 'Natural immunity: biodiversity loss and inflammatory diseases are two global megatrends that might be related', *EMBO Reports* 12, pp. 1089–93 (2011).

201쪽 실험 기간 28일 동안 두 종류의 모래밭에서 논 아이들의 피부 미생물과 혈액 비교. (a) 미생물이 빈약한 모래밭에서 논 아이들(위약군)에 비해 미생물을 보충한 모래밭에서 논 아이들(실험군)의 피부에서 네 가지 주요 '좋은' 미생물군의 풍부도가 유의미하게 증가했다. (b) 맨 아래 그래프는 실험군의 혈액에 나타난 좋은 T세포의 평균 변화(증가)와 나쁜 T세포의 평균 변화(감소)를 나타낸다. Roslund, Marja I., et al., 'A Placebo-controlled doubleblinded test of the biodiversity hypothesis of immunemediated diseases: Environmental microbial diversity elicits changes in cytokines and increase in T regulatory cells in young children', *Ecotoxicology and Environmental Safety*.

221쪽 20일 동안 그린월이 있는 사무실에서 일한 참가자와 그린월이 없는 사무실에서 일한 대조군의 피부 미생물군을 비교한 결과 유의미한 차이가 나타났다. 그린월이 있는 사무실에서 일한 사람들은 피부 건강에 유익한 것으로 알려진 '좋은' 박테리아(젖산균)가 훨씬 풍부해졌다. 또한 염증과 관련된 혈중 표지자도 유의미하게 감소한 것으로 나타났다. Soininen, L., et al. 'Indoor green wall affects health-associated commensal skin microbiota and enhances immune regulation: a randomized trial among urban office workers', *Scientific Reports* 12, 1-9 (2022).

그림 출처

42쪽 그림 세 가지 프랙털 차원 비교: 맨 위 이미지 jplenio 제공/Pixabay, 가운데 이미지 djsudermann 제공/Pixabay, 맨 아래 이미지 © 4kclips/Shutterstock.com

그림 1-1 채츠워스 하우스 정원: © Peter Landers

그림 1-2 블레넘 궁전 정원: © Loop Images Ltd/Alamy Stock Photo; Stowe House gardens

그림 1-3 스토 하우스 정원: © Charles Ward

그림 2-1 모르포나비: © Ondrej Prosicky/Shutterstock.com

그림 2-2 베고니아 파보니나: (C)

그림 2-3 은백양나무: © Alisty/Shutterstock.com

그림 2-4 다양한 양담쟁이 변종의 잎: Elsadek, M., Sun, M. & Fujii, E., 'Psycho-physiological responses to plant variegation as measured through eye movement, self-reported emotion and cerebral activity', *Indoor and Built Environment* 26, p. 758-770 (2017). Mohamed Elsadek 제공.

그림 3-1 시싱허스트 성의 '화이트' 정원: © The National Trust Photolibrary/Alamy Stock Photo

그림 3-2 시싱허스트 성의 '레드' 정원: © Mathieu van den Berk/Alamy Stock Photo

그림 4-1 피튜니아: © Andy Nowack/Alamy Stock Photo

그림 4-2 백합: © Blueee / Alamy Stock Photo

그림 4-3 해바라기: Liv Meinert 제공 / Pixabay

그림 4-4 부겐빌레아 변종: © Bramwell Flora / Alamy Stock Photo

그림 4-5 크리스마스로즈: © milart / Shutterstock.com

그림 5-1 '밤의 여왕' 튤립: Liv Meinert 제공 / Pixabay

그림 5-2 미나리아재비: © Nigel Cattlin / Alamy Stock Photo

그림 5-3 산성 토양에서 자란 산수국: © Moment / Getty Images

그림 5-4 알칼리성 토양에서 자란 산수국: © RM Floral / Alamy Stock Photo

그림 6 얀 판하위쉼, 〈테라코타 꽃병 속의 꽃〉: © The National Gallery, London. All rights reserved.

그림 7-1 루브라참나무 © iStock / Getty Images Plus

그림 7-2 가래나무 © imageBROKER.com GmbH & Co. KG / Alamy Stock Photo

그림 7-3 스트로브잣나무 © Zoonar GmbH / Alamy Stock Photo

그림 7-4 테다소나무 © iStock / Getty Images Plus

모든 기공 구조 이미지 R. Bruce Hoadley, 《Understanding Wood》에서. Taunton Press와 Active Media Group 제공.

그림 8-1, 8-3 《에덴동산》: © Christie's Images / Bridgeman Images

그림 8-2 휴 플랫 초상: © The History Collection / Alamy Stock Photo

그림 8-4 앤슈리엄: © Florilegius / Bridgeman Images

그림 8-5 스파티필룸: © Florilegius / Bridgeman Images

그림 9-1 빅토리아 시대 거실

그림 9-2 1950년대 후반 스웨덴 거실: Värmlands Museum 제공.

그림 10-1 옥스퍼드 대학교의 세인트에드먼드 홀: © John Cairns,

photograph by John Cairns

그림 10-2 서울시청의 실내 그린월: © Andia / Alamy Stock Photo

그림 10-3 네 가지 VR 룸: Yin, J. et al., 'Effects of biophilic indoor environment on stress and anxiety recovery: A between-subjects experiment in virtual reality', Environment International 136, 105427(2020). 크리에이티브 커먼즈 라이선스(CC BY 4.0)에 따라 사용.

그림 11-1 레스터에 있는 빅토리아 공원: © charistoone-images / Alamy Stock Photo

그림 11-2 포츠머스에 있는 빅토리아 공원: © Nigel Cattlin / Alamy Stock Photo

그림 12-1 뉴욕 센트럴파크의 최초 식재 설계도: © Odonovanshn / Shutterstock.com

그림 13-1 1901년의 센트럴 파크 산책로: © Universal History Archive / Getty Images

그림 13-2 오늘날의 센트럴 파크 산책로: © iStock / Getty Images Plus

그림 14-1 은행나무: © Paul Wood / Alamy Stock Photo, 은행나무 잎: © imageBROKER.com GmbH & Co. KG / Alamy Stock Photo

그림 14-2 플라타너스 잎: © Erik Koole / Alamy Stock Photo, 플라타너스 길: © iStock / Getty Images Plus

그림 14-3 풍나무: © Buiten-Beeld / Alamy Stock Photo, 풍나무 잎: © Steffen Hauser / botanikfoto / Alamy Stock Photo

그림 15-1 싱가포르의 CDL 트리하우스: © Arcaid Images / Alamy Stock Photo

그림 15-2 콜롬비아 메데인의 그린월: Ignacio Solano 제공.

그림 15-3 콜롬비아 메데인의 그린월: Paisajismo Urbano 제공.

그림 16-1 런던 헤른 힐의 덜위치 로드: © Richard Reynolds

그림 16-2 런던 엘리펀트 앤 캐슬의 페로넷 하우스: © Richard Reynolds

그림 16-3 데번 토트네스의 스테이션 로드: © Richard Reynolds

주

머리말: 삼림욕과 트리 허그

1 Ulrich, R. S., 'View through a window may influence recovery from surgery', *Science* 224, pp. 420 – 1 (1984).

2 Wilson, E. O., *Biophilia*, Harvard University Press, Harvard, 1984.

3 Joye, Y. & Van den Berg, A., 'Is love for green in our genes? A critical analysis of evolutionary assumptions in restorative environments research', *Urban Forestry & Urban Greening* 10, pp. 261 – 8 (2011).

4 Miyazaki, Y., *Shinrin Yoku: The Japanese Art of Forest Bathing*, Timber Press, Portland, 2018; Li, Q., *Shinrin-Yoku: The Art and Science of Forest Bathing*, Penguin UK, London, 2018.

5 Hansen, M. M., Jones, R. & Tocchini, K., 'Shinrin-Yoku (Forest Bathing) and Nature Therapy: A State-of-the-Art Review', *International Journal of Environmental Research and Public Health* 14, doi:10.3390/ijerph14080851 (2017).

6 Sarkar, C., Webster, C. & Gallacher, J., 'Residential greenness and prevalence of major depressive disorders: a cross-sectional, observational, associational study of 94,879 adult UK Biobank participants', *The Lancet Planetary Health* 2, e162 – e173 (2018).

7 Donovan, G. H. et al., 'The relationship between trees and human health: evidence from the spread of the emerald ash borer', *American Journal of Preventive Medicine* 44, pp. 139 – 45 (2013).

1장 푸른 지평선: 전망의 중요성

1 Owens, M., 'Capability Brown Is the Landscape Designer Behind England's Most Iconic Gardens', *Architectural Digest*, via https://www.architecturaldigest.com/story/capability-brown-landscape-design-england.

2 Li, D. & Sullivan, W. C., 'Impact of views to school landscapes on recovery from stress and mental fatigue', *Landscape and Urban Planning* 148, pp. 149–58 (2016).

3 Lee, K. E., Williams, K. J., Sargent, L. D., Williams, N. S. & Johnson, K. A., '40-second green roof views sustain attention: The role of micro-breaks in attention restoration', *Journal of Environmental Psychology* 42, pp. 182–9 (2015).

4 O'Connor, D. B., Thayer, J. F. & Vedhara, K., 'Stress and health: A review of psychobiological processes', *Annual Review of Psychology* 72, pp. 663–88 (2021).

5 Song, C., Ikei, H. & Miyazaki, Y., 'Physiological effects of visual stimulation with forest imagery', *International Journal of Environmental Research and Public Health* 15, p. 213 (2018).

6 Brown, D. K., Barton, J. L. & Gladwell, V. F., 'Viewing nature scenes positively affects recovery of autonomic function following acute-mental stress', *Environmental Science & Technology* 47, pp. 5,562–9 (2013).

7 Ulrich, R. S. et al., 'Stress recovery during exposure to natural and urban environments', *Journal of Environmental Psychology* 11, pp. 201–30 (1991).

8 Jo, H., Song, C. & Miyazaki, Y., 'Physiological Benefits of Viewing Nature: A Systematic Review of Indoor Experiments', *International Journal of Environmental Research and Public Health* 16, 4,739 (2019).

9 Stevenson, M. P., Schilhab, T. & Bentsen, P., 'Attention Restoration Theory II: a systematic review to clarify attention processes affected by exposure to natural environments', *Journal of Toxicology and Environmental Health, Part B* 21, pp. 227–68, doi:10.1080/10937404.2018.1505571 (2018).

10 Dadvand, P. et al., 'Green spaces and cognitive development in primary schoolchildren', *Proceedings of the National Academy of Sciences* 112, pp. 7,937 – 42 (2015).

11 Lee, D., *Nature's Palette*, University of Chicago Press, Chicago, 2010.

12 Kaplan, R. & Kaplan, S., *The Experience of Nature: A Psychological Perspective*, Cambridge University Press, Cambridge, 1989; Kaplan, S., 'The restorative benefits of nature: Toward an integrative framework', *Journal of Environmental Psychology* 15, pp. 169 – 82 (1995).

13 Kaplan, S. & Berman, M. G., 'Directed attention as a common resource for executive functioning and self-regulation', *Perspectives on Psychological Science* 5, pp. 43 – 57 (2010).

14 Willis, K. & McElwain, J., *The Evolution of Plants*, Oxford University Press, Oxford, 2014.

15 Orians, G., Heerwagen, J., Barkow, J., Cosmides, L. & Tooby, J., 'The adapted mind: Evolutionary psychology and the generation of culture', *The Adapted Mind: Evolutionary Psychology and the Generation of Culture*, Oxford University Press, Oxford, pp. 555 – 79 (1992).

16 Summit, J. & Sommer, R., 'Further studies of preferred tree shapes', *Environment and Behavior* 31, pp. 550 – 76 (1999).

17 Gerstenberg, T. & Hofmann, M., 'Perception and preference of trees: A psychological contribution to tree species selection in urban areas', *Urban Forestry & Urban Greening* 15, pp. 103 – 11 (2016).

18 Balling, J. D. & Falk, J. H., 'Development of visual preference for natural environments', *Environment and Behavior* 14, pp. 5 – 28 (1982).

19 Hägerhäll, C. M., 'Responses to nature from populations of varied cultural background', in Bosch, M. and Bird, W. (eds), *Oxford Textbook of Nature and Public Health*, Oxford University Press, Oxford, 2018.

20 Falk, J. H. & Balling, J. D., 'Evolutionary influence on human landscape preference', *Environment and Behavior* 42, pp. 479 – 93 (2010).

21 Hägerhäll, C. M. et al., 'Do humans really prefer semi-open natural landscapes? A cross-cultural reappraisal', *Frontiers in Psychology* 9, p. 822 (2018); Moura, J. M. B., Ferreira Júnior, W. S., Silva, T. C. &

Albuquerque, U. P., 'The Influence of the Evolutionary Past on the Mind: An Analysis of the Preference for Landscapes in the Human Species', *Frontiers in Psychology* 9, 2,485, doi:10.3389/fpsyg.2018.02485 (2018).

22 Hägerhäll, C. M. et al., 'Investigations of human EEG response to viewing fractal patterns', *Perception* 37, pp. 1,488 – 94 (2008); Taylor, R. P., Spehar, B., Van Donkelaar, P. & Hagerhall, C. M., 'Perceptual and physiological responses to Jackson Pollock's fractals', *Frontiers in Human Neuroscience* 5, p. 60 (2011); Taylor, R. P., 'Reduction of physiological stress using fractal art and architecture', *Leonardo* 39, pp. 245 – 51 (2006).

23 Mandelbrot, B. B., *The Fractal Geometry of Nature*, W. H. Freeman and Company, New York, 8, p. 406 (1983).

24 Taylor et al., 'Perceptual and physiological responses to Jackson Pollock's fractals'.

25 Taylor, 'Reduction of physiological stress using fractal art and architecture'.

26 Hägerhäll, C. M., Purcell, T. & Taylor, R., 'Fractal dimension of landscape silhouette outlines as a predictor of landscape preference', *Journal of Environmental Psychology* 24, pp. 247 – 55 (2004).

27 Hägerhäll, 'Investigations of human EEG response to viewing fractal patterns'.

28 Van den Berg, A. E., Joye, Y. & Koole, S. L., 'Why viewing nature is more fascinating and restorative than viewing buildings: A closer look at perceived complexity', *Urban Forestry & Urban Greening* 20, pp. 397 – 401 (2016).

29 Ho, S., Mohtadi, A., Daud, K., Leonards, U. & Handy, T. C., 'Using smartphone accelerometry to assess the relationship between cognitive load and gait dynamics during outdoor walking', *Scientific Reports* 9, pp. 1 – 13 (2019).

30 Jiang, B., Chang, C.-Y. & Sullivan, W. C., 'A dose of nature: Tree cover, stress reduction, and gender differences', *Landscape and Urban Planning* 132, pp. 26 – 36 (2014).

2장 눈으로 먹는 채소: 푸른 잎은 몸에 좋다

1 Thoreau, H.D.W., *Walden, or Life in the Woods*, Ticknor and Fields, Boston, 1854.

2 Kaufman, A. J. & Lohr, V. I., in *VIII International People–Plant Symposium on Exploring Therapeutic Powers of Flowers, Greenery and Nature* 790, pp. 179–84; Lohr, V. I., 'Benefits of nature: what we are learning about why people respond to nature', *Journal of Physiological Anthropology* 26, pp. 83–5 (2007).

3 Lee, *Nature's Palette*.

4 Glover, B. J. & Whitney, H. M., 'Structural colour and iridescence in plants: the poorly studied relations of pigment colour', *Annals of Botany* 105, pp. 505–11 (2010).

5 Airoldi, C. A., Ferria, J. & Glover, B. J., 'The cellular and genetic basis of structural colour in plants', *Current Opinion in Plant Biology* 47, pp. 81–7 (2019).

6 Lichtenfeld, S., Elliot, A. J., Maier, M. A. & Pekrun, R., 'Fertile green: Green facilitates creative performance', *Personality and Social Psychology Bulletin* 38, pp. 784–97 (2012).

7 Akers, A. et al., 'Visual color perception in green exercise: Positive effects on mood and perceived exertion', *Environmental Science & Technology* 46, pp. 8,661–6 (2012).

8 Poldrack, R. A., *The New Mind Readers: What neuroimaging can and cannot reveal about our thoughts*, Princeton University Press, Princeton, 2018.

9 Racey, C., Franklin, A. & Bird, C. M., 'The processing of color preference in the brain', *Neuroimage* 191, pp. 529–36 (2019).

10 Ibid.

11 Elsadek, M., Sun, M. & Fujii, E., 'Psycho-physiological responses to plant variegation as measured through eye movement, self-reported emotion and cerebral activity', *Indoor and Built Environment* 26, pp. 758–70 (2017).

12 Martinez-Conde, S., Macknik, S. L., Troncoso, X. G. & Hubel, D. H.,

'Microsaccades: a neurophysiological analysis', *Trends in Neurosciences* 32, pp. 463 – 75 (2009).

13 McCamy, M. B., Otero-Millan, J., Di Stasi, L. L., Macknik, S. L. & Martinez-Conde, S., 'Highly informative natural scene regions increase microsaccade production during visual scanning', *Journal of Neuroscience* 34, pp. 2,956 – 66 (2014).

14 Elsadek et al., 'Psycho-physiological responses to plant variegation as measured through eye movement, self-reported emotion and cerebral activity'.

15 Kexiu, L., Elsadek, M., Liu, B. & Fujii, E., 'Foliage colors improve relaxation and emotional status of university students from different countries', *Heliyon* 7, e06131 (2021).

16 Archetti, M. et al., 'Unravelling the evolution of autumn colours: an interdisciplinary approach', *Trends in Ecology & Evolution* 24, pp. 166 – 73 (2009).

17 Schloss, K. B. & Heck, I. A., 'Seasonal changes in color preferences are linked to variations in environmental colors: a longitudinal study of fall', *I-Perception* 8, 2041669517742177 (2017).

18 Paddle, E. & Gilliland, J., 'Orange Is the New Green: Exploring the Restorative Capacity of Seasonal Foliage in Schoolyard Trees', *International Journal of Environmental Research and Public Health* 13, p. 497 (2016).

19 Paraskevopoulou, A. T. et al., 'The impact of seasonal colour change in planting on patients with psychotic disorders using biosensors', *Urban Forestry & Urban Greening* 36, pp. 50 – 6, doi:https://doi.org/10.1016/j.ufug.2018.09.006 (2018).

3장 꽃의 매력: 꽃은 어떻게 우리를 매혹하는가

1 Willis, K. et al., *State of the world's plants 2017*, Royal Botanic Gardens Kew, London, 2017.

2 Morton, J. W., *250 Beautiful Flowers and How to Grow Them*, Foulsham, London, 1949.

3 Haviland-Jones, J., Rosario, H. H., Wilson, P. & McGuire, T. R., 'An Environmental Approach to Positive Emotion: Flowers', *Evolutionary Psychology* 3, 147470490500300109, doi:10.1177/147470490500300109 (2005).

4 Ikei, H., Komatsu, M., Song, C., Himoro, E. & Miyazaki, Y., 'The physiological and psychological relaxing effects of viewing rose flowers in office workers', *Journal of Physiological Anthropology* 33, 6, doi:10.1186/1880-6805-33-6 (2014).

5 Ibid.

6 Willis & McElwain, *The Evolution of Plants*.

7 Glover, B., *Understanding Flowers and Flowering*, Oxford University Press, Oxford, 2014 (2nd ed.).

8 Lee, *Nature's Palette*.

9 Glover, *Understanding Flowers and Flowering*.

10 Whitney, H. M. et al., 'Floral Iridescence, Produced by Diffractive Optics, Acts as a Cue for Animal Pollinators', *Science* 323, pp. 130 – 3 (2009).

11 Vignolini, S. et al., 'Directional scattering from the glossy flower of Ranunculus: how the buttercup lights up your chin', *Journal of the Royal Society Interface* 9, 1,295 – 301, doi:10.1098/rsif.2011.0759 (2012).

12 Yue, C. & Behe, B. K., 'Consumer Color Preferences for Single-stem Cut Flowers on Calendar Holidays and Noncalendar Occasions', *HortScience* 45, 78 – 82, doi:10.21273/hortsci.45.1.78 (2010).

13 Ibid.

14 Hula, M. & Flegr, J., 'What flowers do we like? The influence of shape and color on the rating of flower beauty', *PeerJ* 4, e2106, doi:10.7717/peerj.2106 (2016).

15 Willis, K., *Plants: From Roots to Riches*, Hachette, London, 2014.

16 Jang, H. S., Kim, J., Kim, K. S. & Pak, C. H., 'Human brain activity and emotional responses to plant color stimuli', *Color Research & Application* 39, pp. 307 – 16 (2014).

17 Xie, J., Liu, B. & Elsadek, M., 'How Can Flowers and Their Colors Promote Individuals' Physiological and Psychological States during the COVID-19 Lockdown?', *International Journal of Environmental Research and Public Health* 18, 10,258 (2021).

18 Jang et al., 'Human brain activity and emotional responses to plant color stimuli'.

19 Xie et al., 'How Can Flowers and Their Colors Promote Individuals' Physiological and Psychological States during the COVID-19 Lockdown?'.

20 Singh, S., *https://www.marketresearchfuture.com/reports/artificial-plants-market-10585*, (2023).

21 Igarashi, M., Aga, M., Ikei, H., Namekawa, T. & Miyazaki, Y., 'Physiological and Psychological Effects on High School Students of Viewing Real and Artificial Pansies', *International Journal of Environmental Research and Public Health* 12, pp. 2,521-31 (2015).

22 Hoyle, H., Hitchmough, J. & Jorgensen, A., 'All about the "wow factor"? The relationships between aesthetics, restorative effect and perceived biodiversity in designed urban planting', *Landscape and Urban Planning* 164, pp. 109-23, doi:https://doi.org/10.1016/j.land urbplan.2017.03.011 (2017).

23 Graves, R. A., Pearson, S. M. & Turner, M. G., 'Species richness alone does not predict cultural ecosystem service value', *Proceedings of the National Academy of Sciences* 114, pp. 3,774-9, doi:10.1073/pnas.1701370114 (2017).

24 Wang, R., Zhao, J., Meitner, M. J., Hu, Y. & Xu, X., 'Characteristics of urban green spaces in relation to aesthetic preference and stress recovery', *Urban Forestry & Urban Greening* 41, pp. 6-13, doi:https://doi.org/10.1016/j.ufug.2019.03.005 (2019).

25 Jiang, Y. & Yuan, T., 'Public perceptions and preferences for wildflower meadows in Beijing, China', *Urban Forestry & Urban Greening* 27, pp. 324-31, doi:https://doi.org/10.1016/j.ufug.2017.07.004 (2017).

4장 성공의 달콤한 향기: 삶의 질을 높여주는 식물의 향

1 Littman, R. J., Silverstein, J., Goldsmith, D., Coughlin, S. & Mashaly, H., 'Eau de Cleopatra: Mendesian Perfume and Tell Timai', *Near Eastern Archaeology* 84, pp. 216–29 (2021).

2 Kemp, S., 'A medieval controversy about odor', *Journal of the History of the Behavioral Sciences* 33, pp. 211–19 (1997).

3 Ibid.

4 Wåhlin, A., *Dissertatio medica odores medicamentorum exhibens*, Vol. 1, Typis Laurentii Salvii, 1752.

5 Ibid.

6 Barwich, A.-S., *Smellosophy*, Harvard University Press, Harvard, 2020.

7 Bushdid, C., Magnasco, M. O., Vosshall, L. B. & Keller, A., 'Humans can discriminate more than 1 trillion olfactory stimuli', *Science* 343, pp. 1370–2 (2014).

8 Barwich, *Smellosophy*.

9 Sowndhararajan, K. & Kim, S., 'Influence of fragrances on human psychophysiological activity: With special reference to human electroencephalographic response', *Scientia pharmaceutica* 84, pp. 724–51 (2016).

10 Sumitomo, K. et al., 'Conifer-derived monoterpenes and forest walking', *Mass Spectrometry* 4, A0042–A0042 (2015).

11 Sowndhararajan & Kim, 'Influence of fragrances on human psycho-physiological activity'.

12 McGee, H., *Nose Dive: A Field Guide to the World's Smells*, Hachette, London, 2020.

13 Ibid.

14 Andersen, L., Corazon, S.S.S. & Stigsdotter, U.K.K., 'Nature exposure and its effects on immune system functioning: a systematic review', *International Journal of Environmental Research and Public Health* 18, 1,416 (2021).

15 Willis & McElwain, *The Evolution of Plants*.

16 Ibid.

17 Wen, Y., Yan, Q., Pan, Y., Gu, X. & Liu, Y., 'Medical empirical research on forest bathing (Shinrin-yoku): A systematic review', *Environmental Health and Preventive Medicine* 24, pp. 1–21 (2019).

18 Ibid.

19 Miyazaki, *Shinrin Yoku: The Japanese Art of Forest Bathing*.

20 Ikei, H., Song, C. & Miyazaki, Y., 'Effects of olfactory stimulation by α-pinene on autonomic nervous activity', *Journal of Wood Science* 62, pp. 568–72 (2016).

21 Kim, J.-C. et al., 'The potential benefits of therapeutic treatment using gaseous terpenes at ambient low levels', *Applied Sciences* 9, 4,507 (2019).

22 Tsunetsugu, Y. & Ishibashi, K., 'Heart rate and heart rate variability in infants during olfactory stimulation', *Annals of Human Biology* 46, pp. 347–53 (2019).

23 Ibid.

24 Ikei, H., Song, C. & Miyazaki, Y., 'Physiological effect of olfactory stimulation by Hinoki cypress (Chamaecyparis obtusa) leaf oil', *Journal of Physiological Anthropology* 34, pp. 1–7 (2015).

25 Li, Q. et al., 'Effect of phytoncide from trees on human natural killer cell function', *International Journal of Immunopathology and Pharmacology* 22, pp. 951–9 (2009).

26 Tsao, T.-M. et al., 'Health effects of a forest environment on natural killer cells in humans: An observational pilot study', *Oncotarget* 9, 16,501 (2018).

27 Li, Q., 'Effect of forest bathing trips on human immune function', *Environmental Health and Preventive Medicine* 15, pp. 9–17 (2010); Li, Q. et al., 'A forest bathing trip increases human natural killer activity and expression of anti-cancer proteins in female subjects', *Journal of Biological Regulators and Homeostatic Agents* 22, pp. 45–55 (2008).

28 Wu, G. A. et al., 'Genomics of the origin and evolution of Citrus', *Nature*

554, pp. 311 – 16 (2018).

29 Christenhusz, M. J., Fay, M. F. & Chase, M. W., in *Plants of the World*, University of Chicago Press, Chicago, 2017.

30 Cho, K. S. et al., 'Terpenes from forests and human health', *Toxicological Research* 33, pp. 97 – 106 (2017).

31 Vieira, A. J., Beserra, F. P., Souza, M., Totti, B. & Rozza, A., 'Limonene: Aroma of innovation in health and disease', *Chemico-Biological Interactions* 283, pp. 97 – 106 (2018).

32 Ibid.

33 Aprotosoaie, A. C., Hăncianu, M., Costache, I. I. & Miron, A., 'Linalool: a review on a key odorant molecule with valuable biological properties', *Flavour and Fragrance Journal* 29, pp. 193 – 219 (2014).

34 Ko, L.-W., Su, C.-H., Yang, M.-H., Liu, S.-Y. & Su, T.-P., 'A pilot study on essential oil aroma stimulation for enhancing slow-wave EEG in sleeping brain', *Scientific Reports* 11, 1078, doi:10.1038/s41598-020-80171-x (2021).

35 Donelli, D., Antonelli, M., Bellinazzi, C., Gensini, G. F. & Firenzuoli, F., 'Effects of lavender on anxiety: A systematic review and meta-analysis', *Phytomedicine* 65, 153099 (2019).

36 Ibid.

37 Harada, H., Kashiwadani, H., Kanmura, Y. & Kuwaki, T., 'Linalool Odor-Induced Anxiolytic Effects in Mice', *Frontiers in Behavioral Neuroscience* 12, doi:10.3389/fnbeh.2018.00241 (2018).

38 Ko et al., 'A pilot study on essential oil aroma stimulation for enhancing slow-wave EEG in sleeping brain'.

39 Diego, M. A. et al., 'Aromatherapy positively affects mood, EEG patterns of alertness and math computations', *International Journal of Neuroscience* 96, pp. 217 – 24 (1998).

40 Tschiggerl, C. & Bucar, F., 'Investigation of the volatile fraction of rosemary infusion extracts', *Scientia Pharmaceutica* 78, pp. 483 – 92 (2010); Sayorwan, W. et al., 'Effects of inhaled rosemary oil on subjective

feelings and activities of the nervous system', *Scientia Pharmaceutica* 81, pp. 531–42 (2013).

41 Faridzadeh, A. et al., 'Neuroprotective Potential of Aromatic Herbs: Rosemary, Sage, and Lavender', *Frontiers in Neuroscience* 16, doi:10.3389/fnins.2022.909833 (2022).

42 Nasiri, A. & Boroomand, M. M., 'The effect of rosemary essential oil inhalation on sleepiness and alertness of shift-working nurses: A randomized, controlled field trial', *Complementary Therapies in Clinical Practice* 43, 101326 (2021).

43 Moss, M. & Oliver, L., 'Plasma 1, 8-cineole correlates with cognitive performance following exposure to rosemary essential oil aroma', *Therapeutic Advances in Psychopharmacology* 2, pp. 103–13 (2012).

44 Hoult, L., Longstaff, L. & Moss, M., 'Prolonged low-level exposure to the aroma of peppermint essential oil enhances aspects of cognition and mood in healthy adults', *American Journal of Plant Sciences* 10, pp. 1,002–12 (2019).

45 Fang, R., Zweig, M., Li, J., Mirzababaei, J. & Simmonds, M. S., 'Diversity of volatile organic compounds in 14 rose cultivars', *Journal of Essential Oil Research* 35, pp. 220–37 (2023).

46 McGee, *Nose Dive*.

47 Caser, M. & Scariot, V., 'The Contribution of Volatile Organic Compounds (VOCs) Emitted by Petals and Pollen to the Scent of Garden Roses', *Horticulturae* 8, 1049 (2022).

48 Igarashi, M., Song, C., Ikei, H., Ohira, T. & Miyazaki, Y., 'Effect of olfactory stimulation by fresh rose flowers on autonomic nervous activity', *Journal of Alternative and Complementary Medicine* 20, pp. 727–31, doi:10.1089/acm.2014.0029 (2014).

49 Dmitrenko, D. et al., 'Caroma Therapy: Pleasant Scents Promote Safer Driving, Better Mood, and Improved Well-being in Angry Drivers' in *Proceedings of the 2020 Chi Conference on Human Factors in Computing Systems*, pp. 1–13.

50 Ibid.

5장 귀를 통한 치유: 새의 노래에서 나뭇잎의 속삭임까지

1 Morillas, J.M.B., Gozalo, G. R.,González, D. M., Moraga, P. A. & Vílchez-Gómez, R., 'Noise pollution and urban planning', *Current Pollution Reports* 4, pp. 208 – 19 (2018).

2 World Health Organization, *Environmental noise guidelines for the European region* (2018).

3 Hedblom, M., Knez, I., Ode Sang, Å. & Gunnarsson, B., 'Evaluation of natural sounds in urban greenery: potential impact for urban nature preservation', *Royal Society Open Science* 4, 170037 (2017).

4 Krzywicka, P. & Byrka, K., 'Restorative qualities of and preference for natural and urban soundscapes', *Frontiers in Psychology* 8, 1705 (2017).

5 Ratcliffe, E., 'Sound and soundscape in restorative natural environments: A narrative literature review', *Frontiers in Psychology* 12, 963 (2021).

6 Ratcliffe, E., Gatersleben, B. & Sowden, P. T., 'Bird sounds and their contributions to perceived attention restoration and stress recovery', *Journal of Environmental Psychology* 36, pp. 221 – 8 (2013).

7 Bjork, E., 'The perceived quality of natural sounds', *Acustica* 58, pp. 185-8 (1985); Zhao, W., Li, H., Zhu, X. & Ge, T., 'Effect of birdsong soundscape on perceived restorativeness in an urban park', *International Journal of Environmental Research and Public Health* 17, 5659 (2020).

8 Merlin (app) available at https://merlin.allaboutbirds.org (2023).

9 Ratcliffe, E., Gatersleben, B. & Sowden, P. T., 'Predicting the perceived restorative potential of bird sounds through acoustics and aesthetics', *Environment and Behavior* 52, pp. 371 – 400 (2020).

10 Ratcliffe, E., Gatersleben, B. & Sowden, P. T., 'Associations with bird sounds: How do they relate to perceived restorative potential?' *Journal of Environmental Psychology* 47, pp. 136 – 44, doi:https://doi.org/10.1016/j.jenvp.2016.05.009 (2016).

11 Ratcliffe et al., 'Predicting the perceived restorative potential of bird sounds through acoustics and aesthetics'.

12 Jo, H. et al., 'Physiological and psychological effects of forest and urban

sounds using high-resolution sound sources', *International Journal of Environmental Research and Public Health* 16, 2649 (2019).

13 Li, Z. & Kang, J., 'Sensitivity analysis of changes in human physiological indicators observed in soundscapes', *Landscape and Urban Planning* 190, 103593 (2019).

14 Kaplan, S., 'The restorative benefits of nature: Toward an integrative framework', *Journal of Environmental Psychology* 15, pp. 169–82 (1995).

15 Van Hedger, S. C. et al., 'Of cricket chirps and car horns: The effect of nature sounds on cognitive performance', *Psychonomic Bulletin & Review* 26, pp. 522–30, doi:10.3758/s13423-018-1539-1 (2019).

16 Arai, Y. C. et al., 'Intra-operative natural sound decreases salivary amylase activity of patients undergoing inguinal hernia repair under epidural anesthesia', *Acta Anaesthesiologica Scandinavica* 52, pp. 987–90 (2008).

17 Saadatmand, V. et al., 'Effects of natural sounds on pain: A randomized controlled trial with patients receiving mechanical ventilation support', *Pain Management Nursing* 16, pp. 483–92 (2015).

18 Farzaneh, M. et al., 'Comparative effect of nature-based sounds intervention and headphones intervention on pain severity after cesarean section: A prospective double-blind randomized trial', *Anesthesiology and Pain Medicine* 9 (2019).

19 Buxton, R. T., Pearson, A. L., Allou, C., Fristrup, K. & Wittemyer, G., 'A synthesis of health benefits of natural sounds and their distribution in national parks', *Proceedings of the National Academy of Sciences* 118, e2013097118 (2021).

20 Ibid.

21 Annerstedt, M. et al., 'Inducing physiological stress recovery with sounds of nature in a virtual reality forest–Results from a pilot study', *Physiology & Behavior* 118, pp. 240–50 (2013).

22 Ibid.

23 Hedblom, M. et al., 'Reduction of physiological stress by urban green

space in a multisensory virtual experiment', *Scientific Reports* 9, pp. 1–11 (2019).

24 Ibid.

25 Buxton et al., 'A synthesis of health benefits of natural sounds and their distribution in national parks'.

26 Uebel, K., Marselle, M., Dean, A. J., Rhodes, J. R. & Bonn, A., 'Urban green space soundscapes and their perceived restorativeness', *People and Nature* 3, pp. 756–69 (2021).

27 Kogan, P., Gale, T., Arenas, J. P. & Arias, C., 'Development and application of practical criteria for the recognition of potential Health Restoration Soundscapes (HeReS) in urban greenspaces', *Science of The Total Environment* 793, 148541 (2021).

6장 나뭇결의 감촉: 집 안에서 건강해지기

1 Crossman, M. K., Kazdin, A. E., Matijczak, A., Kitt, E. R. & Santos, L. R., 'The influence of interactions with dogs on affect, anxiety, and arousal in children', *Journal of Clinical Child & Adolescent Psychology* 49, pp. 535–48 (2020).

2 Cipriani, J. et al., 'A systematic review of the effects of horticultural therapy on persons with mental health conditions', *Occupational Therapy in Mental Health* 33, pp. 47–69 (2017); Han, A.-R., Park, S.-A. & Ahn, B.-E., 'Reduced stress and improved physical functional ability in elderly with mental health problems following a horticultural therapy program', *Complementary Therapies in Medicine* 38, pp. 19–23 (2018).

3 Oh, Y.-A., Park, S.-A. & Ahn, B.-E., 'Assessment of the psychopathological effects of a horticultural therapy program in patients with schizophrenia', *Complementary Therapies in Medicine* 36, pp. 54–8 (2018); Scartazza, A. et al., 'Caring local biodiversity in a healing garden: Therapeutic benefits in young subjects with autism', *Urban Forestry & Urban Greening* 47, 126511 (2020).

4 Koga, K. & Iwasaki, Y., 'Psychological and physiological effect in humans of touching plant foliage–using the semantic differential method and

cerebral activity as indicators', *Journal of Physiological Anthropology* 32, pp. 1–9 (2013).

5 Sakuragawa, S., Kaneko, T. & Miyazaki, Y., 'Effects of contact with wood on blood pressure and subjective evaluation', *Journal of Wood Science* 54, pp. 107–13 (2008).

6 Ikei, H., Song, C. & Miyazaki, Y., 'Physiological effects of touching wood', *International Journal of Environmental Research and Public Health* 14, 801 (2017).

7 Ibid.

8 Ikei, H., Song, C. & Miyazaki, Y., 'Physiological effects of touching the wood of hinoki cypress (Chamaecyparis obtusa) with the soles of the feet', *International Journal of Environmental Research and Public Health* 15, 2135 (2018).

9 Bhatta, S. R., Tiippana, K., Vahtikari, K., Hughes, M. & Kyttä, M., 'Sensory and emotional perception of wooden surfaces through fingertip touch', *Frontiers in Psychology* 8, 367 (2017).

10 Ibid.

11 Sakuragawa et al., 'Effects of contact with wood on blood pressure and subjective evaluation'.

12 Shao, Y., Elsadek, M. & Liu, B., 'Horticultural activity: Its contribution to stress recovery and wellbeing for children', *International Journal of Environmental Research and Public Health* 17, 1229 (2020).

13 Ibid.

14 Kim, S.-O., Jeong, J.-E., Oh, Y.-A., Kim, H.-R. & Park, S.-A., 'Comparing concentration levels and emotional states of children using electroencephalography during horticultural and nonhorticultural activities', *HortScience* 56, pp. 324–9 (2021).

15 Ibid.

16 Hutmacher, F., 'Why is there so much more research on vision than on any other sensory modality?', *Frontiers in Psychology* 10, 2246 (2019).

17 Ibid.

18 Ibid.

19 Xu, Y. et al., 'Mitochondrial function modulates touch signalling in Arabidopsis thaliana', *The Plant Journal* 97, pp. 623–45 (2019).

7장 자연의 숨겨진 감각

1 Roslund, M. I. et al., 'Biodiversity intervention enhances immune regulation and health-associated commensal microbiota among daycare children', *Science Advances* 6, eaba2578 (2020).

2 Rinninella, E. et al., 'What is the healthy gut microbiota composition? A changing ecosystem across age, environment, diet, and diseases', *Microorganisms* 7, 14 (2019).

3 Roslund et al., 'Biodiversity intervention enhances immune regulation and health-associated commensal microbiota among daycare children'.

4 Rinninella et al., 'What is the healthy gut microbiota composition? A changing ecosystem across age, environment, diet, and diseases'.

5 Avery, E. G. et al., 'The gut microbiome in hypertension: recent advances and future perspectives', *Circulation Research* 128, pp. 934–50 (2021).

6 Hirt, H., 'Healthy soils for healthy plants for healthy humans: How beneficial microbes in the soil, food and gut are interconnected and how agriculture can contribute to human health', *EMBO Reports* 21, e51069 (2020).

7 Enders, G., *Gut: The Inside Story of Our Body's Most Underrated Organ* (*Revised Edition*), Greystone Books, New York, 2018.

8 Hirt, 'Healthy soils for healthy plants for healthy humans'.

9 Rinninella, 'What is the healthy gut microbiota composition? A changing ecosystem across age, environment, diet, and diseases'; Avery, E. G. et al., 'The gut microbiome in hypertension: recent advances and future perspectives', *Circulation Research* 128, pp. 934–50 (2021).

10 Rothschild, D. et al., 'Environment dominates over host genetics in shaping human gut microbiota', *Nature* 555, pp. 210–15 (2018).

11 Blum, H. E., 'The human microbiome', *Advances in Medical Sciences*

62, pp. 414–20 (2017).

12 Enders, *Gut*.

13 Hitch, T. C. et al., 'Microbiome-based interventions to modulate gut ecology and the immune system', *Mucosal Immunology* 15, pp. 1,095–113 (2022).

14 Hirt, 'Healthy soils for healthy plants for healthy humans'.

15 Enders, *Gut*.

16 Flandroy, L. et al., 'The impact of human activities and lifestyles on the interlinked microbiota and health of humans and of ecosystems', *Science of The Total Environment* 627, pp. 1,018–38 (2018).

17 Von Hertzen, L., Hanski, I. & Haahtela, T., 'Natural immunity: biodiversity loss and inflammatory diseases are two global megatrends that might be related', *EMBO Reports* 12, pp. 1,089–93 (2011).

18 Rook, G. A., 'Regulation of the immune system by biodiversity from the natural environment: an ecosystem service essential to health', *Proceedings of the National Academy of Sciences* 110, pp. 18,360–7 (2013).

19 Mhuireach, G. et al., 'Urban greenness influences airborne bacterial community composition', *Science of The Total Environment* 571, pp. 680–7 (2016); Mills, J. G. et al., 'Urban habitat restoration provides a human health benefit through microbiome rewilding: the Microbiome Rewilding Hypothesis', *Restoration Ecology* 25, pp. 866–72 (2017); Selway, C. A. et al., 'Transfer of environmental microbes to the skin and respiratory tract of humans after urban green space exposure', *Environment International* 145, 106084 (2020); Nielsen, C. C. et al., 'Natural environments in the urban context and gut microbiota in infants', *Environment International* 142, 105881 (2020).

20 Mahnert, A., Moissl-Eichinger, C. & Berg, G., 'Microbiome interplay: plants alter microbial abundance and diversity within the built environment', *Frontiers in Microbiology* 6, 887 (2015).

21 Hanski, I. et al., 'Environmental biodiversity, human microbiota, and allergy are interrelated', *Proceedings of the National Academy of*

Sciences 109, pp. 8,334 – 9 (2012).

22 Parajuli, A. et al., 'Yard vegetation is associated with gut microbiota composition', *Science of The Total Environment* 713, 136707 (2020).

23 Grönroos, M. et al., 'Short-term direct contact with soil and plant materials leads to an immediate increase in diversity of skin microbiota', *MicrobiologyOpen* 8, e00645 (2019).

24 Selway et al., 'Transfer of environmental microbes to the skin and respiratory tract of humans after urban green space exposure'.

25 Tischer, C. et al., 'Interplay between natural environment, human microbiota and immune system: A scoping review of interventions and future perspectives towards allergy prevention', *Science of The Total Environment*, 153422 (2022).

26 Hanski et al., 'Environmental biodiversity, human microbiota, and allergy are interrelated'.

27 Parajuli et al., 'Yard vegetation is associated with gut microbiota composition'.

28 Tischer et al., 'Interplay between natural environment, human microbiota and immune system'.

29 Roslund, M. I. et al., 'A Placebo-controlled double-blinded test of the biodiversity hypothesis of immune-mediated diseases: Environmental microbial diversity elicits changes in cytokines and increase in T regulatory cells in young children', *Ecotoxicology and Environmental Safety* 242, 113900 (2022).

30 Nurminen, N. et al., 'Nature-derived microbiota exposure as a novel immunomodulatory approach', *Future Microbiology* 13, pp. 737 – 44 (2018).

31 Blum, H. E., 'The human microbiome', *Advances in Medical Sciences* 62, pp. 414 – 20 (2017).

32 Grönroos et al., 'Short-term direct contact with soil and plant materials leads to an immediate increase in diversity of skin microbiota'.

8장 실내 감각 풍경: 생명 친화적 디자인

1 Redlich, C. A., Sparer, J. & Cullen, M. R., 'Sick-building syndrome', *The Lancet* 349, pp. 1,013 – 16 (1997).

2 Ghaffarianhoseini, A. et al., 'Sick building syndrome: are we doing enough?', *Architectural Science Review* 61, pp. 99 – 121 (2018).

3 Kellert, S. R., *Nature by Design: The practice of biophilic design*, Yale University Press, Yale, 2018.

4 Willis, *Plants: From Roots to Riches*.

5 Plat, H., *Floraes Paradise*, London, 1608.

6 Horwood, C., *Potted History: The Story of Plants in the Home*, Frances Lincoln, London, 2007.

7 Maunder, M., *House Plants*, Reaktion Books, London, 2022.

8 Ibid.

9 Kellert, *Nature by Design*.

10 Wilson, *Biophilia*.

11 Kellert, *Nature by Design*.

12 Gillis, K. & Gatersleben, B., 'A review of psychological literature on the health and wellbeing benefits of biophilic design', *Buildings* 5, pp. 948 – 63 (2015).

13 Han, K.-T. & Ruan, L.-W., 'Effects of indoor plants on air quality: a systematic review', *Environmental Science and Pollution Research* 27, pp. 16,019 – 51, doi:10.1007/s11356-020-08174-9 (2020).

14 United Nations Environment Programme, *Pollution Action Note – Data you need to know*, https://www.unep.org/interactive/air-pollution-note/?gclid=CjwKCAjwue6hBhBVEiwA9YTx8Bi40AvpuLmcPXaLm2aqJCrXIylT3uWCfaQAjc4k92EM Hnny HgKK WxoC _wMQ AvD_ BwE (2022).

15 Matheson, S., Fleck, R., Irga, P. & Torpy, F., 'Phytoremediation for the indoor environment: a state-of-the-art review', *Reviews in Environmental Science and Bio/Technology*, pp. 1 – 32 (2023).

16 Wolverton, B. C., Douglas, W. L. & Bounds, K., 'A study of interior

landscape plants for indoor air pollution abatement', NASA Technical Reports Server, 1989.

17 Pettit, T., Irga, P. & Torpy, F., 'The in situ pilot-scale phytoremediation of airborne VOCs and particulate matter with an active green wall', *Air Quality, Atmosphere & Health* 12, pp. 33–44 (2019).

18 Ibid.

19 Jo, H., Song, C. & Miyazaki, Y., 'Physiological Benefits of Viewing Nature: A Systematic Review of Indoor Experiments', *International Journal of Environmental Research and Public Health* 16, 4739 (2019).

20 Van den Berg, A. E., Wesselius, J. E., Maas, J. & Tanja-Dijkstra, K., 'Green walls for a restorative classroom environment: a controlled evaluation study', *Environment and Behavior* 49, pp. 791–813 (2017).

21 Ibid.

22 Soininen, L. et al., 'Indoor green wall affects health-associated commensal skin microbiota and enhances immune regulation: a randomized trial among urban office workers', *Scientific Reports* 12, pp. 1–9 (2022).

23 Alapieti, T., Mikkola, R., Pasanen, P. & Salonen, H., 'The influence of wooden interior materials on indoor environment: a review', *European Journal of Wood and Wood Products* 78, pp. 617–34 (2020); Zhang, X., Lian, Z. & Wu, Y., 'Human physiological responses to wooden indoor environment', *Physiology & Behavior* 174, pp. 27–34 (2017); Shen, J., Zhang, X. & Lian, Z., 'Impact of wooden versus nonwooden interior designs on office workers' cognitive performance', *Perceptual and Motor Skills* 127, pp. 36–51 (2020).

24 Pohleven, J., Burnard, M. D. & Kutnar, A., 'Volatile organic compounds emitted from untreated and thermally modified wood-a review', *Wood and Fiber Science* 51, pp. 231–54 (2019).

25 Ibid.

26 Matsubara, E. & Kawai, S., 'VOCs emitted from Japanese cedar (Cryptomeria japonica) interior walls induce physiological relaxation', *Building and Environment* 72, pp. 125–30 (2014).

27 Jalilzadehazhari, E. & Johansson, J., 'Material properties of wooden surfaces used in interiors and sensory stimulation', *Wood Material Science & Engineering* (2019).

28 Nakamura, M., Ikei, H. & Miyazaki, Y., 'Physiological effects of visual stimulation with full-scale wall images composed of vertically and horizontally arranged wooden elements', *Journal of Wood Science* 65, pp. 1–11 (2019).

29 Shen, J., Zhang, X. & Lian, Z., 'Impact of wooden versus nonwooden interior designs on office workers' cognitive performance', *Perceptual and Motor Skills* 127, pp. 36–51 (2020).

30 Hirata, S., Toyoda, H. & Ohta, M., 'Reducing eye fatigue through the use of wood', *Journal of Wood Science* 63, pp. 401–8 (2017).

31 Burnard, M. D. & Kutnar, A., 'Human stress responses in office-like environments with wood furniture', *Building Research & Information* 48, pp. 316–30, doi:10.1080/09613218.2019.1660609 (2020).

32 Kellert, *Nature by Design*.

33 Zhong, W., Schröder, T. & Bekkering, J., 'Biophilic design in architecture and its contributions to health, well-being, and sustainability: A critical review', *Frontiers of Architectural Research* 11, pp. 114–41, doi:https://doi.org/10.1016/j.foar.2021.07.006 (2022).

34 Gray, T. & Birrell, C., 'Are biophilic-designed site office buildings linked to health benefits and high performing occupants?', *International Journal of Environmental Research and Public Health* 11, pp. 12,204–22 (2014).

35 Yin, J. et al., 'Effects of biophilic interventions in office on stress reaction and cognitive function: A randomized crossover study in virtual reality', *Indoor Air* 29, pp. 1,028–39 (2019).

36 Yin, J. et al., 'Effects of biophilic indoor environment on stress and anxiety recovery: A between-subjects experiment in virtual reality', *Environment International* 136, 105427 (2020).

37 Yin et al., 'Effects of biophilic interventions in office on stress reaction and cognitive function'.

38 Aristizabal, S. et al., 'Biophilic office design: Exploring the impact of a multisensory approach on human well-being', *Journal of Environmental Psychology* 77, 101682 (2021).

39 Yin et al., 'Effects of biophilic indoor environment on stress and anxiety recovery'.

9장 실외 감각 풍경: 짧은 산책의 힘

1 Twohig-Bennett, C. & Jones, A., 'The health benefits of the great outdoors: A systematic review and meta-analysis of greenspace exposure and health outcomes', *Environmental Research* 166, pp. 628–37 (2018).

2 Song, C., Ikei, H., Igarashi, M., Takagaki, M. & Miyazaki, Y., 'Physiological and psychological effects of a walk in urban parks in fall', *International Journal of Environmental Research and Public Health* 12, pp. 14,216–28 (2015).

3 Bratman, G. N., Hamilton, J. P., Hahn, K. S., Daily, G. C. & Gross, J. J., 'Nature experience reduces rumination and subgenual prefrontal cortex activation', *Proceedings of the National Academy of Sciences* 112, pp. 8,567–72 (2015).

4 Ibid.

5 Taylor, H. A., 'Urban public parks, 1840–1900: design and meaning', *Garden History*, pp. 201–21 (1995).

6 Ibid.

7 Cranz, G., *The Politics of Park Design: A history of urban parks in America*, MIT Press, Boston, 1982.

8 Beil, K. & Hanes, D., 'The influence of urban natural and built environments on physiological and psychological measures of stress–A pilot study', *International Journal of Environmental Research and Public Health* 10, pp. 1,250–67 (2013).

9 Buxton et al., 'A synthesis of health benefits of natural sounds and their distribution in national parks'.

10 Gatersleben, B. & Andrews, M., 'When walking in nature is not

restorative – The role of prospect and refuge', *Health & Place* 20, pp. 91 – 101 (2013).

11 Appleton, J., 'Prospects and refuges re-visited', *Landscape Journal* 3, pp. 91 – 103 (1984).

12 Gatersleben & Andrews, 'When walking in nature is not restorative – The role of prospect and refuge'.

13 Wang, R., Zhao, J., Meitner, M. J., Hu, Y. & Xu, X., 'Characteristics of urban green spaces in relation to aesthetic preference and stress recovery', *Urban Forestry & Urban Greening* 41, pp. 6 – 13, doi:https://doi.org/10.1016/j.ufug.2019.03.005 (2019).

14 Andersen, L., Corazon, S. S. S. & Stigsdotter, U. K. K., 'Nature exposure and its effects on immune system functioning: a systematic review', *International Journal of Environmental Research and Public Health* 18, 1416 (2021).

15 Robinson, J. M. et al., 'Exposure to airborne bacteria depends upon vertical stratification and vegetation complexity', *Scientific Reports* 11, 9516 (2021).

16 Mills, J. G. et al., 'Urban habitat restoration provides a human health benefit through microbiome rewilding: the Microbiome Rewilding Hypothesis', *Restoration Ecology* 25, pp. 866 – 72 (2017).

17 Hunter, M. R., Gillespie, B. W. & Chen, S. Y.-P., 'Urban nature experiences reduce stress in the context of daily life based on salivary biomarkers', *Frontiers in Psychology* 10, 722 (2019).

18 Ibid.

19 Wen, Y., Yan, Q., Pan, Y., Gu, X. & Liu, Y., 'Medical empirical research on forest bathing (Shinrin-yoku): A systematic review', *Environmental Health and Preventive Medicine* 24, pp. 1 – 21 (2019).

20 White, M. P. et al., 'Spending at least 120 minutes a week in nature is associated with good health and wellbeing', *Scientific Reports* 9, pp. 1 – 11 (2019).

21 Smith, J., 'Street Trees', via https://www.buildingconservation.com/articles/street-trees/street-trees.htm (2011).

22 Willis, K. J. & Petrokofsky, G., 'The natural capital of city trees', *Science* 356, pp. 374–6 (2017).

23 Eisenman, T. S. et al., 'Urban trees, air quality, and asthma: An interdisciplinary review', *Landscape and Urban Planning* 187, pp. 47–59, doi:https://doi.org/10.1016/j.landurbp lan.2019.02.010 (2019).

24 Kardan, O. et al., 'Neighborhood greenspace and health in a large urban center', *Scientific Reports* 5, 11610, doi:10.1038/srep11610 (2015).

25 Ibid.

26 Taylor, M. S., Wheeler, B. W., White, M. P., Economou, T. & Osborne, N. J., 'Research note: Urban street tree density and antidepressant prescription rates–A cross-sectional study in London, UK', *Landscape and Urban Planning* 136, pp. 174–9 (2015).

27 Nguyen, P.-Y., Astell-Burt, T., Rahimi-Ardabili, H. & Feng, X., 'Green space quality and health: a systematic review', *International Journal of Environmental Research and Public Health* 18, 11028 (2021).

28 Beil, K. & Hanes, D., 'The influence of urban natural and built environments on physiological and psychological measures of stress–A pilot study', *International Journal of Environmental Research and Public Health* 10, pp. 1,250–67 (2013).

29 Fonseca, F., Paschoalino, M. & Silva, L., 'Health and Well-Being Benefits of Outdoor and Indoor Vertical Greening Systems: A Review', *Sustainability* 15, 4107 (2023).

30 Vera, S., Viecco, M. & Jorquera, H., 'Effects of biodiversity in green roofs and walls on the capture of fine particulate matter', *Urban Forestry & Urban Greening* 63, 127229 (2021).

31 Fonseca, F., Paschoalino, M. & Silva, L., 'Health and Well-Being Benefits of Outdoor and Indoor Vertical Greening Systems: A Review', *Sustainability* 15, 4107 (2023).

32 Elsadek, M., Liu, B. & Lian, Z., 'Green façades: Their contribution to stress recovery and well-being in high-density cities', *Urban Forestry & Urban Greening* 46, 126446 (2019).

10장 정원과 텃밭에서 행복 찾기

1 Statista, via https://www.statista.com/statistics/1220222/global-gardening-sales-value/ (2022).

2 GfK, 'A quarter of the online population does gardening or yard work at least once a week', via https://www.gfk.com/insights/a-quarter-of-the-online-population-does-gardening-or-yard-work-at-least-once-a-week (2017).

3 Chalmin-Pui, L. S., Griffiths, A., Roe, J., Heaton, T. & Cameron, R., 'Why garden? – Attitudes and the perceived health benefits of home gardening', *Cities* 112, 103118 (2021).

4 Soga, M., Gaston, K. J. & Yamaura, Y., 'Gardening is beneficial for health: A meta-analysis', *Preventive Medicine Reports* 5, pp. 92–9 (2017).

5 Ibid.

6 Howarth, M., Brettle, A., Hardman, M. & Maden, M., 'What is the evidence for the impact of gardens and gardening on health and well-being: a scoping review and evidence-based logic model to guide healthcare strategy decision making on the use of gardening approaches as a social prescription', *BMJ Open* 10, e036923 (2020).

7 Zhao, Y., Liu, Y. & Wang, Z., 'Effectiveness of horticultural therapy in people with dementia: A quantitative systematic review', *Journal of Clinical Nursing* 31, pp. 1983–97 (2022).

8 Lu, S., Zhao, Y., Liu, J., Xu, F. & Wang, Z., 'Effectiveness of horticultural therapy in people with schizophrenia: a systematic review and meta-analysis', *International Journal of Environmental Research and Public Health* 18, 964 (2021).

9 Hansen, M. M., Jones, R. & Tocchini, K., 'Shinrin-yoku (forest bathing) and nature therapy: A state-of-the-art review', *International Journal of Environmental Research and Public Health* 14, 851 (2017).

10 Ibid.

11 Howarth et al., 'What is the evidence for the impact of gardens and gardening on health and well-being'.

12 Haller, R. L., Kennedy, K. L. & Capra, C. L., *The Profession and Practice of Horticultural Therapy*, CRC Press, Florida, 2019.

13 American Horticultural Therapy Association, https://www.ahta.org (2020); THRIVE, The gardening for health charity, thrive.org.uk (2023).

14 Stigsdotter, U. K. et al., 'Efficacy of nature-based therapy for individuals with stress-related illnesses: randomised controlled trial', *The British Journal of Psychiatry* 213, pp. 404 – 11 (2018).

15 Ibid.

16 Corazon, S. S., Nyed, P. K., Sidenius, U., Poulsen, D. V. & Stigsdotter, U. K., 'A long-term follow-up of the efficacy of nature-based therapy for adults suffering from stress-related illnesses on levels of healthcare consumption and sick-leave absence: a randomized controlled trial', *International Journal of Environmental Research and Public Health* 15, 137 (2018).

17 Stigsdotter et al., 'Efficacy of nature-based therapy for individuals with stress-related illnesses: randomised controlled trial'.

18 Busk, H. et al., 'Economic Evaluation of Nature-Based Therapy Interventions – A Scoping Review', *Challenges* 13, 23 (2022).

19 Pretty, J. & Barton, J., 'Nature-based interventions and mind – body interventions: Saving public health costs whilst increasing life satisfaction and happiness', *International Journal of Environmental Research and Public Health* 17, 7769 (2020).

20 Ibid.

21 Reynolds, R., *On Guerrilla Gardening: A Handbook for Gardening without Boundaries*, Bloomsbury Publishing (London, 2014).

22 Chalmin – Pui, L. S. et al., ' "It made me feel brighter in myself" - The health and well-being impacts of a residential front garden horticultural intervention', *Landscape and Urban Planning* 205, 103958 (2021).

23 Ibid.

24 Young, C., Hofmann, M., Frey, D., Moretti, M. & Bauer, N., 'Psychological restoration in urban gardens related to garden type, biodiversity and

garden-related stress', *Landscape and Urban Planning* 198, 103777 (2020).

25 Kaplan, S., 'The restorative benefits of nature: Toward an integrative framework', *Journal of Environmental Psychology* 15, pp. 169-82 (1995).

26 Hoyle et al., 'All about the "wow factor"?'.

27 Young et al., 'Psychological restoration in urban gardens related to garden type, biodiversity and garden-related stress'.

28 Spano, G. et al., 'Are community gardening and horticultural interventions beneficial for psychosocial well-being? A meta-analysis', *International Journal of Environmental Research and Public Health* 17, 3584 (2020).

29 Koay, W. I. & Dillon, D., 'Community gardening: Stress, well-being, and resilience potentials', *International Journal of Environmental Research and Public Health* 17, 6740 (2020).

30 Ibid.

31 Howarth et al., 'What is the evidence for the impact of gardens and gardening on health and well-being'.

32 Coventry, P. A. et al., 'Nature-based outdoor activities for mental and physical health: Systematic review and meta-analysis', *SSM-population Health* 16, 100934 (2021).

33 Ibid.

34 Thompson Coon, J. et al., 'Does participating in physical activity in outdoor natural environments have a greater effect on physical and mental wellbeing than physical activity indoors? A systematic review', *Environmental Science & Technology* 45, pp. 1761-72 (2011).

35 Antonelli, M. et al., 'Forest volatile organic compounds and their effects on human health: A state-of-the-art review', *International Journal of Environmental Research and Public Health* 17, 6506 (2020).

1 Grow to Know, via https://www.growtoknow.co.uk (2023).

2 Fyfe-Johnson, A. L. et al., 'Nature and children's health: a systematic review', *Pediatrics* 148 (2021).

3 Kondo, M. C. et al., 'Nature prescriptions for health: A review of evidence and research opportunities', *International Journal of Environmental Research and Public Health* 17, 4213 (2020); Dean, S., 'Seeing the Forest and the Trees: A Historical and Conceptual Look at Danish Forest Schools', *International Journal of Early Childhood Environmental Education* 6, pp. 53-63 (2019).

4 Nature Prescribed, via https://parkrxamerica.org (2023); Walk with a Doc, via https://walkwithadoc.org (2023); Fullam, J. et al., University of Exeter, Exeter, 2021; Association of Nature and Forest Therapy Programs, via https://www.natureandforesttherapy.earth (2023); Nature Prescribed, via https://www.parkprescriptions.ca (2023).

5 Markevych, I. et al., 'Exploring pathways linking greenspace to health: Theoretical and methodological guidance', *Environmental Research* 158, pp. 301-17 (2017).

6 Chang, M., Green, L. & Petrokofsky, C., *Public Health Spatial Planning in Practice: Improving Health and Wellbeing*, Policy Press, London, 2022.

7 Bratman, G. N. et al., 'Nature and mental health: An ecosystem service perspective', *Science Advances* 5, eaax0903 (2019).

찾아보기

ㄷ

ㄹ

ㅁ

ㅇ

ㅎ

초록

감각

Good Nature